交通与运输类系列教材

运 筹 学

王晓原　孙亮　刘丽萍　编著

西南交通大学出版社
·成都·

内容简介

本书重点介绍运筹学的基本概念、基本理论和求解方法,包括线性规划与单纯形法、线性规划的对偶理论与灵敏度分析、运输问题、整数规划、目标规划、非线性规划、多目标规划、动态规划、决策论、对策论、变分法、交通网络平衡配流理论、空间价格平衡分配问题等具体内容,最后附有详细的习题解答,是专门针对交通类专业学生制定的教材。

本书可作为高等院校交通运输与交通工程专业及相关专业的研究生和本科生教材,也可作为各类专业人员的自学参考书。

图书在版编目(CIP)数据

运筹学 / 王晓原,孙亮,刘丽萍编著. —成都:西南交通大学出版社,2018.1

交通与运输类系列教材

ISBN 978-7-5643-5971-3

Ⅰ.①运… Ⅱ.①王… ②孙… ③刘… Ⅲ.①运筹学 – 高等学校 – 教材 Ⅳ.①O22

中国版本图书馆 CIP 数据核字(2017)第 317349 号

交通与运输类系列教材

运筹学

王晓原 孙亮 刘丽萍 编著

责任编辑	孟秀芝
封面设计	何东琳设计工作室
出版发行	西南交通大学出版社 (四川省成都市二环路北一段 111 号 西南交通大学创新大厦 21 楼)
邮政编码	610031
发行部电话	028-87600564
官网	http://www.xnjdcbs.com
印刷	成都中铁二局永经堂印务有限责任公司
成品尺寸	185 mm×260 mm
印张	17.5
字数	437 千
版次	2018 年 1 月第 1 版
印次	2018 年 1 月第 1 次
定价(含光盘)	49.80 元
书号	ISBN 978-7-5643-5971-3

课件咨询电话:028-87600533

图书如有印装质量问题 本社负责退换

版权所有 盗版必究 举报电话:028-87600562

前言 _ PREFACE

运筹学是研究各种广义资源的运用、筹划以及相关决策、对策等问题的一门近代新兴科学。针对交通类专业学生开设的运筹学是为交通运输管理决策提供定量依据的应用科学，其目的是根据问题的需求，通过数学的分析和运算，做出综合性的、合理的优化安排，以便更有效地发展有限资源的效益。其特点是将交通管理中出现的实际问题归纳为抽象的数学模型，综合运用数学方法或计算机工具对模型进行求解，得到解决问题的最优方案。

"运筹学"课程是交通工程和交通运输专业的主要基础课之一。通过学习，可以培养学生运用系统优化和定量分析的能力，为分析和解决交通运输系统中的实际问题，更好地学习"交通规划""交通控制"等后续课程，打好必要的基础。

全书共三篇，主体内容分为十三章。绪论主要介绍了运筹学的背景、基本概念与包含内容等问题；第1篇（第1章~第8章）规划论，主要介绍了运筹学中的规划问题；第2篇（第9章~第10章）决策与对策论，主要介绍了决策论与对策论；第3篇（第11章~第13章）变分法及其应用，主要介绍了变分法及其应用。本书前两篇主要为本科生所学课程；第3篇主要为研究生所学课程，也可作为本科到研究生阶段的过渡学习内容，为研究生阶段的学习打下基础，各校可根据教学计划中的学时数和具体情况进行安排。此外，由于图论与排队论等教学内容在交通类其他课程中多有涉及，本书不再论述。

本书由王晓原、孙亮、刘丽萍编著，刘亚奇、苑慧芳、汪海波、田伟、刘振雪、于翠翠、王云云、王方、孔栋、刘菲菲、陈晨、阚馨童、孙懿飞、赵新越、冯凯、张露露也参与了大量工作。

本书引用了《运筹学》（吉林大学出版社）的内容，同时借鉴了《运筹学》（清华大学出版社）、《现代物流与交通运输系统——模型与方法》（人民交通出版社）、《最优控制——理论、方法与应用》（高等教育出版社）等教材和著作的内容，在此对上述资料的作者们表示最衷心的感谢！

由于作者水平有限，书中肯定会存在一些不妥或需要改进的地方，欢迎广大读者及同行专家批评指正。

编者

2017年6月

目录 _ CONTENTS

0 绪 论 ··· 1

第1篇 规划论

1 线性规划与单纯形法 ·· 4
   1.1 线性规划问题 ·· 4
   1.2 线性规划问题的标准型与解的概念 ·· 8
   1.3 线性规划问题的几何意义 ·· 11
   1.4 单纯形法 ·· 14
   1.5 单纯形算法步骤 ··· 19
   1.6 单纯形法的进一步讨论 ··· 22
   课后习题 ·· 24

2 线性规划的对偶理论与灵敏度分析 ·· 26
   2.1 对偶问题 ·· 26
   2.2 对偶理论 ·· 27
   2.3 对偶单纯形法 ·· 30
   2.4 对偶问题的经济意义——影子价格 ·· 31
   2.5 灵敏度分析 ··· 32
   2.6 参数线性规划 ·· 39
   课后习题 ·· 41

3 运输问题 ··· 44
   3.1 运输问题的数学模型 ·· 44
   3.2 表上作业法 ··· 45

  3.3 产销不平衡的运输问题 ·· 54
  课后习题 ··· 58

4 整数规划 ·· 61
  4.1 整数规划问题 ··· 61
  4.2 分枝定界法 ··· 62
  4.3 割平面法 ··· 65
  4.4 0-1 型整数规划 ·· 68
  4.5 指派问题 ··· 70
  课后习题 ··· 73

5 目标规划 ·· 75
  5.1 目标规划的数学模型 ··· 75
  5.2 解目标规划的单纯形法 ··· 77
  课后习题 ··· 79

6 非线性规划 ·· 80
  6.1 非线性规划问题 ··· 80
  6.2 一维搜索 ··· 84
  6.3 无约束最优化方法 ··· 87
  6.4 约束最优化 ··· 97
  课后习题 ··· 101

7 多目标规划 ·· 103
  7.1 多目标规划问题 ··· 103
  7.2 绝对最优解、有效解及弱有效解 ··· 103
  7.3 化多为少法 ··· 104
  7.4 分层序列法 ··· 109
  课后习题 ··· 109

8 动态规划 ·· 110
  8.1 多阶段决策问题 ··· 110
  8.2 动态规划的基本概念和最优性原理 ··· 111
  8.3 建立动态规划数学模型的步骤 ··· 114
  课后习题 ··· 116

第 2 篇　决策与对策论

9　决策论 ··· 118
　9.1　决策论的背景、发展及内容 ··· 118
　9.2　非确定型决策 ··· 119
　9.3　风险型决策 ·· 126
　9.4　决策树 ·· 130
　9.5　Bayes 决策 ·· 134
　9.6　效用值及其应用 ·· 137
　课后习题 ·· 140

10　对策论 ··· 141
　10.1　对策现象及其要素 ··· 141
　10.2　有限两人零和对策 ··· 143
　10.3　最优纯策略 ·· 143
　10.4　最优混合策略 ··· 145
　10.5　矩阵对策的解法 ·· 148
　10.6　建立对策模型举例 ··· 152
　课后习题 ·· 153

第 3 篇　变分法及其应用

11　变分法 ··· 155
　11.1　泛函与变分的数学基础 ··· 155
　11.2　无条件泛函极值的变分原理 ··· 156
　11.3　等式约束泛函极值的变分原理 ·· 158
　课后习题 ·· 165

12　交通网络平衡配流理论 ··· 166
　12.1　优化模型 ··· 167
　12.2　系统最优模型 ··· 168
　12.3　具有路段通过能力限制的 UE 配流问题 ·· 169
　12.4　边约束配流模型 ·· 172

  12.5 随机用户均衡配流问题 ··· 173

  12.6 变分不等式表示的城市交通网络均衡问题 ························· 175

13 空间价格平衡分配问题 ··· 177

  13.1 空间价格平衡分配问题的概念 ····································· 177

  13.2 空间价格平衡分配问题的定量描述 ································· 177

  13.3 空间价格平衡分配问题的价格描述 ································· 181

附录 1 随机数与随机变量 ··· 183

附录 2 Frank-wolfe 方法 ··· 194

附录 3 MSA 算法 ··· 196

习题解答 ··· 198

参考文献 ··· 272

0 绪 论

0.1 运筹学的产生和发展

0.1.1 第二次世界大战期间

运筹学这门新兴的学科是第二次世界大战期间在英国首先出现的。当时刚刚发明雷达，但是在开始使用时却不能很好地与高炮配合。为了帮助参谋人员研究新的反空袭雷达控制系统，1940 年 8 月在诺贝尔奖获得者、物理学家布莱克特（P. M. S. Blackett）教授的领导下建立了一个研究小组。这个小组第一次应用了"Operational Research"这个词，意思是军事活动研究。当时这个小组包括物理学家、数学家、生理学家、天文学家、军官等，研究工作从空军扩展到海军和陆军。不久美国也建立了类似的小组，但称之为 Operations Research。第二次世界大战期间，这方面的研究成功地解决了许多非常复杂的战略和战术问题。他们研究了飞机出击的时间和队形、商船护航的规模、水雷的布置、对深水潜艇的袭击以及战略轰炸等大量问题，都取得了非常显著的效果。

0.1.2 第二次世界大战后

第二次世界大战以后，从事这项活动的许多专家转到了经济部门、民用企业、大学或研究所，开始研究在民用部门应用类似方法的可能性，促进了运筹学有关方法的研究和实践。运筹学作为一门学科逐步形成并开始迅速发展。

0.1.3 运筹学思想在我国历史的记载

虽然运筹学是一门新兴的学科，但是这项技术的思想方法于我国古代就有过不少的相关记载，例如齐王赛马。

"齐王赛马"的故事是说，齐王和田忌赛马，双方各自出上、中、下三个等级的马各一匹。当时齐王的马比田忌的马强一些。可是田忌用下马对齐王的上马，用中马对齐王的下马，用上马对齐王的中马。结果田忌二胜一负，以劣胜优。可见，古人早就研究过对策方法了。

0.2 运筹学概念

运筹学权威人士丘奇曼（Churchman）认为，运筹学是"运用科学的方法、技术和工具来处理一个系统运行中的问题，使系统的控制得到最优的解决方法"。

英国运筹学会认为，"运筹学是把科学方法应用在指导和管理有关的人员、机器、物资以及工商业、政府和国防方面资金的大系统中所发生的各种问题。其独特的方法是发展一个科学的系统模式，列入随机和风险等各种因素的尺度，并运用这个模式预测和比较各种决策、战略并控制方案所产生的后果。其目的是帮助主管人员科学地决定方针和政策。"

美国运筹学会认为，"运筹学所研究的问题，通常是在要求分配有限资源的条件下，科学地决定如何最好地设计和运营人机系统。"

其他对运筹学的提法还有"应用的科学""定量化的常识""决策的科学方法""管理的数学方法"等。负责英国运筹小组的布莱克特教授则称他的工作是"作业的科学分析"。我国对运筹学也有很多不同的提法，有的学者把运筹学看作是"运用系统的科学方法，经由模型的建立与测试以便得到最优的决策"，有的把运筹学看作是系统工程的前身，有的则认为运筹学是许多定量管理方法的总称。

我国最近出版的管理百科全书中有关运筹学这个名词的词意是这样写的："运筹学是应用分析、试验、量化的方法，对经济管理系统中人力、物力、财力等资源进行统筹安排，为决策者提供有依据的最优方案，以实现最有效的管理。"同时指出，它是一门应用科学。但是除了经济管理领域之外，在其他领域中运筹学也是适用的。

0.3 运筹学所包含的内容

运筹学是一门新兴的学科，从20世纪40年代出现至今，在内容上有很大的发展。以《运筹学国际文摘》收集编写的各国运筹学论文的内容为例，按技术分类就有50多种，主要有决策论、对策论、图论、信息论、马氏过程、网络、各种规划论（凸规划、分数规划、几何规划、目标规划、整数规划、线性规划、非线性规划、参数规划、二次规划、运输规划等）、排队论、动态规划、模拟、统计回归、随机过程、时间序列分析等。还有人工智能、模糊数集、成本效益分析、数值分析、优化理论、控制过程、有限元分析等。可见，运筹学所包括的内容是极为丰富的。

0.4 运筹学的应用——建模

应用运筹学解决问题的过程，实际上就是一个决策的过程。运筹学的核心问题是建立模型。

运筹学模型具有两个重要特点：一是要尽可能简单；二是要能完整地描述所研究的系统。建立模型时，一定要以科学的态度弄清楚问题中涉及的各种因素，并且用科学的语言即模型表达出来。这就要求对表示各种因素的变量，假设出一个关系式来，或者说建立一个数学模型。模型要能代替现实供我们分析研究。模型不仅要将有关的各种因素按它们的相互影响关系加以描述，还要对可能采取的行动的结果进行评价。建立模型时，有时需要对许多因素做深入的描述和评价，有时可以只对其中一部分做一般的探讨。这在开始建立模型时往往是不易判断的。一般说来建立的模型要尽量简单，只要适合所要研究的问题就行。有时过于详细的模型可能给分析计算带来很多困难，反过来有时过于简单的模型所得到的结果又并非现实可行。所以，选择什么样的模型和确定建立模型的范围并不是很容易的，往往需要丰富的经验和熟练的技巧。运筹学是以运用科学的方法来解决大系统管理中出现的复杂问题为目的，要把问题真正解决好，往往需要先把复杂的问题中最关键的因素抽象成简单的问题，通过对简单问题的求解，再把问题深化。这样才能从简单到复杂、系统而科学地解决管理中面临的各种问题。

运筹学模型一般由两个部分组成：都有一个明确的目标，这个目标就是从众多的可行方案中挑选出一个最优方案，所以有人给运筹学下了这样一个定义："运筹学是为决策者提供最优决策的一种数学方法"。这种说法是有一定道理的。用来表达目标的变量（称为决策变量）都要受一组条件的约束（称为约束条件），它反映了问题本身所受到的客观条件的限制。

0.5 运筹学的特点

运筹学作为一门应用科学，有以下特点：

（1）多种专家的协作。运筹学从一开始就是由许多知识专长不同的集体努力而取得成果的。这是由于运筹学推广应用的领域非常广泛，而具备了运筹学知识的人又不可能对各个知识领域都很精通，这就需要各方面专家集集体智慧协作努力。当然配合运筹学专家的各方面专业人才也应具备一定的运筹学基本知识。

（2）从系统的观点来解决问题。在一个系统中，任何一部分的活动总会对其他部分的活动产生影响。因此，当问题之间互相紧密制约时，不能简单孤立地分别考虑其解决方法，而必须全面考虑它们之间的相互作用，单个问题的最优解对于整个系统而言未必是最优的。

（3）采用科学方法并使用模型。运筹学是用来解决管理中面临的问题的，运筹学总是从实际情况出发建立一个合适的模型来分析研究实际问题。

（4）需要电子计算机。运筹学模型并不是都要用很复杂的数学方法，往往较多地用简单的数学方法进行大量类似的重复计算，因此它是离不开计算机的。计算机的发展推动了运筹学的发展，反过来，运筹学的发展也扩大了计算机的应用。

第1篇 规划论

1 线性规划与单纯形法

线性规划（Linear Programming）是运筹学最重要的分支之一。自 1947 年美国人丹捷格（G. B. Dantzig）提出求解线性规划的单纯形法以来，它在理论上趋向成熟，实际上的应用日益广泛与深入，现在几乎各行各业都可以建立线性规划模型。比如制订企业最佳经营计划、确定产品最优配料比、寻找材料的最优下料方案、研究各种资源的最优分配方案等。由于线性规划模型具有应用的广泛性，计算技术比较简单，更主要由于它易于在计算机上实现它的算法，所以线性规划已成为现代管理科学的重要基础和手段之一。

1.1 线性规划问题

1.1.1 线性规划问题的数学模型

线性规划是研究在一组线性不等式及等式约束下，使得某一线性目标函数取得最大（或最小）的极值问题。下面我们通过几个例子来介绍线性规划问题的数学模型。

1）两个例子

例 1 某工厂生产Ⅰ、Ⅱ两种型号交通设备，为了生产一台Ⅰ型和Ⅱ型交通设备，所需要原料分别为 2 和 3 个单位，需要的工时分别为 4 和 2 个单位。在计划期内可以使用的原料为 100 个单位，工时为 120 个单位。已知生产每台Ⅰ、Ⅱ型交通设备可获利润分别为 6 和 4 个单位，试确定获利最大的生产方案。

解 这是一个非常简化的实际问题。为了解决这个问题，我们先来建立该问题的数学模型。

设 x_1，x_2 分别表示计划期内设备Ⅰ、Ⅱ的产量。因为计划期内生产用的原料和工时都是有限的，所以在确定设备Ⅰ、Ⅱ的产量时要满足如下约束条件：

$$\begin{cases} 2x_1 + 3x_2 \leqslant 100 \\ 4x_1 + 2x_2 \leqslant 120 \\ x_1, x_2 \geqslant 0 \end{cases}$$

一般满足上述约束方程组的解不是唯一的，根据题意我们需要的是既满足约束条件又使得所获利润最大的生产方案。若以 Z 表示总利润，我们的目标是：$\max Z = 6x_1 + 4x_2$。

综上所述，该问题可用数学模型表示为：

目标函数

$$\max Z = 6x_1 + 4x_2$$

约束条件
$$\begin{cases} 2x_1+3x_2 \leqslant 100 \\ 4x_1+2x_2 \leqslant 120 \\ x_1,x_2 \geqslant 0 \end{cases}$$

例2 某昼夜服务的公交线路每天各时间区段内所需司机和乘务人员数如表1.1所示。

表1.1

班次	时间	所需人数
1	6:00—10:00	60
2	10:00—14:00	70
3	14:00—18:00	60
4	18:00—22:00	20
5	22:00—2:00	20
6	2:00—6:00	30

设司乘人员在各时间段一开始时上班，并连续工作 8 小时，问该公交线路至少应配备多少司乘人员？列出该问题数学模型。

解 设 $x_1,x_2,\cdots,x_6$ 为各班新上班人数，考虑到在每个时间段工作的人数既包括该时间段新上班的人又包括上一时间段上班的人，按所需人员最少的要求可列出本例的数学模型。

目标函数
$$\min Z = x_1+x_2+x_3+x_4+x_5+x_6$$

约束条件
$$\begin{cases} x_1+x_6 \geqslant 60 \\ x_1+x_2 \geqslant 70 \\ x_2+x_3 \geqslant 60 \\ x_3+x_4 \geqslant 20 \\ x_4+x_5 \geqslant 20 \\ x_5+x_6 \geqslant 30 \\ x_1,x_2,\cdots,x_6 \geqslant 0 \end{cases}$$

2）总结

上面两例都是一类优化问题，它们具有下述特征：

（1）每个问题都用一组未知变量 $x_1,\cdots,x_n$ 表示所求方案，通常这些变量都是非负的。

（2）存在一组约束条件，这些约束条件都可以用一组线性等式或不等式表示。

（3）都有一个目标要求，并且这个目标可表示为一组未知量的线性函数，称为目标函数。目标函数可以求最大也可以求最小。

具有上述特征的问题称为线性规划问题。线性规划问题的数学模型形式如下：

目标函数：
$$\max(\min)Z = c_1x_1+c_2x_2+\cdots+c_nx_n$$

约束条件：

$$\begin{cases} a_{11}x_1 + a_{12}x_2 + \cdots + a_{1n}x_n \leqslant \begin{pmatrix} \geqslant \\ = \end{pmatrix} b_1 \\ a_{21}x_1 + a_{22}x_2 + \cdots + a_{2n}x_n \leqslant \begin{pmatrix} \geqslant \\ = \end{pmatrix} b_2 \\ \cdots \cdots \\ a_{m1}x_1 + a_{m2}x_2 + \cdots + a_{mn}x_n \leqslant \begin{pmatrix} \geqslant \\ = \end{pmatrix} b_m \\ x_1, x_2, \cdots, x_n \geqslant 0 \end{cases}$$

1.1.2 图解法

1）图解法

如何求解线性规划模型是本章讨论的中心问题，为对求解线性规划的解法有个直观的启迪，首先介绍只有两个变量的线性规划的图解法。

例 1 的模型中仅包含两个变量，所以能在平面直角坐标中将满足约束条件的点表示出来。约束条件 $2x_1+3x_2 \leqslant 100$、$4x_1+2x_2 \leqslant 120$ 都代表包括一条直线的半个平面，考虑到 $x_1, x_2 \geqslant 0$，所以满足所有约束条件的点应在坐标系第一象限两个半平面交成的公共区域 $OQ_1Q_2Q_3$ 内，称该区域为可行域。

满足约束条件的点称为可行解。例 1 的可行解就在凸多边形 $OQ_1Q_2Q_3$ 的边界及其内部上（见图 1.1），显然该可行域包含无数多个可行解，为了在这无穷多个可行解中找到最优解，我们在坐标系中画出目标函数表示的一族平行线。

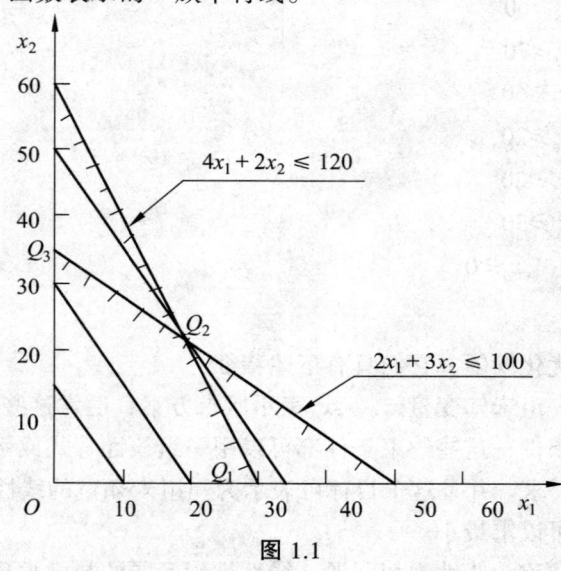

图 1.1

观察这族平行线移动时对应的 Z 值变化可以看出，这族平行线愈向右上方移动，对应 Z 值愈大。由于平行线族在 Q_2 点脱离可行域，所以例 1 在 Q_2 点取得最优解。Q_2 是 $2x_1+3x_2=100$ 和 $4x_1+2x_2=120$ 的交点，解方程组

$$\begin{cases} 2x_1 + 3x_2 = 100 \\ 4x_1 + 2x_2 = 120 \end{cases}$$

得 $\quad x_1 = 20, \quad x_2 = 20$

因此例 1 的解是：生产 I 型、II 型交通设备分别为 20 台，能得到最大利润为 200 单位。

2）总结

1. 从图解法可以看出，在一般情况下，有

（1）具有两个变量的线性规划问题的可行域是凸多边形。

（2）若线性规划存在最优解，它一定在可行域的某个顶点取得。

2. 上例中得到问题的最优解是唯一的，但是线性规划问题的解还可能出现以下几种情况：

（1）无穷多个最优解。若例 1 的目标函数变为 $\max Z = 4x_1 + 2x_2$，则当目标函数对应的一族平行线向右上方移动时，Z 值不断增大，最终脱离可行域时将与边界 Q_1Q_2 重合，所以线段 Q_1Q_2 上所有点都使目标函数取得最大值，这时问题具有无数多个最优解（见图 1.2）。

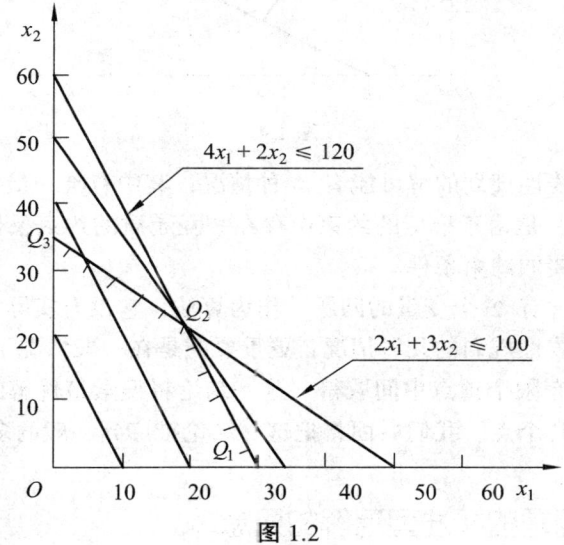

图 1.2

（2）无可行解。如果约束中存在相互矛盾的约束条件，则导致可行域是空集，此时问题无可行解（见图 1.3）。

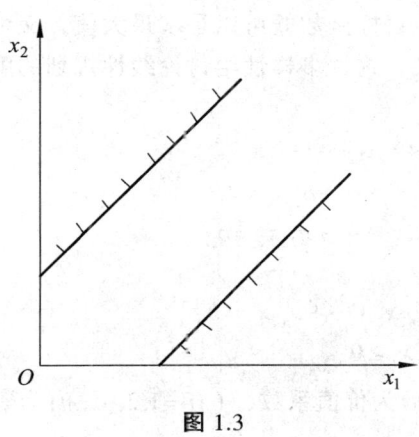

图 1.3

（3）无有限最优解。对下述线性规划问题

$$\max Z = x_1 + x_2$$
$$\text{s.t.} \begin{cases} -x_1 + x_2 \leq 4 \\ x_1 - x_2 \leq 2 \\ x_1, x_2 \geq 0 \end{cases}$$

用图解法求解结果如图 1.4 所示，从图中可以看出可行域无界，而且在可行域中找不到最大值点，目标函数值可以增大到无穷大，称这种情况为无有限最优解或无界解。

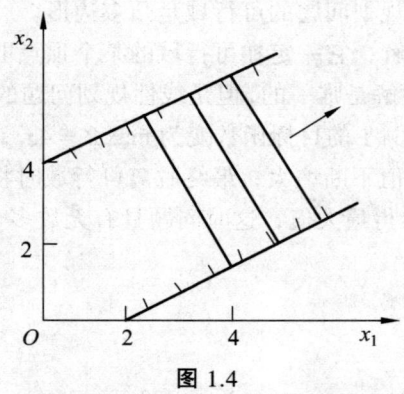

图 1.4

从以上图解法可知线性规划的解可能有 4 种情况，其中有唯一最优解和多个最优解是常见的情况。无可行解往往是由于模型的约束中存在相互矛盾的约束条件造成的，而无有限最优解往往是由于缺少必要的约束条件。

用图解法只能求解含有 2 个变量的问题，作为算法，它没有实际价值。但是利用图解法我们可以直观地了解到线性规划的几种情况，更重要的是在一般情况下，可行域是凸多边形，最优解可以在凸多边形有限个顶点中间取得。这一结论将搜索最优解的范围从可行域中的无穷多个点缩小到有限的几个点。我们后面将把这一结论推广到一般的多维线性规划上。

1.2 线性规划问题的标准型与解的概念

1.2.1 线性规划标准型

线性规划的数学模型中，目标函数既可以是求最大值，又可以是求最小值，约束条件既可以是不等式，又可以是等式，这种多样性给讨论线性规划的解法带来诸多不便。为此我们规定线性规划标准型如下：

$$\max Z = c_1 x_1 + c_2 x_2 + \cdots + c_n x_n$$
$$\text{s.t.} \begin{cases} a_{11} x_1 + a_{12} x_2 + \cdots + a_{1n} x_n = b_1 \\ a_{21} x_1 + a_{22} x_2 + \cdots + a_{2n} x_n = b_2 \\ \cdots\cdots\cdots\cdots \\ a_{m1} x_1 + a_{m2} x_2 + \cdots + a_{mn} x_n = b_m \\ x_1, x_2, \cdots, x_n \geq 0 \end{cases}$$

通常我们称 $c_j (j=1,2,\cdots,n)$ 为价值系数，$b_i (i=1,2,\cdots,m)$ 为资源系数，a_{ij} 为技术系数或约

束系数，在模型中它们是常数。

注：1. 若记
$$x = (x_1\ x_2\ \cdots\ x_n)^T,\ c = (c_1\ c_2\ \cdots\ c_n)$$
$$b = (b_1\ b_2\ \cdots\ b_m)^T,\ A = (P_1\ P_2\ \cdots\ P_n) = \begin{pmatrix} a_{11} & a_{12} & \cdots & a_{1n} \\ a_{21} & a_{22} & \cdots & a_{2n} \\ \vdots & \vdots & & \vdots \\ a_{m1} & a_{m2} & \cdots & a_{mn} \end{pmatrix}$$

则标准型亦可记作
$$\max Z = cx$$
$$\text{s.t.} \begin{cases} Ax = b \\ x \geq 0 \end{cases}$$

或
$$\max Z = \sum_{j=1}^{n} c_j x_j$$
$$\text{s.t.} \begin{cases} \sum_{j=1}^{n} p_j x_j = b \\ x_j \geq 0,\ j = 1, 2, \cdots, n \end{cases}$$

2. 任何形式的线性规划都可以变为与其等价的标准形式。

（1）如果目标函数为 $\min Z = cx$，则可令 $\bar{Z} = -Z$，将目标函数变为 $\max \bar{Z} = -cx$。

（2）如果某约束为不等式形式，例如
$$a_{i1}x_1 + a_{i2}x_2 + \cdots + a_{in}x_n \leq b_i$$
则在约束的左端加一个非负变量 x_{n+i}，即可将约束变为
$$a_{i1}x_1 + a_{i2}x_2 + \cdots + a_{in}x_n + x_{n-.} = b_i$$
其中，这个非负变量 x_{n+i} 称为松弛变量。

同理，如果约束为"$\geq b_i$"形式，则可在约束的左端减一个非负变量 x_{n+i}，而将约束变为等式。称 x_{n+i} 为剩余变量。

（3）如果 x_j 没有非负限制，则可令 $x_j = x_j' - x_j''$，其中 $x_j', x_j'' \geq 0$，代入目标及约束中。

3）例子

例3 将下面线性规划化为标准型
$$\max Z = 3x_1 - x_2$$
$$\text{s.t.} \begin{cases} x_1 + x_2 \leq 1 \\ x_1 - x_2 \geq -1 \\ x_1 \geq 0,\ x_2 无约束 \end{cases}$$

解 令 $\bar{Z} = -Z,\ x_2 = x_2' - x_2''$

则其标准型如下：

$$\max Z = -3x_1 + x_2' - x_2''$$
$$\text{s.t.} \begin{cases} x_1 + x_2' - x_2'' + x_3 = 1 \\ x_1 - (x_2' - x_2'') - x_4 = -1 \\ x_1, x_2', x_2'', x_3, x_4 \geq 0 \end{cases}$$

1.2.2 线性规划解的概念

为了帮助我们分析线性规划求解过程,先介绍线性规划解的概念。

$$\max Z = cx \tag{1.1}$$
$$(L)\begin{cases} Ax = b & (1.2) \\ x \geq 0 & (1.3) \end{cases}$$

对于问题（L）我们有如下概念：

可行解：满足（1.2）（1.3）的解。

可行域：可行解的集合，一般记作 $D = \{X | Ax = b, \ x \geq 0\}$。

最优解：满足（1.1）的可行解。

基：设 A 是 $m \times n$ 阶系数矩阵（$m \leq n$），秩（A）$= m$。$A = (P_1 \ P_2 \ \cdots \ P_n)$，则 A 中一定存在 m 个线性无关的列向量，称由 m 个线性无关的列向量构成的可逆矩阵 $(P_{j1} \ P_{j2} \ \cdots \ P_{jm}) = B$ 为问题（L）的一个基，称与 B 中的列向量对应的变量 $x_{j1}, x_{j2}, \cdots, x_{jm}$ 为基变量，其余变量称为非基变量。

基本解：记基变量为 $x_B = (x_{j1} \ x_{j2} \ \cdots \ x_{jm})^\mathrm{T}$，称满足方程组 $Bx_B = b$ 的解：$x_B = B^{-1}b$，其余 x_i 为（L）的一个基本解。

基可行解：若 B 对应的基本解 $x_B = B^{-1}b \geq 0$，则称该解为基可行解，称 B 为可行基。容易验证基可行解一定是可行解，我们后面将指出基可行解是可行域中特殊的解。

例 4 求出下面线性规划的所有基本解，并指出哪些是基可行解。

$$\max Z = 2x_1 + x_2$$
$$\text{s.t.} \begin{cases} 3x_1 + 5x_2 \leq 15 \\ 6x_1 + 2x_2 \leq 24 \\ x_1, x_2 \geq 0 \end{cases}$$

解 线性规划标准化,得

$$\max Z = 2x_1 + x_2$$
$$\text{s.t.} \begin{cases} 3x_1 + 5x_2 + x_3 = 15 \\ 6x_1 + 2x_2 + x_4 = 24 \\ x_1, \cdots, x_4 \geq 0 \end{cases}$$

系数矩阵 $A = \begin{pmatrix} 3 & 5 & 1 & 0 \\ 6 & 2 & 0 & 1 \end{pmatrix}$，秩（$A$）$=2$。

取 $B_1 = (P_1 \quad P_2) = \begin{pmatrix} 3 & 5 \\ 6 & 2 \end{pmatrix}$,

由 $\begin{pmatrix} 3 & 5 \\ 6 & 2 \end{pmatrix} \begin{pmatrix} x_1 \\ x_2 \end{pmatrix} = \begin{pmatrix} 15 \\ 24 \end{pmatrix}$ 得 $\begin{pmatrix} x_1 \\ x_2 \end{pmatrix} = \begin{pmatrix} 15/4 \\ 3/4 \end{pmatrix}$,则 $x_3, x_4 = 0$ 是基可行解。

取 $B_2 = (P_1 \quad P_3) = \begin{pmatrix} 3 & 1 \\ 6 & 0 \end{pmatrix}$,

由 $\begin{pmatrix} 3 & 1 \\ 6 & 0 \end{pmatrix} \begin{pmatrix} x_1 \\ x_3 \end{pmatrix} = \begin{pmatrix} 15 \\ 24 \end{pmatrix}$ 得 $\begin{pmatrix} x_1 \\ x_3 \end{pmatrix} = \begin{pmatrix} 4 \\ 3 \end{pmatrix}$,则 $x_2, x_4 = 0$ 是基可行解。

取 $B_3 = (P_1 \quad P_4) = \begin{pmatrix} 3 & 0 \\ 6 & 1 \end{pmatrix}$,

由 $\begin{pmatrix} 3 & 0 \\ 6 & 1 \end{pmatrix} \begin{pmatrix} x_1 \\ x_4 \end{pmatrix} = \begin{pmatrix} 15 \\ 24 \end{pmatrix}$ 得 $\begin{pmatrix} x_1 \\ x_4 \end{pmatrix} = \begin{pmatrix} 5 \\ -6 \end{pmatrix}$,则 $x_2, x_3 = 0$ 是基本解。

取 $B_4 = (P_2 \quad P_3) = \begin{pmatrix} 5 & 1 \\ 2 & 0 \end{pmatrix}$,

由 $\begin{pmatrix} 5 & 1 \\ 2 & 0 \end{pmatrix} \begin{pmatrix} x_2 \\ x_3 \end{pmatrix} = \begin{pmatrix} 15 \\ 24 \end{pmatrix}$ 得 $\begin{pmatrix} x_2 \\ x_3 \end{pmatrix} = \begin{pmatrix} 12 \\ -45 \end{pmatrix}$,则 $x_1, x_4 = 0$ 是基本解。

取 $B_5 = (P_2 \quad P_4) = \begin{pmatrix} 5 & 0 \\ 2 & 1 \end{pmatrix}$,

由 $\begin{pmatrix} 5 & 0 \\ 2 & 1 \end{pmatrix} \begin{pmatrix} x_2 \\ x_4 \end{pmatrix} = \begin{pmatrix} 15 \\ 24 \end{pmatrix}$ 得 $\begin{pmatrix} x_2 \\ x_4 \end{pmatrix} = \begin{pmatrix} 3 \\ 18 \end{pmatrix}$,则 $x_1, x_3 = 0$ 是基可行解。

取 $B_6 = (P_3 \quad P_4) = \begin{pmatrix} 1 & 0 \\ 0 & 1 \end{pmatrix}$,

由 $\begin{pmatrix} 1 & 0 \\ 0 & 1 \end{pmatrix} \begin{pmatrix} x_3 \\ x_4 \end{pmatrix} = \begin{pmatrix} 15 \\ 24 \end{pmatrix}$ 得 $\begin{pmatrix} x_3 \\ x_4 \end{pmatrix} = \begin{pmatrix} 15 \\ 24 \end{pmatrix}$,则 $x_1, x_2 = 0$ 是基可行解。

一般来说,如果线性规划具有 n 个变量 m 个约束($n>m$),则基本解的数量小于或等于 C_n^m,当然基可行解的数量更不会超过 C_n^m。

1.3 线性规划问题的几何意义

为了对一般的线性规划问题有个直观的认识,本节介绍线性规划问题的几何意义。

1.3.1 相关概念

定义 1.1(凸集) 设 K 是 n 维欧氏空间的一个点集,若任意两点 $x^{(1)} \in K$,$x^{(2)} \in K$ 的连接线上的一切点 $\alpha x^{(1)} + (1-\alpha) x^{(2)} = x \in K$ ($0 \leq \alpha \leq 1$),则称 K 为凸集。

注:凸集的特征是,连接集合中任意两点的线段完全地在集合之中。实心的凸多边形、凸多面体都是凸集。

定义 1.2(凸组合) 设 $x^{(1)}, x^{(2)}, \cdots, x^{(k)}$ 是 n 维欧氏空间中的 K 个点,若存在 $\mu_1, \mu_2, \cdots, \mu_k$ 满

足 $0 \leq \mu_i \leq 1$, $i=1,2,\cdots,k$, $\sum_{i=1}^{k}\mu_i=1$，则称 $x=\mu_1 x^{(1)}+\mu_2 x^{(2)}+\cdots+\mu_k x^{(k)}$ 为 $x^{(1)},x^{(2)},\cdots,x^{(k)}$ 的凸组合。

定义 1.3（顶点） 设 K 是凸集，$X \in K$，若 X 不能表示成任何 $x^{(1)} \in K$，$x^{(2)} \in K$ 两点连线的内点，则称 X 为 K 的一个顶点（或极点）。

注：显然，二维凸多边形、三维凸多面体上的顶点都是与该定义一致的。

1.3.2 线性规划问题的相关结论

定理 1.1 线性规划问题的可行域

$$D=\{X|Ax=b,x\geq 0\}$$

是一个凸集。

证明 设 $x^{(1)} \in D$，$x^{(2)} \in D$ 且 $x^{(1)} \neq x^{(2)}$，则

$$Ax^{(1)}=b, \ x^{(1)} \geq 0, \ Ax^{(2)}=b, \ x^{(2)} \geq 0$$

令 $x=ax^{(1)}+(1-a)x^{(2)}$ $(0<a<1)$

则 $Ax=aAx^{(1)}+(1-a)Ax^{(2)}=b$

且 $x=ax^{(1)}+(1-a)x^{(2)} \geq 0$，

所以 $x \in D$，因此根据凸集定义 D 是凸集。

引理 1.1 线性规划的可行解 $X=(x_1 \ x_2 \ \cdots \ x_n)^T$ 是基可行解的充要条件是：X 的正分量对应的系数列向量是线性独立的。

证明 （必要性）因为 X 是基可行解，由定义可知，其非零分量即基变量对应的系数列向量线性独立。

（充分性）设 X 的正分量对应的系数列向量 $P_1,P_2,\cdots,P_k$ 线性独立，若 $k=m$，则 $P_1,P_2,\cdots,P_k$ 刚好构成一个基，从而 X 就是相应的基可行解；若 $k<m$，则当秩$(A)=m$ 时，一定可以从 A 的其余系数列向量中找到 $m-k$ 个与 $P_1,P_2,\cdots,P_k$ 线性无关的列构成最大线性无关向量组，该向量组构成的可逆矩阵为基，其对应的基本解恰为 X，而且是基可行解。

定理 1.2 X 是可行域 $D=\{X|Ax=b,x\geq 0\}$ 的顶点的充要条件是：X 是该线性规划问题的基可行解。

证明 （必要性）设 X 是 D 的顶点，若 X 不是基可行解，不妨设

$$x_1>0, \ x_2>\cdots\cdots>x_k>0, \ x_{k+1}=\cdots=x_n=0$$

则 $P_1,P_2,\cdots,P_k$ 必线性相关，于是存在不全为零的一组数 $a_1,a_2,\cdots,a_k$ 有

$$\sum_{j=1}^{k}a_j P_j=0$$

令

$$\theta_1 = \begin{cases} \min_{a_j<0} \dfrac{-x_j}{a_j}, & \text{若存在} a_j < 0 \\ +\infty, & \text{若存在} a_j \geq 0 \end{cases}$$

$$\theta_2 = \begin{cases} \min_{a_j>0} \dfrac{x_j}{a_j}, & \text{若存在} a_j > 0 \\ +\infty, & \text{若存在} a_j \leq 0 \end{cases}$$

$$\theta = \min\{\theta_1, \theta_2\}$$

显然 $\theta_1 > 0$，$\theta_2 > 0$，$\theta > 0$。取

$$X^{(1)} = (x_1 + \theta a_1, x_2 + \theta a_2, \cdots, x_k + \theta a_k, 0, \cdots, 0)^{\mathrm{T}}$$

$$X^{(2)} = (x_1 - \theta a_1, x_2 - \theta a_2, \cdots, x_k - \theta a_k, 0, \cdots, 0)^{\mathrm{T}}$$

则 $X^{(1)} \in D$，$X^{(2)} \in D$，$X^{(1)} \neq X^{(2)}$ 且 $x = \dfrac{1}{2} X^{(1)} - \dfrac{1}{2} X^{(2)}$

此与 X 是 D 的顶点矛盾，因而 X 是基可行解。

（充分性）设 X 是问题的基可行解，不妨设 $x_1 > 0$，$x_2 > 0$，$\cdots$，$x_k > 0$，$x_{k+1} = \cdots x_n = 0$（$k \leq m$）则 $P_1, P_2, \cdots, P_k$ 必线性无关，若 X 不是 D 的顶点，则存在 $X^{(1)} \in D, X^{(2)} \in D, X^{(1)} \neq X^{(2)}$，及 $a \in (0,1)$，有

$$X = aX^{(1)} + (1-a)X^{(2)}$$

于是，对 $j = k+1, k+2, \cdots, n$ 有

$$0 = X_j = aX_j^{(1)} + (1-a)X_j^{(2)}$$

因此，对于 $j = k+1, k+2, \cdots, n$ 应有

$$X_j^{(1)} = X_j^{(2)} = 0$$

并且

$$\sum_{j=1}^{k} P_j X_j^{(1)} = b, \sum_{j=1}^{k} P_j X_j^{(2)} = b,$$

$$\sum_{j=1}^{k} P_j (X_j^{(1)} - X_j^{(2)}) = 0$$

由于 $P_1, P_2, \cdots, P_k$ 线性无关，故

$$X_j^{(1)} = X_j^{(2)} \quad (j = 1, 2, \cdots, k)$$

得到 $X^{(1)} = X^{(2)}$ 之矛盾，因此 X 必为顶点。

引理 1.2 若 K 是有界凸集，则任何一点 $x \in K$ 可表示为 K 的顶点的凸组合（本引理证明比较简单，略去不证）。

定理 1.3 若可行域非空有界，则线性规划问题一定可以在可行域的某顶点上达到最优解。

证明 当可行域非空有界时，线性规划一定存在最优解。设 X 是最优解，$X^{(1)}, X^{(2)}, \cdots, X^{(k)}$ 是可行域的顶点，若 X 不是顶点，则它可以用 D 的顶点表示为

$$X = \sum_{j=1}^{k} a_j X^{(1)}, \quad a_j \geq 0, \quad \sum_{j=1}^{k} a_j = 1$$

因此
$$cx = c\sum_{j=1}^{k} a_j x^{(j)} = \sum_{j=1}^{k} a_j cx^{(j)}$$

在所有顶点中必然找到一个顶点 $x^{(s)}$ 使 $cx^{(s)}$ 是所有 $cx^{(j)}$ 中的最大值，则

$$\sum_{j=1}^{k} a_j cx^{(j)} \leq \sum_{j=1}^{k} a_j cx^{(s)} = cx^{(s)}$$

由此得到
$$cx \leq cx^{(s)}$$

根据假设 cx 是最大值，所以只能有

$$cx = cx^{(s)}$$

即目标函数在顶点 $x^{(s)}$ 也取得最大值。

注：根据以上讨论，可以得到以下结论：线性规划问题的可行域是凸集；凸集的每个顶点对应一个基可行解，基可行解的个数是有限的，当然凸集的顶点也是有限的；若线性规划有最优解，必在可行域某顶点上达到，亦即在有限个基可行解中间存在最优解。

1.4 单纯形法

受线性规划的几何意义的启发，很自然可以想到求解线性规划最优解的一个途径：由于可行域顶点个数有限（$\leq C_n^m$），采用"枚举法"找出所有基可行解（顶点），然后逐一加以比较总能求得最优解。但是，当 m，n 较大时用"枚举法"计算量相当大，这种方法是难以实现的。

单纯形法也是在基可行解中间搜索最优解的算法，它的基本思想是：从可行域的一个基可行解（一个顶点）出发，判断该解是否为最优解，如果不是最优解就转移到另一个较好的基可行解，如果目标函数达到最优，则已得到最优解，否则继续转移到其他较好的基可行解。由于基可行解（顶点）数目有限，所以在一般情况下经过有限次迭代后就一定能求出最优解。

1.4.1 确定初始基可行解——大 M 法

对于线性规划问题

$$(L)\begin{cases} \max Z = cx \\ Ax = b \\ x \geq 0 \end{cases}$$

直接观察或通过计算找到一个可行基并不容易。下面介绍求初始基可行解的两种情形，一种是特殊情况，另一种介绍的大 M 法是普遍方法。

1）特殊情况

若给定问题标准化后（且 $b \geq 0$）系数矩阵 A 中存在 m 个线性无关的单位列向量，则以这 m 个单位列向量构成的单位矩阵作为初始基 B，则 $x_B = B^{-1}b = b \geq 0$，其余 $x_j = 0$ 是基可行解。

例 5 求下面问题的初始基可行解

$$\max Z = 6x_1 + 4x_2$$
$$\text{s.t.} \begin{cases} 2x_1 + 3x_2 \leq 100 \\ 4x_1 + 2x_2 \leq 120 \\ x_1, x_2 \geq 0 \end{cases}$$

解 标准化，得

$$\max Z = 6x_1 + 4x_2$$
$$\text{s.t.} \begin{cases} 2x_1 + 3x_2 + x_3 = 100 \\ 4x_1 + 2x_2 + x_4 = 120 \\ x_1, x_2, \cdots, x_4 \geq 0 \end{cases}$$

系数矩阵 $A = \begin{pmatrix} 2 & 3 & 1 & 0 \\ 4 & 2 & 0 & 1 \end{pmatrix} = (P_1 \quad P_2 \quad P_3 \quad P_4)$，

取 $B = (P_3 \quad P_4) = \begin{pmatrix} 1 & 0 \\ 0 & 1 \end{pmatrix}$ 为初始基，

则 $X_a = \begin{pmatrix} x_3 \\ x_4 \end{pmatrix} = B^{-1}b = \begin{pmatrix} 100 \\ 120 \end{pmatrix}$，$x_1, x_2 = 0$ 是初始基可行解。

2）大 M 法

若给定问题标准化后（$b \geq 0$）系数矩阵中不存在 m 个线性无关的单位列向量，则在某些约束的左端加一个非负变量 x_{n+1}（人工变量），使得变化后的系数矩阵中恰有 m 个线性无关的单位列向量，并且在目标函数中减去这些人工变量与 M 的乘积（M 是相当大正数）。对于变化后的问题，取这 m 个单位列向量构成的单位矩阵为初始基，该基对应的解一定是基可行解。

例 6 求下面问题的初始基可行解

$$\max Z = 3x_1 - x_2 - x_3$$
$$\text{s.t.} \begin{cases} x_1 - 2x_2 + x_3 \leq 11 \\ -4x_1 + x_2 + 2x_3 \geq 3 \\ -2x_1 + x_3 = 1 \\ x_1, x_2, x_3 \geq 0 \end{cases}$$

解 标准化，得

$$\max Z = 3x_1 - x_2 - x_3$$
$$\text{s.t.} \begin{cases} x_1 - 2x_2 + x_3 + x_4 = 11 \\ -4x_1 + x_2 + 2x_3 - x_5 = 3 \\ -2x_1 + x_3 = 1 \\ x_1, x_2, \cdots, x_5 \geq 0 \end{cases}$$

这里，系数矩阵中只有 P_4 是单位的列向量，在第 2 个、第 3 个约束的左端分别加人工变量 x_6, x_7，并在目标中减去 Mx_6, Mx_7，则问题变成如下形式：

$$\max Z = 3x_1 - x_2 - x_3 - Mx_6 - Mx_7$$
$$\text{s.t.} \begin{cases} x_1 - 2x_2 + x_3 + x_4 = 11 \\ -4x_1 + x_2 + 2x_3 - x_5 + x_6 = 3 \\ -2x_1 + x_3 + x_7 = 1 \\ x_1, x_2, \cdots, x_7 \geq 0 \end{cases}$$

取 $(P_4 \quad P_6 \quad P_7) = \begin{pmatrix} 1 & 0 & 0 \\ 0 & 1 & 0 \\ 0 & 0 & 1 \end{pmatrix}$ 为初始基 B。

则 $x_B = \begin{pmatrix} x_4 \\ x_6 \\ x_7 \end{pmatrix} = B^{-1}b = \begin{pmatrix} 11 \\ 3 \\ 1 \end{pmatrix}$, $x_1, x_2, x_3, x_5 = 0$ 是初始基可行解。

注：1. 原问题的任一基可行解都是变化后的问题的基可行解，且原问题的任一基可行解的目标函数值都优于变化后问题的含有不等于零的人工变量的基可行解对应的目标值。

2. 若原问题存在最优解，则变化后的问题也一定存在最优解，且变化后问题的最优解就是原问题最优解。

3. 若变化后问题的最优解中含有不等于零的人工变量，则原问题无可行解。

1.4.2 最优性检验与单纯形表

1）最优性检验

设线性规划

$$(L)\begin{cases} \max Z = cx \\ Ax = b \\ x \geq 0 \end{cases}$$

的可行基为

$$B = (P_1\ P_2 \cdots P_M)$$

记 $A = (B, N)$, $C = (C_B, C_N)$, $X = (X_B, X_N)^T$

为了将约束中的基变量用非基变量表示出来，用 B^{-1} 左乘约束方程组（1.2）的两端，得

$$B^{-1}Ax = B^{-1}(B\ \ N)\begin{pmatrix} X_B \\ X_N \end{pmatrix} = EX_B + B^{-1}NX_N = B^{-1}b$$

即

$$EX_B + B^{-1}NX_N = B^{-1}b \tag{1.4}$$

将 $X_B = B^{-1}b - B^{-1}NX_N$ 代入目标函数，得

$$Z = C_B B^{-1}b - C_B B^{-1}NX_N + C_N X_N = C_B B^{-1}b + (C_N - C_B B^{-1}N)X_N$$

即

$$Z = C_B B^{-1}b + \sum_{j=m+1}^{n} (C_j - C_B B^{-1}P_j)x_j \tag{1.5}$$

非基变量 x_j 前面的系数是 $C_j - C_B B^{-1}P_j$，因为它可以用来判断将 x_j 变成基变量后能否改进目标函数值，所以称 $\sigma_j = C_j - C_B B^{-1}P_j$ 为变量 x_j 对应的检验数。

定理 1.4（最优性） 对某基可行解 $X_B = B^{-1}b$，其余 $x_j = 0$，若所有

$$\sigma_j = C_j - C_B B^{-1}P_j \leq 0$$

则该解为最优解。

证明 对一切可行解 X，当所有 $\sigma_j \leq 0$ 时，

$$Z = CX = C_B B^{-1}b + \sum_{j=1}^{n} \sigma_j X_j \leq C_B B^{-1}b$$

但基可行解 $X_B = B^{-1}b$，其余 $x_j = 0$ 对应的目标值恰为 $C_B B^{-1} b$，所以 $X_B = B^{-1}b$，其余 $x_j = 0$ 是最优解，B 为最优基。

定理 1.5（无界解） 若对某可行基 B，存在 $\sigma_k > 0$ 且 $B^{-1} P_k \leq 0$，则该线性规划问题无有限最优解。

证明 设 $B = (P_{j1} \quad P_{j2} \quad \cdots \quad P_{jm})$，定义向量 Y 为 X_k 的极方向，$Y = (Y_1 \quad Y_2 \quad \cdots \quad Y_n)$，其中 $y_{ji} = -a_{ik}$，$i = 1, 2, \cdots, m$，$(a_{1k} \quad a_{2k} \quad \cdots \quad a_{mk})^{\mathrm{T}} = B^{-1} P_k$

$$y_k = 1$$
$$y_i = 0 \quad \text{对其余分量}$$

则
$$AY = (P_1 \quad P_2 \quad \cdots \quad P_n)(Y_1 \quad Y_2 \quad \cdots \quad Y_n)^{\mathrm{T}}$$
$$= P_k - \sum_{i=1}^{m} P_{ji} a_{ik} = P_k - B B^{-1} P_k = 0$$
$$CY = C_k - C_B B^{-1} P_k = \sigma_k > 0$$

根据定理假设 $Y \geq 0$，所以如果问题有可行解 X，则对任何 $\lambda > 0$，$x + \lambda Y_k$ 也是可行解，且当 $\lambda \to +\infty$ 时，$C(x + \lambda Y_k) \to +\infty$（证毕）。

如例1，标准化后变为

$$\max Z = 6x_1 + 4x_2$$
$$\text{s.t.} \begin{cases} 2x_1 + 3x_2 + x_3 = 100 \\ 4x_1 + 2x_2 + x_4 = 120 \\ x_1, x_2, x_3 \geq 0 \end{cases}$$

取 $(P_3 \quad P_4) = \begin{pmatrix} 1 & 0 \\ 0 & 1 \end{pmatrix}$ 为初始基 B，

则 $\begin{pmatrix} x_3 \\ x_4 \end{pmatrix} = B^{-1} b = \begin{pmatrix} 100 \\ 120 \end{pmatrix}$，$x_1, x_2 = 0$ 是基可行解。

经计算得

$$\sigma_1 = C_1 - C_B B^{-1} P_1 = 6, \quad \sigma_2 = C_2 - C_B B^{-1} P_2 = 4$$

所以该解不是最优解。

2）单纯形表

为了便于表达单纯形法计算过程，将可行基 B 对应的式（1.4）（1.5）的系数增广矩阵，即

$$\begin{pmatrix} E & B^{-1}N & B^{-1}b \\ 0 & \sigma & -C_B B^{-1} b \end{pmatrix}$$

设计成一种特殊表格，称为单纯形表 $\{a_{ij}\}$。其形式如表1.2所示。

表 1.2

C_B	C X_B	$B^{-1}b$	C_1 x_1	C_2 x_2	$\cdots$ $\cdots x_m$	$\cdots$ $x_{m+1}\cdots$	C_n x_n
C_1	x_1	a_{10}	1		0	a_{1m+1}	a_{1n}
$\vdots$	$\vdots$	$\vdots$				$\vdots$	$\vdots$
C_m	x_m	a_{m0}	0		1	a_{mm+1}	a_{mn}
	σ	$-C_B B^{-1}b$	0	0	$\cdots 0$	$\sigma_{m+1}\cdots$	σ_n

表中 X_B 为基变量，C_B 为基变量对应价值系数，$B^{-1}b$ 为基变量所取的值，表中各列为 $B^{-1}P_j$ $(j=1,2,\cdots,n)$，最后一行是每个变量对应的检验数。

注：（1）基变量的值 $X_B = B^{-1}b$；

（2）表中各列为 $B^{-1}P_j (j=1,2,\cdots,n)$；

（3）检验数 $\sigma_j = C_j - C_B B^{-1}P_j (j=1,2,\cdots,n)$；

（4）表中基变量的列是单位列向量，且基变量对应的检验数等于零；

（5）由于初始可行基是单位矩阵，所以在以后迭代中，初始可行基始终对应各表基的逆阵 $(\overline{B}^{-1}E = \overline{B}^{-1})$。

如例 1 的初始解的对应单纯形表，如表 1.3 所示。

表 1.3

C_B	C X_B	$B^{-1}b$	6 x_1	4 x_2	0 x_3	0 x_4
0	x_3	100	2	3	1	0
0	x_4	120	4	2	0	1
	σ		6	4	0	0

利用单纯形表，可以清楚地表示出基变量的值和检验数，不仅如此，使用单纯形表更易于进行换基迭代计算。

1.4.3 基的变换——(L, K) 旋转变换

在单纯形法中，如果得到的基可行解，经检验不是最优解，就应继续求其他的基可行解。为了解决这一问题，下面我们先介绍从一个基本解转换到另一个基本解的方法。

设可行基 B 对应的单纯形表为 $\{a_{ij}\}$，如表 1.2 所示，表中 $a_{lk} \neq 0$（x_k 为非基变量），对单纯形表中元素作下列初等行变换。

（1）表中第 L 行元素都除以 $a_{lk}(a_{lk} \neq 0)$，即

$$\overline{a}_{ij} = a_{ij}/a_{lk} \quad (j=0,1,\cdots,n)$$

（2）表中第 i 行 $(i \neq 1)$ 元素减第 L 行对应元素的 a_{ik}/a_{lk} 倍，即

$$\overline{a}_{ij} = a_{ij} - a_{lj} \cdot a_{ik}/a_{lk} \quad (i \neq l, j=0,1,\cdots,n)$$

单纯形表 $\{a_{ij}\}$ 在上述初等行变换下变为 $\{\bar{a}_{ij}\}$，从表中可以看出，$\{\bar{a}_{ij}\}$ 是以非基变量 x_k 取代原来的基变量 x_{jl} 而形成的单纯形表。

引理 1.3 若 $\{a_{ij}\}$ 是以 $(P_{j1} \ P_{j2} \ \cdots \ P_{jm})$ 为基的单纯形表，则在 (L,K) 变换下得到的 $\{\bar{a}_{ij}\}$ 是以 $(P_{j1} \ P_{j2} \ \cdots \ P_{jl-1} \ P_k \ P_{jl+1} \ \cdots \ P_{jm})$ 为基的单纯形表。

称 (L,K) 变换为旋转变换，a_{lk} 为旋转主元，L 为旋转行，K 为旋转列，旋转行对应的基变量 x_{jl} 为旋出变量，旋转列对应的变量 x_k 为旋入变量。

例 7 取例 1 初始单纯形表中 $a_{11}=2$ 为旋转主元作 (L,K) 旋转变换 $(L=1,K=1)$，结果如表 1.4 所示。

表 1.4

C_B	X_B	$B^{-1}b$	x_1	x_2	x_3	x_4
	C		6	4	0	0
0	x_3	100	[2]	3	1	0
0	x_4	120	4	2	0	1
	σ		6	4	0	0
6	x_1	50	1	3/2	1/2	0
0	x_4	-80	0	-4	-2	1
	σ		0	-5	-3	0

注：由引理 1.3 可知，对单纯形表进行 (L,K) 旋转变换就能实现基的变换，因而能从一个基本解求出另一个基本解。如果按一定规则选取旋入变量及旋出变量，就能保证基的变换始终在可行基间进行，而且目标函数值不断改善。

结合例 7 我们容易看出，(L,K) 变换的实质就是用一系列初等行变换将主元列变为单位列向量，其中主元 a_{lk} 变为 1，主元列其余元素变为零。

1.5 单纯形算法步骤

步骤 1：确定初始基 B 和初始基可行解 $X_B=B^{-1}b$，建立初始单纯形表。

步骤 2：检查非基变量的检验数，若所有 $\sigma_j=C_B B^{-1}P_j \leq 0$，则已得到最优解，计算停止；否则求 $\sigma_k=\max\{\sigma_j|\sigma_j>0\}$，确定 x_k 为旋入变量。

步骤 3：若对于 $\sigma_k>0$，$B^{-1}P_k=\begin{pmatrix} a_{1k} \\ \vdots \\ a_{mk} \end{pmatrix} \leq 0$，则此问题无有限最优解，计算停止，否则转步骤 4。

步骤 4：计算 $\theta=\min\left\{\dfrac{(B^{-1}b)_i}{a_{ik}}\Big|a_{ik}>0\right\}=\dfrac{(B^{-1}b)_L}{a_{lk}}$，确定 x_{B_L} 为旋出变量。

步骤 5：以 a_{lk} 为主元作 (L,K) 旋转变换得到新的单纯形表 $\{\bar{a}_{ij}\}$，转步骤 2。

按以上计算步骤可计算任何形式的线性规划。

例 8 计算下列线性规划

$$\max Z = 6x_1 + 4x_2$$
$$\text{s.t.} \begin{cases} 2x_1 + 3x_2 \leq 100 \\ 4x_1 + 2x_2 \leq 120 \\ x_1, x_2 \geq 0 \end{cases}$$

解 标准化，得

$$\max Z = 6x_1 + 4x_2$$
$$\text{s.t.} \begin{cases} 2x_1 + 3x_2 + x_3 = 100 \\ 4x_1 + 2x_2 + x_4 = 120 \\ x_1, x_2, x_3, x_4 \geq 0 \end{cases}$$

取 $(P_3 \quad P_4) = \begin{pmatrix} 1 & 0 \\ 0 & 1 \end{pmatrix}$ 为初始基 B，

则 $x_B = \begin{pmatrix} x_3 \\ x_4 \end{pmatrix} = \begin{pmatrix} 100 \\ 120 \end{pmatrix}$，$x_1, x_2 = 0$ 为初始基可行解。

按单纯形法计算，结果如表 1.5 所示。

表 1.5

C			6	4	0	0	
C_B	X_B	$B^{-1}b$	x_1	x_2	x_3	x_4	
0	x_3	100	2	3	1	0	$K=1$
0	x_4	120	[4]	2	0	1	$L=2$
	σ		6	4	0	0	
0	x_3	40	0	[2]	1	$-1/2$	$K=2$
6	x_1	30	1	$1/2$	0	$1/4$	$L=1$
	σ		0	1	$1/2$	$-3/2$	
4	x_2	20	0	1	$1/2$	$-1/4$	
6	x_1	20	1	0	$-1/4$	$3/8$	
	σ		0	0	$-1/2$	$-5/4$	

最优解：$\begin{pmatrix} x_2 \\ x_1 \end{pmatrix} = \begin{pmatrix} 20 \\ 20 \end{pmatrix}$，其余 $x_j = 0$，最优值：$Z=200$。

例 9 计算下列线性规划

$$\max Z = 3x_1 - x_2 - x_3$$
$$\text{s.t.} \begin{cases} x_1 - 2x_2 + x_3 \leq 11 \\ -4x_1 + x_2 + 2x_3 \geq 3 \\ -2x_1 + x_3 = 1 \\ x_1, x_2, x_3 \geq 0 \end{cases}$$

解 在上述问题中加入松弛变量及人工变量，得

$$\max Z = 3x_1 - x_2 - x_3 - Mx_5 - Mx_7$$

$$\text{s.t.} \begin{cases} x_1 - 2x_2 + x_3 + x_4 = 11 \\ -4x_1 + x_2 + 2x_3 - x_5 + x_6 = 3 \\ -2x_1 + x_3 + x_7 = 1 \\ x_1, x_2, \cdots, x_7 \geq 0 \end{cases}$$

取 $(P_4 \quad P_6 \quad P_7) = \begin{pmatrix} 1 & 0 & 0 \\ 0 & 1 & 0 \\ 0 & 0 & 1 \end{pmatrix}$ 为初始基 B,

则 $X_B = \begin{pmatrix} x_4 \\ x_6 \\ x_7 \end{pmatrix} = \begin{pmatrix} 11 \\ 3 \\ 1 \end{pmatrix}$,其余 $x_j = 0$ 是初始基可行解。

按单纯形法计算,结果如表 1.6 所示。

表 1.6

	C		3	-1	-1	0	0	-M	-M	
C_B	X_B	$B^{-1}b$	x_1	x_2	x_3	x_4	x_5	x_6	x_7	
0	x_4	11	1	-2	1	1	0	0	0	$K=3$
-M	x_6	3	-4	1	2	0	-1	1	0	$L=3$
-M	x_7	1	-2	0	[1]	0	0	0	1	
	σ		3-6M	-1+M	-1+3M	0	-M	0	0	
0	x_4	10	3	-2	0	1	0	0	-1	$K=2$
-M	x_6	1	0	[1]	0	0	-1	1	-2	$L=2$
-1	x_3	1	-2	0	1	0	0	0	1	
	σ		1	-1+M	0	0	-M	0	-3M+1	
0	x_4	12	[3]	0	0	1	-2	2	-5	$K=1$
-1	x_2	1	0	1	0	0	-1	1	-2	$L=1$
-1	x_3	1	-2	0	1	0	0	0	1	
	σ		1	0	0	0	-1	1-M	-1-M	
3	x_1	4	1	0	0	1/3	-2/3	2/3	-5/3	
-1	x_2	1	0	1	0	0	-1	1	-2	
-1	x_3	9	0	0	1	2/3	-4/3	4/3	-7/3	
	σ		0	0	0	-1/3	-1/3	1/3-M	2/3-M	

最优解:$\begin{pmatrix} x_1 \\ x_2 \\ x_3 \end{pmatrix} = \begin{pmatrix} 4 \\ 1 \\ 9 \end{pmatrix}$,其余 $x_j = 0$,最优值:$Z=2$。

引理 1.4 按单纯形法步骤所得解恒为基可行解。

证明 记基变量值为 $a_{i0}(i = 1, 2, \cdots, m)$,

则 $\bar{a}_{l0} = a_{l0}/a_{lk} \geq 0$，$\bar{a}_{i0} = a_{i0} - a_{L0} \cdot a_{ik}/a_{lk} \ (i \neq L)$

当 $a_{ik} \leq 0$ 时，显然 $\bar{a}_{i0} \geq 0$；

当 $a_{ik} > 0$ 时，$\bar{a}_{i0} = a_{ik}\left(\dfrac{a_{i0}}{a_{ik}} - \dfrac{a_{L0}}{a_{lk}}\right) = a_{ik}\left(\dfrac{a_{i0}}{a_{ik}} - \theta\right) \geq 0$

证毕。

引理 1.5 按单纯形法所得解目标值不断改善。

证明 $-\bar{Z} = -Z - a_{L0} \cdot \sigma_k/a_{lk}$，即 $\bar{Z} = Z + a_{L0} \cdot \sigma_k/a_{lk} \geq Z$，证毕。

由上述引理 1.3～1.5，可得如下结论：

定理 1.6 在一般情况下（不发生循环）应用单纯形算法步骤求线性规划问题时，必在有限步内终止于步骤 2 或步骤 3。

1.6 单纯形法的进一步讨论

1.6.1 两阶段法

前面所介绍的求初始可行基的大 M 法中，如果在约束中增加人工变量，则需要在目标函数中减去这些人工变量与 M 的乘积。下面介绍的两阶段法不需要引进相当大的正数 M，其计算过程分成两个阶段。

第一阶段：在约束中增加人工变量使系数矩阵出现单位矩阵，然后以这些人工变量之和的相反数 W 求最大化目标，进行求解。若第一阶段最优解对应的最优值等于零，则所有人工变量一定都取零值，说明原问题存在基可行解，可以进行第二阶段计算，否则原问题无可行解，应停止计算。

第二阶段：将第一阶段的最优解作为初始解、以原目标函数为目标函数进行计算，则第二阶段的最优解即为原问题最优解。

例 10 用两阶段法求解下面问题

$$\max Z = 3x_1 - x_2 - x_3$$
$$\text{s.t.} \begin{cases} x_1 - 2x_2 + x_3 \leq 11 \\ -4x_1 + x_2 + 2x_3 \geq 3 \\ -2x_2 + x_3 = 1 \\ x_1, x_2, x_3 \geq 0 \end{cases}$$

解 加入松弛变量和人工变量，给出第一阶段数学模型：

$$\max W = -x_6 - x_7$$
$$\text{s.t.} \begin{cases} x_1 - 2x_2 + x_3 + x_4 = 11 \\ -4x_1 + x_2 + 2x_3 - x_5 + x_6 = 3 \\ -2x_1 + x_3 + x_7 = 1 \\ x_1, x_2, \cdots, x_7 \geq 0 \end{cases}$$

取 $(P_4 \quad P_6 \quad P_7) = \begin{pmatrix} 1 & 0 & 0 \\ 0 & 1 & 0 \\ 0 & 0 & 1 \end{pmatrix}$ 为初始基 B，则 $X_B = \begin{pmatrix} x_4 \\ x_6 \\ x_7 \end{pmatrix} = \begin{pmatrix} 11 \\ 3 \\ 1 \end{pmatrix}$。

第一阶段计算结果如表 1.7 所示。

表 1.7

C_B	X_B	$B^{-1}b$	x_1	x_2	x_3	x_4	x_5	x_6	x_7	
	C		0	0	0	0	0	-1	-1	
0	x_4	11	1	-2	1	1	0	0	0	
-1	x_6	3	-4	1	2	0	-1	1	0	$K=3$
-1	x_7	1	-2	0	[1]	0	0	0	1	$L=3$
	σ		-6	1	3	0	-1	0	0	
0	x_4	10	3	-2	0	1	0	0	-1	
-1	x_6	1	0	[1]	0	0	-1	1	-2	$K=2$
0	x_3	1	-2	0	1	0	0	0	1	$L=2$
	σ		0	1	0	0	-1	0	-3	
0	x_4	12	3	0	0	1	-2	2	-5	
0	x_2	1	0	1	0	0	-1	1	-2	
0	x_3	1	-2	0	1	0	0	0	1	
	σ		0	0	0	0	0	-1	-1	

因为第一阶段最优解中人工变量均等于零，所以可以进行第二阶段计算。将第一阶段人工变量取消，恢复原来的目标函数，并以第一阶段最优解为初始解，计算结果如表 1.8 所示。

表 1.8

C_B	X_B	$B^{-1}b$	x_1	x_2	x_3	x_4	x_5	
	C		3	-1	-1	0	0	
0	x_4	12	[3]	0	0	1	-2	
-1	x_2	1	0	1	0	0	-1	$K=1$
-1	x_3	1	-2	0	1	0	0	$L=1$
	σ		1	0	0	0	-1	
3	x_1	4	1	0	0	1/3	-2/3	
-1	x_2	1	0	1	0	0	-1	
-1	x_3	9	0	0	1	2/3	-4/3	
	σ		0	0	0	-1/3	-1/3	

原问题最优解：$\begin{pmatrix} x_1 \\ x_2 \\ x_3 \end{pmatrix} = \begin{pmatrix} 4 \\ 1 \\ 9 \end{pmatrix}$，其余 $x_j = 0$，最优值：$Z=2$。

1.6.2 退化与循环

在单纯形法计算中,一般基变量都取非零值,非基变量都取零值,如果某个基可行解中存在取零值的基变量,则称该解为退化解。在退化情况下,如果取退化的基变量为旋出变量,则变化后的解仍为退化解,且目标函数值不变,在以后的迭代中,如果每次都取退化的基变量为旋出变量,则迭代可能只在可行域的几个顶点中间反复进行,即出现计算过程的循环,而达不到最优解。为了避免出现循环问题,有人提出了"摄动法""辞典序法",1974 年 Bland 提出一种简便的规则:

(1) 取 $K = \min\{j | \sigma_j = C_j - C_B B^{-1} P_j > 0\}$,以 x_k 为旋入变量计算 $\theta = \min\left\{\dfrac{(B^{-1}b)_j}{a_{ak}} \Big| a_{jk} > 0\right\}$。

(2) 当存在两个或两个以上比值都等于 θ 时,选取下标最小的基变量为旋出变量。

按 Bland 规则计算时,可以证明一定能避免出现循环问题。

此处强调,实际计算中循环现象极为罕见,目前仅有人为构造的几个例子会出现循环现象,因此我们在计算时可以不必考虑循环问题。

1.6.3 标准型及检验数的其他形式

我们以

$$\max Z = CX$$
$$(L)\begin{cases} Ax = b \\ x \geqslant 0 \end{cases}$$

为标准型,令 $\sigma_j = C_j - C_B B^{-1} P_j$ 为检验数。除此之外,还有以

$$\min Z = CX$$
$$(L)\begin{cases} Ax = b \\ x \geqslant 0 \end{cases}$$

为标准型,令 $\sigma_j = C_B B^{-1} P_j - C_j$ 为检验数。

将不同的标准型与不同的检验数组合起来,可产生四种情况,在各种情况下如何判定最优解,请读者予以总结。

课后习题

1. 用单纯形法求解下述线性规划问题。

(1) $\max Z = 40x_1 + 45x_2 + 24x_3$

$$\text{s.t.} \begin{cases} 2x_1 + 3x_2 + x_3 \leqslant 100 \\ 3x_1 + 3x_2 + 2x_3 \leqslant 120 \\ x_1, x_2, x_3 \geqslant 0 \end{cases}$$

(2) $\max Z = -3x_1 + x_3$

$$\text{s.t.} \begin{cases} x_1 + x_2 + x_3 \leqslant 4 \\ -2x_1 + x_2 - x_3 \geqslant 1 \\ 3x_2 + x_3 = 9 \\ x_1, x_2, x_3 \geqslant 0 \end{cases}$$

2. 用两阶段法求解下列问题。

(1) $\max Z = -3x_1 + x_3$

s.t. $\begin{cases} x_1 + x_2 + x_3 \leq 4 \\ -2x_1 + x_2 - x_3 \geq 1 \\ 3x_2 + x_3 = 9 \\ x_1, x_2, x_3 \geq 0 \end{cases}$

(2) $\max Z = 5x_1 + 3x_2 + 2x_3 + 4x_4$

s.t. $\begin{cases} 5x_1 + x_2 + x_3 + 8x_4 = 10 \\ 2x_1 + 4x_2 + 3x_3 + 2x_4 = 10 \\ x_1, x_2, x_3, x_4 \geq 0 \end{cases}$

3. 分别用大 M 法和两阶段法求解下述线性规划问题。

(1) $\max Z = 2x_1 + 3x_2 - 5x_3$

s.t. $\begin{cases} x_1 + x_2 + x_3 = 7 \\ 2x_1 - 5x_2 + x_3 \geq 10 \\ x_1, x_2, x_3 \geq 0 \end{cases}$

(2) $\min Z = 2x_1 + 3x_2 + x_3$

s.t. $\begin{cases} x_1 + 4x_2 + 2x_3 \geq 8 \\ 3x_1 + 2x_2 \geq 6 \\ x_1, x_2, x_3 \geq 0 \end{cases}$

(3) $\max Z = 10x_1 + 15x_2 + 12x_3$

s.t. $\begin{cases} 5x_1 + 3x_2 + x_3 \leq 9 \\ -5x_1 + 6x_2 + 15x_3 \leq 15 \\ 2x_1 + x_2 + x_3 \geq 5 \\ x_1, x_2, x_3 \geq 0 \end{cases}$

2 线性规划的对偶理论与灵敏度分析

2.1 对偶问题

对偶理论是线性规划的内容之一。任何线性规划都有一个伴生的线性规划。这个伴生的线性规划叫作它的"对偶"。下面我们通过实例引出"对偶"问题,然后提出对偶线性规划的定义。

例 1 第一章例 1 提出的线性规划问题为:某工厂生产Ⅰ、Ⅱ两种交通设备,每生产一台设备所需的原料和工时以及每台设备提供的利润和资源的限制量如表 2.1 所示。

表 2.1

资源		x_1	x_2	总量
		Ⅰ	Ⅱ	
Y_1	原料	2	3	100
Y_2	工时	4	2	120
	利润	6	4	

试确定获利最大的生产方案。

解 设交通设备Ⅰ、Ⅱ的产量为 x_1, x_2,则该问题的数学模型为:

$$\max Z = 6x_1 + 4x_2$$
$$\text{s.t.} \begin{cases} 2x_1 + 3x_2 \leqslant 100 \\ 4x_1 + 2x_2 \leqslant 120 \\ x_1, x_2 \geqslant 0 \end{cases}$$

假如工厂不生产设备Ⅰ、Ⅱ,而将可利用资源都让给其他企业,试确定这些资源的最低可接受价格。这里,最低可接受价格是指转让资源比生产设备Ⅰ、Ⅱ合算的最低价格。

设 Y_1, Y_2 为这两种资源的价格,为了使得工厂出让资源合算,应该使出让原来生产一台设备Ⅰ的资源所得收入大于生产一台设备Ⅰ的收入,即

$$2Y_1 + 4Y_2 \geqslant 6$$

对于设备Ⅱ也可以建立类似的约束条件:

$$3Y_1 + 2Y_2 \geqslant 4$$

如果资源的价格同时满足这两个约束,则这种价格肯定是合算的。显然,在满足这两个约束的前提下,价格愈高,该工厂愈合算,但价格太高,接受方面又不会愿意购买。我们需要确定的价格是使工厂合算的最低价格,为此建立目标函数:

$$\min \omega = 100Y_1 + 120Y_2$$

综上所述,问题的数学模型如下:

$$\min \omega = 100Y_1 + 120Y_2$$
$$\text{s.t.} \begin{cases} 2Y_1 + 4Y_2 \geqslant 6 \\ 3Y_1 + 2Y_2 \geqslant 4 \\ Y_1, Y_2 \geqslant 0 \end{cases}$$

定义 称线性规划

$$\min \omega = Yb$$
$$(D) \begin{cases} YA \geqslant C \\ Y \geqslant 0 \end{cases} \quad (Y = (Y_1, Y_2, \cdots, Y_m))$$

为原线性规划

$$\max Z = CX$$
$$(L) \begin{cases} AX \leqslant b \\ X \geqslant 0 \end{cases}$$

的对偶规划问题。

注：比较原问题与其对偶问题，可以看到二者存在下列关系：

1. 原问题的目标是对 CX 求极大，对偶问题的目标是对 Yb 求极小。
2. 原问题的价值系数 C 成为对偶问题的资源系数，原问题的资源系数 b 成为对偶问题的价值系数。
3. 约束条件的不等式方向发生了改变。
4. 原问题的系数矩阵的转置恰为对偶问题的系数矩阵，即原问题的每一列系数对应对偶问题的每一行系数。
5. 原问题的约束行数等于对偶变量数，即列数，而原问题的变量数对应于对偶问题的约束行数。

2.2 对偶理论

性质 2.1（对称性） 对偶问题（D）的对偶是原问题（L）。

证明 由定义，原问题

$$\max Z = CX$$
$$(L) \begin{cases} AX \leqslant b \\ X \geqslant 0 \end{cases}$$

的对偶问题为

$$\min \omega = Yb$$
$$(D) \begin{cases} YA \geqslant C \\ Y \geqslant 0 \end{cases}$$

令 $\bar{\omega} = -\omega$，则（D）可变为

$$\max \bar{\omega} = -Yb = -b^{\mathrm{T}} Y^{\mathrm{T}}$$
$$(\bar{D}) \begin{cases} -A^{\mathrm{T}} Y^{\mathrm{T}} \leqslant -C^{\mathrm{T}} \\ Y^{\mathrm{T}} \geqslant 0 \end{cases}$$

根据定义，得到上面 $(\bar{D})$ 的对偶问题是

$$\min Z = X^T(-C^T)$$
$$(\bar{L}) \begin{cases} X^T(-A^T) \geqslant -b^T \\ X^T \geqslant 0 \end{cases}$$

令 $Z = -Z$，则（$\bar{L}$）可变为

$$\max Z = CX$$
$$\begin{cases} AX \leqslant b \\ X \geqslant 0 \end{cases}$$

这就是原问题（L）。

性质 2.2 若原问题第 i 个约束为等式，则其对偶问题中第 i 个对偶变量为自由变量；反之，若原问题的第 j 个变量是自由变量则其对偶问题的第 j 个约束为等式。

证明 设原问题第 i 个约束为

$$a_{i1}x_1 + a_{i2}x_2 + \cdots + a_{in}x_n = b_i$$

该约束可变为

$$a_{i1}x_1 + a_{i2}x_2 + \cdots + a_{in}x_n \leqslant b_i$$
$$-a_{i1}x_1 - a_{i2}x_2 - \cdots - a_{in}x_n \leqslant -b_i$$

记这两个约束对应的对偶变量分别为 y_i'，y_i''；则在对偶的约束及目标中，y_i'，y_i'' 的系数绝对值相同符号相反，取 $y_i = y_i' - y_i''$，将 y_i 代入到对偶问题中，则其对偶问题中 y_i 是自由变量。

反之，若原问题中，x_j 是自由变量，令 $x_j = x_j' - x_j''$，x_j'，$x_j'' \geqslant 0$，将 $x_j = x_j' - x_j''$ 代入原问题，则其对偶问题与 x_j', x_j'' 对应的两个约束中各个变量的系数及常数绝对值相同，符号相反，即：

$$a_{1j}y_1 + a_{2j}y_2 + \cdots + a_{mj}y_m \geqslant c_j$$
$$-a_{1j}y_1 - a_{2j}y_2 - \cdots - a_{mj}y_m \geqslant -c_j$$

这两个不等式是与等式 $a_{1j}y_1 + a_{2j}y_2 + \cdots + a_{mj}y_m = c_j$ 是等价的。

性质 2.3（弱对偶性） 设 x，y 分别是原问题（L）和对偶问题（D）的任一可行解，则

$$CX \leqslant Yb$$

证明 由已知

$$AX \leqslant b,\ X \geqslant 0$$
$$YA \geqslant C,\ Y \geqslant 0$$

在 $AX \leqslant b$ 两边左乘 Y，得

$$YAX \leqslant Yb$$

在 $YA \geqslant C$ 两边右乘 X，得

$$YAX \geqslant CX$$

所以 $CX \leqslant Yb$

注：这个性质说明极大化问题的任一可行解的目标函数值总是不大于它的对偶问题的任

一可行解的目标函数值。

性质 2.4（无界性） 若原问题（对偶问题）为无界解，则其对偶问题（原问题）无可行解。这个性质由弱对偶性显然可得。

性质 2.5 设 $\bar{X}$ 是原问题的可行解，$\bar{Y}$ 是对偶问题可行解，且 $C\bar{X} = \bar{Y}b$，则 $\bar{X}, \bar{Y}$ 是各自问题的最优解。

证明 设 X 是原问题的任一可行解，则

$$CX \leq \bar{Y}b = C\bar{X}$$

可见 $\bar{X}$ 是原问题最优解。

同理可证，对于对偶问题的任一可行解 Y，有

$$Yb \geq C\bar{X} = \bar{Y}b$$

所以 $\bar{Y}$ 是对偶问题最优解。

性质 2.6 若原问题

$$\max Z = CX$$
$$s.t. \begin{cases} AX = b \\ X \geq 0 \end{cases}$$

有最优解，那么其对偶问题也有最优解，且它们的最优值相等。

证明 设 B, x 是原问题的最优基及最优解，记 $Y = C_B B^{-1}$，则所有 $\sigma_j = c_j - YP_j \leq 0$，即 $C - YA \leq 0$，亦即 $YA \geq C$，Y 是对偶可行解，且 $Yb = C_B B^{-1}b = CX$。所以，$Y = C_B B^{-1}$ 是对偶问题最优解。

例 2 写出下面线性规划的对偶规划

$$\min Z = 2x_1 + x_2 - 4x_3$$
$$s.t. \begin{cases} 2x_1 + 3x_2 + x_3 \geq 1 \\ 3x_1 - x_2 + x_3 \leq 4 \\ x_1 + x_3 = 3 \\ x_1, x_2 \geq 0 \end{cases}$$

解 原问题，即：

$$\min Z = 2x_1 + x_2 - 4x_3$$
$$s.t. \begin{cases} 2x_1 + 3x_2 + x_3 \geq 1 \\ -3x_1 + x_2 - x_3 \geq -4 \\ x_1 + x_3 = 3 \\ x_1, x_2 \geq 0 \end{cases}$$

其对偶规划为

$$\max W = y_1 - 4y_2 + 3y_3$$
$$s.t. \begin{cases} 2y_1 - 3y_2 + y_3 \leq 2 \\ 3y_1 + y_2 \leq 1 \\ y_1 - y_2 + y_3 = -4 \\ y_1, y_2 \geq 0 \end{cases}$$

2.3 对偶单纯形法

从前一节讨论中，可以看到在原问题取得最优解时也得到对偶问题的最优解。即：如果原问题最优基为 B，取 $Y=C_B B^{-1}$，则所有 $\sigma_j=c_j-YP_j\leq 0$，也就是 $YA\geq C$，Y 是对偶可行解，又因为 $Yb=C_B B^{-1}b=cx$，所以 Y 也是对偶最优解。

单纯形算法是从一个原问题的基可行解转到另一个基可行解，一直迭代到所有检验数都非正为止，或者说一直迭代到 $Y=C_B B^{-1}$ 是对偶可行解为止。对偶单纯形法则是从原始问题的一个对偶可行解（满足所有 $\sigma_j=c_j-C_B B^{-1}P\geq 0$）出发，以基变量值是否全部非负为检验数，连续迭代到原问题的基可行解为止。两种算法的最终结果都是一样的，区别是对偶单纯形算法的初始解不一定要满足原问题的可行性，只要求所有检验数都非正，在保证所得解始终是对偶可行解的前提下连续迭代到原问题的基可行解，从而取得问题的最优解。

对偶单纯形法计算步骤如下：

1° 确定原问题（L）的初始基 B 使所有 $\sigma_j\leq 0$，即 $Y=C_B B^{-1}$ 是对偶可行解，建立初始单纯形表。

2° 检查基变量所取的值，若 $x_B=B^{-1}b\geq 0$，则已得最优解，计算停；否则求

$$\min\{(B^{-1}b)_i | (B^{-1}b)_i<0\}=(B^{-1}b)_L$$

确定 x_{BL} 为旋出变量。

3° 若所有 $a_{Lj}\geq 0$，则原问题无可行解，计算停；否则求

$$\theta=\min\left\{\frac{\sigma_j}{a_{Lj}}\bigg| a_{Lj}<0\right\}=\frac{\sigma_k}{a_{Lk}}$$

确定 x_k 为旋入变量。

4° 以 a_{Lk} 为主元作（L,k）旋转变换，转 2°。

可以证明按上述方法进行迭代，所得解始终是对偶可行解。

事实上，经迭代后，$\overline{\sigma}_j=\sigma_j-a_{Lj}\sigma_k/a_{Lk}$。

若 $a_{Lj}\geq 0$，则 $\overline{\sigma}_j\leq 0$；若 $a_{Lj}<0$，则 $\overline{\sigma}_j=a_{Lj}\left(\frac{\sigma_j}{a_{Lj}}-\frac{\sigma_k}{a_{Lk}}\right)\leq 0$。

例 3 用对偶单纯形法求解下面问题

$$\min Z=12x_1+8x_2+16x_3+12x_4$$
$$\text{s.t.}\begin{cases}2x_1+x_2+4x_3\geq 2\\2x_1+2x_2+4x_4\geq 3\\x_1,x_2,\cdots,x_n\geq 0\end{cases}$$

解 令 $\overline{Z}=-Z$，则问题可变为

$$\max \overline{Z}=-12x_1-8x_2-16x_3-12x_4$$
$$\text{s.t.}\begin{cases}-2x_1-x_2-4x_3+x_5=-2\\-2x_3-2x_2-4x_4+x_6=-3\\x_1,x_2,\cdots,x_6\geq 0\end{cases}$$

取 $(P_5 \quad P_6) = \begin{pmatrix} 1 & 0 \\ 0 & 1 \end{pmatrix}$ 为初始基，则 $\begin{pmatrix} x_5 \\ x_6 \end{pmatrix} = \begin{pmatrix} -2 \\ -3 \end{pmatrix}$，其余 $x_j = 0$ 是非基可行解，但 $\sigma_1 = -12$，$\sigma_2 = -8$，$\sigma_3 = -16$，$\sigma_4 = -12$。

所以，$Y = C_B B^{-1}$ 是对偶可行解，建立单纯形表，计算结果如下

最优解：$\begin{pmatrix} x_2 \\ x_3 \end{pmatrix} = \begin{pmatrix} 3/2 \\ 1/8 \end{pmatrix}$，其余 $x_j = 0$，最优值：$Z = 14$。

表 2.2

C_B	X_B	C	-12	-8	-16	-12	0	0	
		$B^{-1}b$	x_1	x_2	x_3	x_4	x_5	x_6	
0	x_1	-2	-2	-1	-4	0	1	0	$L=2$
0	x_6	-3	-2	-2	0	[-4]	0	1	$K=4$
	σ		-12	-8	-16	-12	0	0	
0	x_5	-2	-2	[-1]	-4	0	1	0	$L=1$
-12	x_4	3/4	2/4	2/4	0	1	0	-1/4	$K=2$
	σ		-6	-2	-16	0	0	-3	
-8	x_2	2	2	1	4	0	-1	0	$L=2$
-12	x_4	-1/4	-1/2	0	[-2]	1	1/2	-1/4	$K=3$
	σ		-2	0	-8	0	-2	-3	
-8	x_2	3/2	1	1	0	2	0	-1/2	
-16	x_3	1/8	1/4	0	1	-1/2	-1/4	1/8	
	σ		0	0	0	-4	-4	-2	

注：本例如果用单纯形法计算，确定初始基可行解时需引入两个人工变量，计算量要多于对偶单纯形法。一般情况下，如果问题能够用对偶单纯形法计算，计算量会少于单纯形法。但是，并不是所有问题都能用对偶单纯形法计算。当线性规划问题具备下面条件时，可以用对偶单纯形法求解：
1. 问题标准化后，价值系数全非正；
2. 所有约束全是不等式。

2.4 对偶问题的经济意义——影子价格

在单纯形法计算中，设 B 是最优基，$X_B = B^{-1}b$，其余 $x_j = 0$ 是最优解，最优值 $Z^n = C_B B^{-1}b$，取 $Y = C_B B^{-1} = (Y_1, Y_2, \cdots, Y_m)$，则 Y 是对偶最优解，下面我们讨论 $Y_i (i = 1, 2, \cdots, m)$ 的经济含义。设 b_i 有单位增量即 $\Delta b_i = 1$，其他参数不变，若原最优基不变，则 $Z + \Delta Z = C_B B^{-1}(b + (0 \cdots \Delta b_i \cdots 0)) = Z + Y_i \Delta b_i$，即 $\Delta Z = Y_i \Delta b_i = Y_i$，所以，$Y_i$ 表示在原问题已取得最优解的情况下，第 i 种资源改变一个单位时总收益的变化值，也可以说 Y_i 是对第 i 种资源的一种价格估计。这种价格估计并不是第 i 种资源的实际成本或价值，而是由该企业在制产品的收益来估计所用资源的单位价值，称为影子价格。由于影子价格是指资源增加时对最优收益的贡献，所以，也被称为资源的机会成本或边际产出，它表示资源在最优产品组合时，具

有的"潜在价值"或"贡献"。资源的影子价格是与具体的企业及产品有关的，同一种资源，在不同的企业，或生产不同产品时对应的影子价格并不相同。

影子价格是经济学中的重要概念，将一个企业拥有的资源的影子价格与资源的市场价格相比较，可以决定是购入还是出让该种资源。当某资源的市场价格低于影子价格时，企业应该买进该资源用于扩大生产。而当资源的市场价格高于影子价格时，则企业的决策者应该将已有资源卖掉。在考虑一个地区或国家某种资源的进出口决策中，资源的影子价格是影响决策的一个重要因素。

在线性规划单纯形法计算中，可以得出问题的各种资源的影子价格。如第一章例 1 最优单纯形表如表 2.3 所示。

表 2.3

C_B	X_B	$B^{-1}b$	x_1	x_2	x_3	x_4
	C		6	4	0	0
4	x_2	20	0	1	1/2	−1/4
6	x_1	20	1	0	−1/4	3/8
	σ		0	0	−1/2	−5/4

松弛变量 x_3, x_4 的检验数

$$\sigma_3 = 0 - YP_3 = 0 - (Y_1 \quad Y_2)\begin{pmatrix}1\\0\end{pmatrix} = 0 - Y_1 = -\frac{1}{2}, \quad \sigma_4 = 0 - YP_4 = 0 - (Y_1 \quad Y_2)\begin{pmatrix}0\\1\end{pmatrix} = 0 - Y_2 = -\frac{5}{4}$$

所以，$Y_1 = \frac{1}{2}$，$Y_2 = \frac{5}{4}$。它表明生产Ⅰ、Ⅱ产品所用的原料及工时的影子价格分别为 $\frac{1}{2}$ 和 $\frac{5}{4}$ 个单位。

2.5 灵敏度分析

在线性规划问题中，目标函数、约束条件的系数以及资源的限制量等当作确定的常数，并在这些系数值的基础上求得最优解。但是，实际上这些系数或资源限制量并非一成不变，它们往往是一些估计和预测的数字，比如价值系数随着市场的变化而变化，约束系数随着工艺或消耗定额的变化而变化，计划期的资源限制量也是经常变化的。当这些系数发生变化时最优解会受到什么影响？最优解对哪些参数的变动最敏感？搞清这些问题，会使我们在处理实际问题时具有更大的主动性和可靠性。

确定线性规划模型的某些系数或限制量的变动对最优解的影响分析被称作灵敏度分析。

灵敏度分析主要解决两个问题：

（1）这些系数在什么范围内变化时，原先求出的线性规划问题最优解或最优基不变，即最优解相对参数变化的稳定性。

（2）如果系数的变化引起了最优解的变化，如何用最简便的方法求出新的最优解。

设问题（L）

$$\max Z = CX$$
$$\text{s.t.} \begin{cases} AX = b \\ X \geq 0 \end{cases}$$

最优基 B；最优解 $X_B = B^{-1}b$，其他 $x_j = 0$；最优值 $Z = C_B B^{-1} b$。

2.5.1 目标函数中的价值系数 C 的分析

分别就 c_j 是非基变量的价值系数和 c_j 是基变量的价值系数两种情况来讨论。

1. 设非基变量 x_j 的价值系数 c_j 有增量 Δc_j，其他参数不变，求 Δc_j 的范围使原最优解不变。

由于 c_j 是非基变量的价值系数，因此它的改变仅仅影响检验数 σ_j 的变化，而对其他检验数没有影响。

令
$$\bar{\sigma}_j = c_j + \Delta c_j - C_B B^{-1} P_j = \sigma_j + \Delta c_j \leqslant 0,$$

所以当 $\Delta c_j \leqslant -\sigma_j$ 时，原最优解不变。

2. 设基变量 x_{Br} 的价值系数 C_{Br} 有增量 ΔC_{Br}，其他参数不变，求 ΔC_{Br} 使最优解不变。

由于 C_{Br} 是基变量的价值系数，因此它的变化将影响所有非基变量的检验数的变化。

记
$$\bar{C}_B = C_B + (0 \cdots \Delta C_{Br} \cdots 0)$$

则
$$\bar{Y} = \bar{C}_B B^{-1} = [C_B + (0 \cdots \Delta C_{Br} \cdots 0)] B^{-1} = Y + (0 \cdots \Delta C_{Br} \cdots 0) B^{-1}$$
$$\bar{\sigma}_j = c_j - \bar{Y} P_j = c_j - [Y + (0 \cdots \Delta C_{Br} \cdots 0) B^{-1}] P_j$$
$$= \sigma_j - (0 \cdots \Delta C_{Br} \cdots 0) B^{-1} P_j = \sigma_j - a_{rj} \Delta C_{Br}$$

令所有非基变量检验数 $\bar{\sigma}_j = \sigma_j - a_{rj} \Delta C_{Br} \leqslant 0$

所以，当 $\max\left\{\dfrac{\sigma_j}{a_{rj}} \middle| a_{rj} > 0\right\} \leqslant \Delta C_{Br} \leqslant \min\left\{\dfrac{\sigma_j}{a_{rj}} \middle| a_{rj} < 0\right\}$ 时，原最优解不变（a_{rj} 是单纯形表中第 r 行元素）。

以上就 c_j 两种情况讨论了 Δc_j 在什么范围变动时，原最优解不变，如果 Δc_j 不在上述范围变动，则一定会出现正的检验数，原最优解不再是最优解，以该解为初始解，用单纯形法继续迭代可以尽快地求出新的最优解。

例 4 已知第 1 章例 1 的初始解及最优解如表 2.4 所示。

表 2.4

C_B	X_B	$B^{-1}b$	6	4	0	0
			x_1	x_2	x_3	x_4
0	x_3	100	2	3	1	0
0	x_4	120	4	2	0	1
	σ		6	4	0	0
	....					
4	x_2	20	0	1	1/2	-1/4
6	x_1	20	1	0	-1/4	3/8
	σ		0	0	-1/2	-5/4

(1) 求 ΔC_2 的范围使原最优解不变。

(2) 若 C_1 变为 12，求新的最优解。

解 (1) C_2 即 C_{B1} 是基变量价值系数，用非基变量的检验数与单纯形表第一行相应元素作比值，得

当 $-1 = \dfrac{-1/2}{1/2} \leqslant \Delta C_2 \leqslant \dfrac{-5/4}{-1/4} = 5$，即 $-1 \leqslant \Delta C_2 \leqslant 5$ 时，原最优解不变。

(2) 将 $C_1 = 12$ 代入原最优表，重新求检验数，原最优解不再是最优解，用单纯形法继续运算结果如表 2.5 所示。

表 2.5

C_B	X_B	$B^{-1}b$	x_1	x_2	x_3	x_4	
	C		12	4	0	0	
4	x_2	20	0	1	[1/2]	−1/4	$K=3$
12	x_1	20	1	0	−1/4	3/8	$L=1$
	σ		0	0	1	−7/2	
0	x_3	40	0	2	1	−1/2	
12	x_1	30	1	1/2	0	1/4	
	σ		0	−2	0	−3	

新的最优解：$\begin{pmatrix} X_3 \\ X_1 \end{pmatrix} = \begin{pmatrix} 40 \\ 30 \end{pmatrix}$，其余 $x_j = 0$，最优值：$Z = 360$。

2.5.2 资源系数 b 的分析

设 b_i 有增量 Δb_i，其他参数不变，则 b_i 的变化将影响基变量所取的值，但对检验数没影响，记 $\bar{b} = b + (0 \cdots \Delta b_i \cdots 0)^T$，则

$$\bar{x}_B = B^{-1}\bar{b} = B^{-1}\left[b + (0 \cdots \Delta b_i \cdots 0)\right]^T = x_B + \begin{pmatrix} B_{ji}^{-1} \\ \vdots \\ B_{mi}^{-1} \end{pmatrix} \Delta b_i$$

如果变化后的基变量所取的数值仍大于或等于零，则原最优基不变，$\bar{x}_B = X_B + \begin{pmatrix} B_{ji}^{-1} \\ \vdots \\ B_{mi}^{-1} \end{pmatrix} \Delta b_i$ 就是新的最优解。那么 Δb_i 取何值能保证 $\bar{x}_B \geqslant 0$ 呢？

令

$$\bar{x}_B = X_B + \begin{pmatrix} B_{1i}^{-1} \\ \vdots \\ B_{mi}^{-1} \end{pmatrix} \Delta b_i \geqslant 0$$

当 $\max\left\{\dfrac{-(B^{-1}b)_k}{B_{ki}^{-1}}\middle| B_{ki}^{-1}>0\right\} \le \Delta b_i \le \min\left\{\dfrac{-(B^{-1}b)_k}{B_{ki}^{-1}}\middle| B_{ki}^{-1}<0\right\}$ 时，原最优基不变。

这里 $\begin{pmatrix} B_{1i}^{-1} \\ \vdots \\ B_{mi}^{-1} \end{pmatrix}$ 是原最优基逆阵 B^{-1} 的第 i 列。结果说明 Δb_i 的范围是由基变量的相反值与 B^{-1} 的第 i 列相应元素的比值所确定的。

注：如果 Δb_i 不在上述范围内变动，则变化后的基变量所取值 $\bar{x}_B$ 肯定会出现负分量，但由于 Δb_i 不影响检验数的变化，因此可以用 $\bar{x}_B$ 取代原最优解 x_B，以该解为初始解，用对偶单纯形法继续求解。

例5 已知线性规划问题的初始解及最优解见例4。

（1）求 Δb_i 的范围使原最优基不变。

（2）若 b_i 变为 200，试求新的最优解。

解（1）由已知单纯形表，可知 $B^{-1} = \begin{pmatrix} 1/2 & -1/4 \\ -1/4 & 3/8 \end{pmatrix}$，$X_B = \begin{pmatrix} 20 \\ 20 \end{pmatrix}$ 用基变量的值与 B^{-1} 第一列相应元素去比，得 $-40 \le \Delta b_1 \le 80$ 时，原最优基不变。

（2）$\bar{x}_B = B^{-1}\bar{b} = \begin{pmatrix} 1/2 & -1/4 \\ -1/4 & 3/8 \end{pmatrix}\begin{pmatrix} 200 \\ 120 \end{pmatrix} = \begin{pmatrix} 70 \\ -5 \end{pmatrix}$ 是非可行解。用 $\bar{x}_B = \begin{pmatrix} 70 \\ -5 \end{pmatrix}$ 替换原最优表中基变量的值，并采用对偶单纯形法继续求解，结果如表 2.6 所示。

表 2.6

	C		6	4	0	0	
C_B	X_B	$B^{-1}b$	x_1	x_2	x_3	x_4	
4	x_2	70	0	1	1/2	-1/4	L=2
6	x_1	-5	1	0	[-1/4]	3/8	K=3
	σ		0	0	-1/2	-5/4	
4	x_1	60	2	0	1	1/2	
0	x_3	20	-4	0	1	-3/2	
	σ		-2	0	0	-2	

最优解：$\begin{pmatrix} x_2 \\ x_3 \end{pmatrix} = \begin{pmatrix} 60 \\ 20 \end{pmatrix}$，其余 $x_j = 0$，最优值：$Z=240$。

2.5.3 系数矩阵 A 的分析

以下分 4 种情况讨论系数矩阵的变化。

1）增加一个新变量的分析

设 x_{a+1} 是新增加的变量，其对应的系数列向量为 P_{a+1}，价值系数为 C_{a+1}，试讨论原最优解有无改变？如何尽快地求出新的最优解。

如果原问题增加一个新变量，则系数矩阵增加一个列，注意到新增加的列在以 B 为基的

单纯形表中应变为 $B^{-1}P_{n+1}$ 及 $\sigma_{n+1}=C_{n+1}-C_B B^{-1}P_{n+1}$。若 $\sigma_{n+1} \leq 0$，则原最优解不变；反之可将 $B^{-1}P_{n+1}$ 增填到原最优表的后面，用单纯形法继续迭代。

例6 设例4的原线性规划问题中考虑生产Ⅲ型交通设备，已知生产每台Ⅲ型交通设备所需原料4个单位，需要工时3个单位，可获利润8个单位，试问该厂是否应该生产Ⅲ型交通设备，如果生产，应该生产多少？

解 设Ⅲ型交通设备产量为 x_3'，由原最优基逆 B^{-1}，可算得

$$B^{-1}P_3' = \begin{pmatrix} 1/2 & -1/4 \\ -1/4 & 3/8 \end{pmatrix} \begin{pmatrix} 4 \\ 3 \end{pmatrix} = \begin{pmatrix} 5/4 \\ 1/8 \end{pmatrix}$$

$$\sigma_3' = C_3' - C_B B^{-1}P_3' = 8 - (4,6)\begin{pmatrix} 5/4 \\ 1/8 \end{pmatrix} = \frac{9}{4}$$

因为 $\sigma_3' > 0$，所以安排产品Ⅲ有利，将 $B^{-1}P_3'$ 增填到原最优表后面，并用单纯形法继续计算，结果如表2.7所示。

表 2.7

C_B	X_B	$B^{-1}b$	6	4	0	0	8
			x_1	x_2	x_3	x_4	x_3'
4	x_2	20	0	1	1/2	-1/4	[5/4]
6	x_1	20	1	0	-1/4	3/8	1/8
	σ		0	0	-1/2	-5/4	9/4
8	x_3'	16	0	4/5	2/5	-1/5	1
6	x_1	18	1	-1/10	-3/10	2/5	0
	σ		0	-9/5	-7/5	-4/5	0

最优解：$\begin{pmatrix} x_3' \\ x_1 \end{pmatrix} = \begin{pmatrix} 16 \\ 18 \end{pmatrix}$，其余 $x_j = 0$，最优值：$Z=236$。

即在新的最优解中Ⅰ型、Ⅲ型交通设备产量分别为18台、16台。

2）增加一个新约束条件的分析

设 $a_{m+1,1}x_1 + \cdots + a_{m+1,n}x_n \leq b_{m+1}$ 是新增加的约束条件，试分析原问题最优解有无变化？

将原最优解代入新约束中，如果满足新约束条件，则原最优解不变，反之，则需进一步求出新的最优解。

考虑到单纯形算法中，每步迭代得到的单纯形表对应的约束方程组都与原约束方程组等价，因此，可以将新约束方程

$$a_{m+1,1}x_1 + \cdots + a_{m+1,n}x_n + x_{n+1} = b_{m+1}$$

增填到原最优表的下面，变化后的单纯形表增加一个行、一个列，新约束对应的基变量是 x_{n+1}。在单纯形表中，由于增加新约束，原基变量的列向量可能不再是单位列向量，所以需用初等行变换将表中基变量的列变为单位列向量。变换后，原最优表的检验数不变，但基变量 x_{n+1} 所

取的值一般要变。若 $\bar{b}_{m+1} \geq 0$，则已取得最优解；反之，若 $\bar{b}_{m+1} < 0$，则用对偶单纯形法继续求解。

例 7 设例 4 的原问题中增加一道加工工序，需要在另一台机器上进行。已知每台 Ⅰ、Ⅱ 设备在该机器上加工工时分别为 2 和 3 个单位，计划期内该机器总台时为 90 个单位，试分析原最优解有无变化，如果有变化，求出新的最优解。

解 新工序对应的约束条件为
$$2x_1 + 3x_2 \leq 90$$

将原问题最优解 $x_1 = 20$，$x_2 = 20$ 代入该约束左端，得 $2x_1 + 3x_2 = 40 + 60 = 100$ 不满足约束条件，因此原最优解不再是最优解。将 $2x_1 + 3x_2 + x_5 = 90$ 增填到原最优表下面，用初等行变换及对偶单纯形法计算，结果如表 2.8 所示。

表 2.8

C_B	X_B	$B^{-1}b$	6 x_1	4 x_2	0 x_3	0 x_4	0 x_5	
4	x_2	20	0	1	1/2	−1/4	0	
6	x_1	20	1	0	−1/4	3/8	0	
0	x_5	90	2	3	0	0	1	
	σ		0	0	−1/2	−5/4	0	
4	x_2	20	0	1	1/2	−1/4	0	$L=3$
6	x_1	20	1	0	−1/4	3/8	0	$K=3$
0	x_5	−10	0	0	[−1]	0	1	
	σ		0	0	−1/2	−5/4	0	
4	x_2	15	0	1	0	−1/4	1/2	
6	x_1	22.5	1	0	0	3/8	−1/4	
0	x_3	10	0	0	1	0	−1	
	σ		0	0	0	−5/4	−1/2	

最优解：$\begin{pmatrix} x_2 \\ x_1 \\ x_3 \end{pmatrix} = \begin{pmatrix} 15 \\ 22.5 \\ 10 \end{pmatrix}$，其余 $x_j = 0$，最优值：$Z = 195$。

3）改变某非基变量的系数列向量的分析

设非基变量 x_j 的系数列向量变为 $\bar{P}_j$，试分析原最优解有何变化。

该变化只影响最优单纯形表的第 j 列及其检验数。因此，可以先计算 $B^{-1}\bar{P}_j$ 及 $\bar{\sigma}_j = c_j - C_B B^{-1}\bar{P}_j$。若 $\bar{\sigma}_j \leq 0$，则原最优解不变；反之，若 $\bar{\sigma}_j > 0$，则以 $B^{-1}\bar{P}_j$ 替代原最优表的第 j 列，用单纯形法继续求解。

4）改变某基变量的系数列向量的分析

设基变量 X_j 的系数列向量变为 $\bar{P}_j$，试分析原最优解有何变化。

显然，P_j 的变化将导致 B 的变化，因而原最优表的所有元素都将发生变化，似乎只能重新计算变化后的模型。但是，经过认真分析，还是可以利用原最优解来计算新的最优解。

我们可以将 X_j 看作新增加的变量，用 $B^{-1}\overline{P}_j$ 替代原最优表的第 j 列（单位列向量），然后再利用初等行变换将表中的 $B^{-1}\overline{P}_j$ 恢复到原来的单位列向量。则变化后的单纯形表有以下几种情况：

（1）基变量值全为负，且检验数全非正，以得到新的最优解。

（2）基变量值全非负，但存在正的检验数，该解是基可行解，可以用单纯形法继续求解。

（3）存在取负值的基变量，但检验数全非正，该解是对偶可行解，可以用对偶单纯形法继续求解。

（4）存在取负值的基变量，且存在取正值的检验数，该解既不是基可行解，又不是对偶可行解。对于这种情况，我们可以将表中取负值的基变量 x_{B_i} 对应的行还原成约束方程。

用 -1 乘方程两端，再在方程左端加一个人工变量 x_{n+1}。

用该方程替代原单纯形表的第 i 行，则表中第 i 行对应的基变量变为人工变量 x_{n+1}，其对应的数值为 $-(B^{-1}b)_i$，其价值系数为 $-M$。

然后可以用单纯形法继续求解。

例 8 承例 4，原问题中 $P(A) \ne 0$ 的系数列向量变为 $\begin{pmatrix} 8 \\ 4 \end{pmatrix}$，试分析原问题最优解有何变化。

解 $B^{-1}\overline{P}_1 = \begin{pmatrix} 1/2 & -1/4 \\ -1/4 & 3/8 \end{pmatrix} \begin{pmatrix} 8 \\ 4 \end{pmatrix} = \begin{pmatrix} 3 \\ -1/2 \end{pmatrix}$

用 $\begin{pmatrix} 3 \\ -1/2 \end{pmatrix}$ 取代原最优表的第 1 列，再用初等行变换将该列变为原来的单位列向量，结果如表 2.9 所示。

表 2.9

C_B	X_B	$B^{-1}b$	C 6 x_1	4 x_2	0 x_3	0 x_4
4	x_2	20	3	1	1/2	-1/4
6	x_1	20	-1/2	0	-1/4	3/8
	σ					
4	x_3	140	0	1	-1	2
6	x_1	-40	1	0	1/2	-3/4
	σ		0	0	1	-7/2

该解既不是基可行解又不是对偶可行解，将表中第 2 行乘以 -2，并用人工变量 x_5 取代 x_1，然后再用单纯形法继续运算，结果如表 2.10 所示。

表 2.10

C			6	4	0	0	-M	
C_B	X_B	$B^{-1}b$	x_1	x_2	x_3	x_4	x_5	
4	x_2	140	0	1	−1	2	0	K=4
−M	x_5	40	−1	0	−1/2	[3/4]	1	L=2
	σ		6−M	0	4−M/2	−8+3/4M	0	
4	x_2	100/3	8/3	1	1/3	0	−8/3	
0	x_4	160/3	−4/3	0	−2/3	1	4/3	
	σ		−14/3	0	−4/3	0	−M+32/3	

最优解：$\begin{pmatrix} x_2 \\ x_4 \end{pmatrix} = \begin{pmatrix} \dfrac{100}{3} \\ \dfrac{160}{3} \end{pmatrix}$，其余 $x_j = 0$，最优值：$Z = \dfrac{400}{3}$。

2.6 参数线性规划

灵敏度分析研究了个别数据变动之后，原来的最优解条件是否受到影响，研究这些数据的变化对最优解的变化是否"敏感"。在灵敏度分析中每次只考虑一个数据的变化，如果几个数据同时发生变化，又将产生什么结果呢？参数规划就是用来研究这类问题的。参数规划研究这些参数中某一个数连续变化时，使最优解发生变化的各临界点的值。

在一般情况下，众多的数据均可以有各种形式的离散性或连续性变化。但是迄今为止参数规划中有效的分析方法都还局限于数据的线性变化。因此，讨论的内容实质上是线性参数规划。参数规划同灵敏度分析一样，是在已有最优解的基础上进行分析的。这节只讨论目标函数中价值系数 C 和约束常数 b 的线性参数变化。

分析参数线性规划问题的步骤是：

1° 对含有某参变量 t 的参数线性规划问题，先令 $t=0$，用单纯形法求出最优解。

2° 用灵敏度分析方法，将参变量 t 直接反映到最终表中。

3° 当参变量 t 连续变大或变小时，观察基变量值和检验数的变化，若基变量出现某负值时，则以它对应的变量为换出变量，用对偶单纯形法迭代一步；若在检验数中首先出现某正值时，则以它对应的变量为换入变量，用单纯形法迭代一步。

4° 在经迭代一步后的新表上，令参变量 t 继续变大或变小，重复 3° 直到基变量值不再出现负值，检验数行不再出现正值为止。

2.6.1 参数 C 的变化分析

例 9 试分析下述参数线性规划问题，当参数 $\lambda \geq 0$ 时，其最优解的变化。

$$\max Z = (1-2\lambda)x_1 + (3-\lambda)x_2$$

$$\text{s.t.} \begin{cases} x_1 + x_2 \leq 6 \\ -x_1 + 2x_2 \leq 6 \\ x_1, \ x_2 \geq 0 \end{cases}$$

解 令 $\lambda = 0$，用单纯法求解，结果如表 2.11 所示。

表 2.11

C_B	X_B	$B^{-1}b$	C			
			1	3	0	0
			x_1	x_2	x_3	x_4
1	x_1	2	1	0	2/3	-1/3
3	x_2	4	0	1	1/3	1/3
	σ		0	0	-5/3	-2/3

将 C 的变化反映到最终表中，如表 2.12 所示。

表 2.12

C_B	X_B	$B^{-1}b$	C			
			$1-2\lambda$	$3-\lambda$	0	0
			x_1	x_2	x_3	x_4
$1-2\lambda$	x_1	2	1	0	2/3	-1/3
$3-\lambda$	x_2	4	0	1	1/3	1/3
	σ		0	0	$-\frac{5}{3}+\frac{5}{3}\lambda$	$-\frac{2}{3}-\frac{1}{3}\lambda$

λ 增大，当 $\lambda \geq 1$ 时，首先出现 $\sigma_3 \geq 0$，在 $\sigma_3 \leq 0$，即 $0 \leq \lambda \leq 1$ 时，得最优解 $(2\ 4\ 0\ 0)^T$，$\lambda = 1$ 为第一临界点。当 $\lambda > 1$ 时，$\sigma_3 > 0$，以 x_2 为换入变量，用单纯形法迭代得表 2.13。

表 2.13

C_B	X_B	$B^{-1}b$	C			
			$1-2\lambda$	$3-\lambda$	0	0
			x_1	x_2	x_3	x_4
0	x_3	3	3/2	0	1	-1/2
$3-\lambda$	x_2	3	-1/2	1	0	1/2
	σ		$\frac{5}{2}-\frac{5}{2}\lambda$	0	0	$-\frac{3}{2}+\frac{1}{2}\lambda$

λ 继续增大，当 $\lambda \geq 3$ 时，出现 $\sigma_4 \geq 0$，即 $1 \leq \lambda \leq 3$ 时，得最优解 $(0\ 3\ 3\ 0)^T$，$\lambda = 3$ 为第二临界点。当 $\lambda > 3$ 时，以 x_4 为换入变量，用单纯形法迭代一步得表 2.14。

表 2.14

C_B	X_B	$B^{-1}b$	C			
			$1-2\lambda$	$3-\lambda$	0	0
			x_1	x_2	x_3	x_4
0	x_3	6	1	0	1	0
0	x_4	6	-1	2	0	1
	σ		$1-2\lambda$	$3-\lambda$	0	0

λ 继续增大，恒有 σ_1，$\sigma_2 \leq 0$，故当 $\lambda \geq 3$ 时，最优解为 $(0\ 0\ 6\ 6)^T$。

2.6.2 参数 b 的变化分析

例 10 分析以下线性规划问题，当 $t \geq 0$ 时，其最优解的变化。

$$\max Z = x_1 + 3x_2$$
$$\text{s.t.} \begin{cases} x_1 + x_2 \leq 6-t \\ -x_1 + 2x_2 \leq 6+t \\ x_1, x_2 \geq 0 \end{cases}$$

解 令 $t = 0$，用单纯形法求解，结果如表 2.15 所示。

表 2.15

	C		1	3	0	0
C_B	X_B	$B^{-1}b$	x_1	x_2	x_3	x_4
1	x_1	2	1	0	2/3	-1/3
3	x_2	4	0	1	1/3	1/3
	σ		0	0	-5/3	-2/3

计算 $B^{-1}\Delta b = \begin{pmatrix} 2/3 & -1/3 \\ 1/3 & 1/3 \end{pmatrix}\begin{pmatrix} -t \\ t \end{pmatrix} = \begin{pmatrix} -t \\ 0 \end{pmatrix}$

将计算结果反映到最终表中，如表 2.16 所示。

表 2.16

	C		1	3	0	0
C_B	X_B	$B^{-1}b$	x_1	x_2	x_3	x_4
1	x_1	$2-t$	1	0	2/3	-1/3
3	x_2	4	0	1	1/3	1/3
	σ		0	0	-5/3	-2/3

当 t 增大，并且 $t \geq 2$ 时，基变量出现负值，因此，当 $0 \leq t \leq 2$ 时，最优解为 $(2-t \quad 4 \quad 0 \quad 0)^T$。当 $t > 2$ 时，以 x_1 为换出变量，用对偶单纯形表计算，结果如表 2.17 所示。

表 2.17

	C		1	3	0	0
C_B	X_B	$B^{-1}b$	x_1	x_2	x_3	x_4
0	x_4	$-6+3t$	-3	0	-2	1
3	x_2	$6-t$	0	1	1	0
	σ		0	-6	-3	0

从表 2.17 可以看出，当 $2 \leq t \leq 6$ 时，最优解为 $(0 \quad 6-t \quad 0 \quad -6+3t)^T$；当 $t > 6$ 时，无可行解。

课后习题

1. 用对偶单纯形法求解下列线性规划。

（1）$\min Z = 4x_1 + 12x_2 + 18x_3$

$$\text{s.t.} \begin{cases} x_1 + 3x_3 \geq 3 \\ 2x_2 + 2x_3 \geq 5 \\ x_1, x_2, x_3 \geq 0 \end{cases}$$

（2）$\min Z = x_1 + 4x_2 + 3x_4$

$$\text{s.t.} \begin{cases} x_1 + 2x_2 - x_3 + x_4 \geq 3 \\ -2x_1 - x_2 + 4x_3 + x_4 \geq 2 \\ x_1, x_2, x_3, x_4 \geq 0 \end{cases}$$

（3）$\min Z = 15x_1 + 24x_2 + 5x_3$

$$\text{s.t.} \begin{cases} 6x_2 + x_3 \geq 2 \\ 5x_1 + 2x_2 + x_3 \geq 1 \\ x_1, x_2, x_3 \geq 0 \end{cases}$$

（4）$\min Z = x_1 + 5x_2 + 3x_4$

$$\text{s.t.} \begin{cases} x_1 + 2x_2 - x_3 + x_4 \geq 6 \\ -2x_1 - x_2 + 4x_3 + x_4 \geq 4 \\ x_1, x_2, x_3, x_4 \geq 0 \end{cases}$$

2. 有线性规划问题：

$$\max Z = -5x_1 + 5x_2 + 13x_3$$

$$\text{s.t.} \begin{cases} -x_1 + x_2 + 3x_3 \leq 20 & \text{①} \\ 12x_1 + 4x_2 + 10x_3 \leq 90 & \text{②} \\ x_1, x_2, x_3 \geq 0 \end{cases}$$

先用单纯形法求解，然后分析在下列条件下最优解分别有什么变化，并求出新的最优解。

（1）约束条件①的右端常数由 20 变为 30。

（2）约束条件②的右端常数由 90 变为 70。

（3）目标函数中 x_3 的系数由 13 变为 8。

（4）x_1 的系数列向量由 $\begin{pmatrix} -1 \\ 12 \end{pmatrix}$ 变为 $\begin{pmatrix} 0 \\ 5 \end{pmatrix}$。

（5）增加一个约束条件，$2x_1 + 3x_2 + 5x_5 \leq 50$。

3. 有线性规划问题：

$$\max Z = 20x_1 + 30x_2 + 40x_3 + 5x_4 + 45x_5$$

$$\text{s.t.} \begin{cases} 3x_1 + 2x_2 + 4x_3 + 4x_4 - x_6 = 110 \\ 4x_2 + 6x_3 + x_4 + 2x_5 + x_7 = 80 \\ x_1 + x_2 + 2x_3 + x_4 + x_5 + x_8 = 50 \\ x_1, x_2, \cdots, x_8 \geq 0 \end{cases}$$

已知最优单纯形表 2.18，如下所示。

表 2.18

	C		20	30	40	5	45	0	0	0
C_B	X_B	$B^{-1}b$	x_1	x_2	x_3	x_4	x_5	x_6	x_7	x_8
20	x_1	26	1	0	0.40	1.00	0	-0.20	-0.20	0.40
30	x_2	16	0	1	1.40	0.50	0	-0.20	0.30	-0.60
45	x_3	8	0	0	0.20	-0.50	1	0.40	-0.10	1.20
	σ		0	0	-19	-7.5	0	-8	-0.50	-44

根据最优单纯形表可知，最优解 $X^* = (26\ 16\ 0\ 0\ 8\ 0\ 0\ 0)^T$，$f(X^*) = 1360$。

（1）求 Δc_2 的范围，使原最优解不变。

（2）求 Δb_2 及 Δb_3 的范围，使原最优基不变。

4. 有线性规划问题：

$$\max Z = 2x_1 + x_2$$

$$\text{s.t.} \begin{cases} 5x_2 \leq 15 \\ 6x_1 + 2x_2 \leq 24 \\ x_1 + x_2 \leq 5 \\ x_1, x_2 \geq 0 \end{cases}$$

已知该线性规划问题的最优解为 $x_1^* = \dfrac{7}{2}$，$x_2^* = \dfrac{3}{2}$，$z^* = 8\dfrac{1}{2}$，最优单纯形表如表 2.19 所示。

表 2.19

C_B	X_B	C $B^{-1}b$	2 x_1	1 x_2	0 x_3	0 x_4	0 x_5
0	x_3	15/2	0	0	1	5/4	−15/2
2	x_1	7/2	1	0	0	1/4	−1/2
1	x_2	3/2	0	1	0	−1/4	3/2
	σ		0	0	0	−1/4	−1/2

（1）若 c_1 由 2 降至 1.5，c_2 由 1 升至 2，最优解会有什么变化？

（2）若 c_1 不变，c_2 在什么范围内变化，最优解不发生变化？

（3）若在原基础上增加一个约束条件 $3x_1 + 2x_2 \leq 12$，最优解如何变化？

5. 试分析下述线性规划问题，当参数 λ 变化时，最优解的变化。

$$\max Z = (2 + \lambda)x_1 + (1 + 2\lambda)x_2$$

$$\text{s.t.} \begin{cases} 5x_2 \leq 15 \\ 6x_1 + 2x_2 \leq 24 \\ x_1 + x_2 \leq 5 \\ x_1, x_2 \geq 0 \end{cases}$$

6. 试分析下述线性规划问题，当参数 $0 \leq \lambda \leq 25$ 时，最优解的变化。

$$\max Z = 2x_1 + x_2$$

$$\text{s.t.} \begin{cases} x_1 \leq 10 + 2\lambda \\ x_1 + x_2 \leq 25 - \lambda \\ x_2 \leq 10 + 2\lambda \\ x_1, x_2 \geq 0 \end{cases}$$

3 运输问题

前两章讨论了一般线性规划问题的求解方法。但在实际工作中,往往碰到一些线性规划问题,它们的约束方程组的系数矩阵具有特殊的结构,这就有可能找到比单纯形法更为简便的求解方法,从而可节约计算时间和费用。本章讨论的运输问题属于这样一类特殊的线性规划问题。

3.1 运输问题的数学模型

在经济建设中,经常碰到大宗物资调运问题,如煤、钢铁、木材、粮食等物资,在全国有若干生产基地,根据已有的交通网,应如何制定调运方案,将这些物资运到各消费地点,而总运费最小。这类问题可用以下数学语言描述。

例 1 已知有 m 个生产地点 $A_i(i=1,2,\cdots,m)$,可供应某种物资,其供应量(产量)分别为 $a_i(i=1,2,\cdots,m)$,有 n 个销地 $B_j(j=1,2,\cdots,n)$,其需要量分别为 $b_j(j=1,2,\cdots,n)$,从 A_i 到 B_j 运输单位物资的运价(单价)为 c_{ij},这些数据可汇总于产销平衡表和单位运价表中,如表 3.1、表 3.2 所示。

表 3.1

销地 产地	1 2 ⋯ n	产量
1		a_1
2		a_2
⋮		⋮
m		a_m
销量	b_1 b_2 ⋯ b_n	

表 3.2

销地 产地	1 2 ⋯ n
1	c_{11} c_{12} ⋯ c_{1n}
2	c_{21} c_{22} ⋯ c_{2n}
⋮	⋮
m	c_{m1} c_{m2} ⋯ c_{mn}

有时可把这两表合一。

注:1. 若用 x_{ij} 表示从 A_i 到 B_j 的运量,那么在产销平衡的条件下,要求得总运费最小的调运方案,可求解以下数学模型:

$$\min x = \sum_{i=1}^{m}\sum_{j=1}^{n} c_{ij} x_{ij}$$

$$\text{s.t.} \begin{cases} \sum_{i=1}^{m} x_{ij} = b_j, & i=1,2,\cdots,n \quad (3.1) \\ \sum_{j=1}^{n} x_{ij} = a_i, & i=1,2,\cdots,m \quad (3.2) \\ x_{ij} \geq 0 \end{cases}$$

2. 这就是运输问题的数学模型。它包括 $m×n$ 个变量，$m+n$ 个约束方程。其系数矩阵的结构比较松散且特殊。

$$\begin{array}{c} x_{11}\ x_{12}\ \cdots\ x_{1n}\ x_{21}\ x_{22}\ \cdots\ x_{2n}\ \cdots\ x_{m1}\ x_{m2}\ \cdots\ x_{mn} \\ \left[\begin{array}{cccccccccccc} 1 & 1 & \cdots & 1 & & & & & & & & \\ & & & & 1 & 1 & \cdots & 1 & & & & \\ & & & & & & & & \ddots & & & \\ & & & & & & & & 1 & 1 & \cdots & 1 \\ 1 & & & & 1 & & & & 1 & & & \\ & 1 & & & & 1 & & & & 1 & & \\ & & \ddots & & & & \ddots & & & & \ddots & \\ & & & 1 & & & & 1 & & & & 1 \end{array}\right] \begin{array}{l} \Big\}m\text{行} \\ \\ \Big\}n\text{行} \end{array} \end{array}$$

3. 该系数矩阵中对应于变量 x_{ij} 的系数向量 P_{ij}，其分量中除第 i 个和第 $m+j$ 个为1以外，其余的都为零，即：

$$P_{ij} = (0\cdots 1 \cdots 1 \cdots 0)^{\mathrm{T}} = c_i + c_{m+j}$$

4. 对产销平衡的运输问题，由于有以下关系式存在：

$$\sum_{i=1}^{n} b_i = \sum_{i=1}^{m}\left(\sum_{i=1}^{n} x_{ij}\right) = \sum_{i=1}^{n}\left(\sum_{i=1}^{m} x_j\right) = \sum_{i=1}^{m} a_i$$

所以，模型最多只有 $m+n-1$ 个独立的约束方程，即系数矩阵的秩 $\leq m+n-1$，由于有以上特征，所以求解运输问题时，可用比较简便的计算方法，习惯上称为表上作业法。

3.2 表上作业法

表上作业法是单纯形法在求解运输问题时的一种简化方法，其实质是单纯形法，但具体计算和术语有所不同，可归纳为：

（1）找出初始基可行解，即在（$m×n$）产销平衡表上给出 $m+n-1$ 个数字格。
（2）求各非基变量的检验数，即在表上计算空格的检验数，判别是否达到最优解，若已是最优解，则停止计算，否则转到下一步。
（3）确定换入变量和换出变量，找出新的基可行解，在表上用闭回路法调整。
（4）重复步骤（2）（3）直到得到最优解为止。

例2 某公司经销甲产品，它下设三个加工厂。每日的产量分别为：A_1—7吨，A_2—4吨，A_3—9吨。该公司把这些产品分别运往四个销售点，各销售点每日销量为：B_1—3吨，B_2—6吨，B_3—5吨，B_4—6吨。已知从各工厂到各销售点的单位产品的运价如表3.3所示。试问该公司应如何调运产品，在满足各销售点的需要量的前提下，使总运费最少。

解 先画出该问题的单位运价表和产销平衡表，如表3.3、表3.4所示。

表 3.3　单位运价表　　　　　　　　　　　　　　　　　　　　　　　单位：元/吨

加工厂＼销地	B_1	B_2	B_3	B_4
A_1	3	11	3	10
A_2	1	9	2	8
A_3	7	4	10	5

表 3.4　产销平衡表　　　　　　　　　　　　　　　　　　　　　　　单位：吨

产地＼销地	B_1	B_2	B_3	B_4	产量
A_1					7
A_2					4
A_3					9
销量	3	6	5	6	

3.2.1　确定初始基可行解

这与一般线性规划问题不同，产销平衡的运输问题总存在可行解。因有

$$\sum_{i=1}^{m} a_i = \sum_{i=1}^{n} b_i = d，$$

必存在

$$x_{ij} \geqslant 0 \, (i=1,\cdots,m;\ j=1,\cdots,n)$$

这就是可行解。又因

$$0 \leqslant x_{1t} \leqslant \min(a_1, b_1)，$$

故运输问题必存在最优解。

确定初始基可行解的方法有很多，我们期望的方法是既简便，又尽可能接近最优解。下面介绍两种方法：最小元素法和伏格尔（Vogel）法。

1）最小元素法

最小元素法的基本思想就是就近供应，即从单位运价表中最小的运价开始确定供销关系，然后次小，一直到给出初始基可行解为止。

例2（续）

第一步：从表 3.3 中找出最小运价为 1，这表示先将 A_2 的产品供应给 B_1。因 $a_2 > b_2$，A_2 除满足 B_1 的全部要求外，还可多余 1 吨产品。在表 3.4 的 (A_2, B_1) 的交叉格处填上 3，得表 3.5。并将表 3.3 的 B_1 列运价划去，得表 3.6。

第二步：在表 3.6 未划去的元素中再找出最小运价 2，确定 A_2 多余的 1 吨供应 B_3，并给出表 3.7、表 3.8。

表 3.5

销地\加工厂	B_1	B_2	B_3	B_4	产量
A_1					7
A_2	3				4
A_3					9
销量	3	6	5	6	

表 3.6

销地\产地	B_1	B_2	B_3	B_4
A_1	3	11	3	10
A_2	1	9	2	8
A_3	7	4	10	5

表 3.7

销地\加工厂	B_1	B_2	B_3	B_4	产量
A_1					7
A_2	3		1		4
A_3					9
销量	3	6	5	6	

表 3.8

销地\产地	B_1	B_2	B_3	B_4
A_1	3	11	3	10
A_2	1	9	2	8
A_3	7	4	10	5

第三步：在表 3.8 未划去的元素中再找出最小运价 3；这样一步步进行下去，直到单位运价表上的所有元素划去为止。最后在产销平衡表上得到一个调运方案，如表 3.9 所示。这种方案的总运费为 86 元。

表 3.9

销地\产地	B_1	B_2	B_3	B_4	产量
A_1			4	3	7
A_2	3		1		4
A_3		6		3	9
销量	3	6	5	6	

注：用最小元素法给出的初始解是运输问题的基可行解，其理由为：

（1）用最小元素法给出的初始解，是从单位运价表中逐次地挑选最小元素，并比较产量和销量。当产大于销时，划去该元素所在列；当产小于销时，划去该元素所在行。然后在未划去的元素中再找最小元素，再确定供应关系。这样在产销平衡表上每填入一个数字，在运价表上就划去一行或一列，表中共有 m 行 n 列，总共可划 $(n+m)$ 条直线，但当表中只剩一个元素时，这时在产销平衡表上填这个数字，而在运价表上同时划去一行和一列。此时把单价表上所有元素都划去了，相应地在产销平衡表上填 $(m+n-1)$ 个数字，即给出了 $(m+n-1)$ 个基变量的值。

（2）这 $(m+n-1)$ 个基变量对应的系数列向量是线性独立的。

证 若表中确定的第一个基变量为 x_{i_1,j_1}，它对应的系数列向量为

$$P_{i_1 j_1} = c_{i_1} + c_{m+j_1}$$

因而给定 $x_{i_1 j_1}$ 的值后，将划去第 i_1 行或第 j_1 列，即其后的系数列向量中不再出现 c_{i_1} 或 c_{m+j_1}，

因而 $P_{i_1j_1}$ 不可能用解中的其他向量的线性组合予以表示。类似地给出第二个，…，第 $(m+n-1)$ 个。这 $(m+n-1)$ 个向量都不可能用解中的其他向量的线性组合予以表示。故这 $(m+n-1)$ 个向量是线性独立的。

（3）用最小元素法给出初始解时，有可能在产销平衡表上填入一个数字后，在单位运价表上同时划去一行或一列，这时就出现退化。关于退化时的处理将在 3.2.4 节中讲述。

2）伏格尔法

对于前述的最小元素法，其缺点是为了节省一处的费用，有时造成在其他处要多花几倍的运费。而伏格尔法考虑到，一产地的产品假如不能按最小运费就近供应，就考虑次小运费，这就有一个差额。差额越大，说明不能按最小运费调运时，运费增加越多，因而对差额最大处，就应当采用最小运费调运。基于此，伏格尔法的步骤有三：

例 2（续）

第一步：在表 3.3 中分别计算出各行和各列的最小运费和次小运费的差额，并填入该表的最右列和最下行，如表 3.10 所示。

表 3.10

销地 产地	B_1	B_2	B_3	B_4	行差额
A_1	3	11	3	10	0
A_2	1	9	2	8	1
A_3	7	4	10	5	1
列差额	2	5	1	3	

第二步：从行或列差额中选出最大者，选择它所在行或列中的最小元素。在表 3.10 中 B_2 列是最大差额所在列。B_2 列中最小元素为 4，可确定 A_3 的产品先供应 B_2 的需要，得表 3.11。同时将运价表中的 B_2 列数字划去，如表 3.12 所示。

表 3.11

销地 产地	B_1	B_2	B_3	B_4	产量
A_1					7
A_2					4
A_3		6			9
销量	3	6	5	6	

表 3.12

销地 产地	B_1	B_2	B_3	B_4
A_1	3	11	3	10
A_2	1	9	2	8
A_3	7	4	10	5

第三步：对表 3.12 中未划去的元素再分别计算出各行、各列的最小运费和次最小运费的差额，并填入该表的最右列和最下行，重复第一、第二步，直到给出初始解为止。用伏格尔法给出例 1 的初始解列于表 3.13 中。

表 3.13

产地＼销地	B_1	B_2	B_3	B_4	产量
A_1			5	2	7
A_2	3			1	4
A_3		6		3	9
销量	3	6	5	6	

注：由以上可见，伏格尔法同最小元素法除在确定供应关系的原则上不同外，其余步骤相同。伏格尔法给出的初始解比最小元素法给出的初始解更接近最优解。

本例用伏格尔法给出的初始解就是最优解。

3.2.2 最优解的判别

最优解判别的方法是计算空格（非基变量）的检验数 $c_{ij} - C_B B^{-1} P_{ij} (i, j \in \mathbf{N})$。因运输问题的目标函数要求实现最小化，故当所有的 $c_{ij} - C_B B^{-1} P_{ij} \geq 0$ 时，得到的即为最优解。下面介绍两种求空格检验数的方法。

1）闭回路法

在给出调运方案的计算表 3.13 上，从每一空格出发找一条闭回路。它是以某空格为起点，用水平或垂直线向前划，每碰到一数字格旋转 90°后，继续前进，直到回到起始空格为止。闭回路如图 3.1 的（a），（b），（c）等所示。

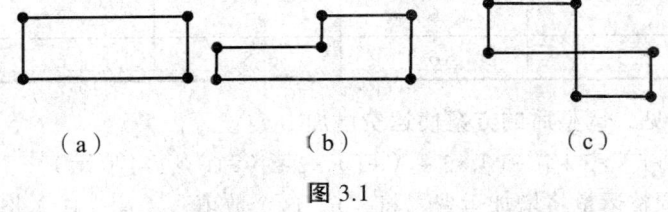

图 3.1

注：1. 从每一空格出发，一定存在且可以找到唯一的闭回路。因 $(m+n-1)$ 个数字格（基变量）对应的系数向量是一个基。任一空格（非基变量）对应的系数向量是这个基的线性组合。如 $P_{ij}(i, j \in \mathbf{N})$ 可表示为

$$\begin{aligned} P_{ij} &= c_i + c_{m+j} \\ &= c_i + c_{m+k} - c_{m+k} + c_l - c_l - c_{m+s} - c_{m+s} + c_u - c_u + c_{m+j} \\ &= (c_i + c_{m+k}) - (c_l + c_{m+k}) + (c_l + c_{m+s}) - (c_u + c_{m+s}) + (c_u + c_{m+j}) \\ &= P_{ik} - P_{lk} + P_{ls} - P_{us} + P_{uj} \end{aligned}$$

其中，$P_{ik}, P_{lk}, P_{ls}, P_{us}, P_{uj} \in B$，而这些向量构成了闭回路（见图 3.2）。

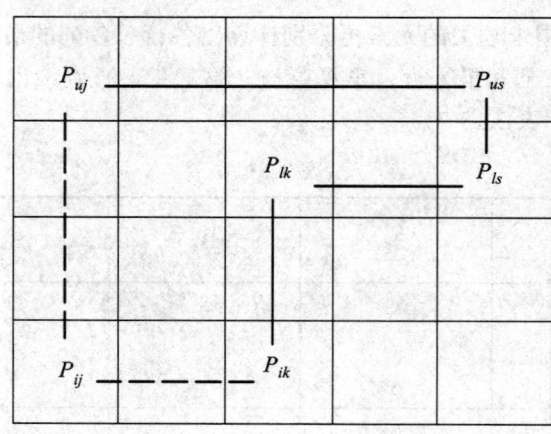

图 3.2

2. 闭回路法计算检验数的经济解释为：在已给出初始解的表 3.9 中，可以从任一空格出发，如（A_1，B_1），若将 A_1 的产品调运 1 吨到 B_1，为了保持产销平衡，就要依次做以下调整：在（A_1，B_3）处减少 1 吨，（A_2，B_3）处增加 1 吨，（A_2，B_1）处减少 1 吨，即构成了以（A_1，B_1）空格为起点、其他为数字格的闭回路。如表 3.14 中的虚线所示。在这表中闭回路各顶点所在格的右上角数字是单位运价。

表 3.14

产地＼销地	B_1	B_2	B_3	B_4	产量
A_1	3 (+1)		3 4 (−1)	3	7
A_2	1 3 (−1)		2 1 (+1)		4
A_3		6		3	9
销量	3	6	5	6	

3. 由表 3.14 可见，调整后的方案使运费增加

（+1）×3 +（−1）×3 +（+1）×2 +（−1）×1 = 1（元）

这表明若这样调整运量将增加运费。将 "1" 这个数填入（A_1，B_1）格，这就是检验数。按以上所述，可找出所有空格的检验数，如表 3.15 所示。

表 3.15

空格	闭回路	检验数
(11)	(11)—(13)—(23)—(21)—(11)	1
(12)	(12)—(14)—(34)—(32)—(12)	2
(22)	(22)—(23)—(13)—(14)—(34)—(32)—(22)	1
(24)	(24)—(23)—(33)—(14)—(24)	−1
(31)	(31)—(34)—(14)—(13)—(23)—(21)—(31)	10
(33)	(33)—(34)—(14)—(13)—(33)	12

4. 当检验数还存在负数时，说明原方案不是最优解，改进方法见 3.2.3 节。

2）位势法

用闭回路法求检验数时，需给每一空格找一条闭回路。当产销点很多时，这种计算方法很烦琐。下面介绍一种较为简便的方法——位势法。

设 $u_1, u_2, \cdots, u_m; v_1, v_2, \cdots, v_n$ 分别是对应运输问题的 $m+n$ 个约束条件的对偶变量。B 是含有一个人工变量 x_a 的 $(m+n) \times (m+n)$ 初始基矩阵。从线性规划的对偶理论，可知

$$C_B B^{-1} = (u_1, u_2, \cdots, u_m; v_1, v_2, \cdots, v_n)$$

而每个决策变量 x_{ij} 的系数向量 $P_{ij} = e_i + e_{m+j}$，所以 $C_B B^{-1} P_{ij} = u_i + v_j$。于是检验数

$$\sigma_{ij} = c_{ij} - C_B B^{-1} P_{ij} = c_{ij} - (u_i + v_j)$$

由单纯形法，得知所有基变量的检验数等于 0。即：

$$c_{ij} - (u_i + v_j) = 0 \quad (i,j \in B)$$

例如：承例 2，由最小元素法得到的初始解中 $x_{24}, x_{34}, x_{21}, x_{32}, x_{13}, x_{14}$ 是基变量，x_a 为人工变量，这时对应的检验数是：

基变量	检验数	令 $u_1 = 0$
x_{24}	$c_{24} - (u_2 + v_4) = 0$	即 $8 - (u_2 + v_4) = 0$
x_{34}	$c_{34} - (u_3 + v_4) = 0$	$5 - (u_3 + v_4) = 0$
x_{21}	$c_{21} - (u_2 + v_1) = 0$	$1 - (u_2 + v_1) = 0$
x_{32}	$c_{32} - (u_3 + v_2) = 0$	$4 - (u_3 + v_2) = 0$
x_{13}	$c_{13} - (u_1 + v_3) = 0$	$3 - (u_1 + v_3) = 0$
x_{14}	$c_{14} - (u_1 + v_4) = 0$	$10 - (u_1 + v_4) = 0$

从以上 7 个方程中，可求得

$$u_1 = 0, \ u_2 = -1, \ u_3 = -5, \ v_1 = 2, \ v_2 = 9, \ v_3 = 3, \ v_4 = 10$$

因非基变量的检验数

$$\sigma_{ij} = c_{ij} - (u_i + v_j) \quad (i,j \in N)$$

这样就可以从已知的 u_i, v_j 值中求得。这些计算可在表格中进行。以例 2 说明。

例 2（续）

第一步：按最小元素法给出表 3.9 的初始解，作表 3.16。在对应表 3.9 的数字格处填入单位运价，如表 3.16 所示。

表 3.16

产地＼销地	B_1	B_2	B_3	B_4
A_1			3	10
A_2	1		2	
A_3		4		5

第二步：在表 3.16 上增加一行一列，在列中填入 u_i，在行中填入 v_j，得表 3.17。

表 3.17

产地＼销地	B_1	B_2	B_3	B_4	u_i
A_1			3	10	0
A_2	1		2		-1
A_3		4		5	-5
v_j	2	9	3	10	

先令 $u_1=0$，然后按 $u_i+v_j=c_{ij}(i,j\in B)$ 相继确定 u_i，v_j。由表 3.17 可见，当 $u_1=0$ 时，由 $u_1+v_3=3$ 可得 $v_3=3$，由 $u_1+v_4=10$ 可得 $v_4=10$；当 $v_4=10$ 时，由 $u_3+v_4=5$ 可得 $u_3=-5$，以此类推，可确定所有的 u_i，v_j 的数值。

第三步：按 $\sigma_{ij}=c_{ij}-(u_i+v_j)$ $(i,j\in N)$ 计算所有空格的检验数。如：
$\sigma_{11}=c_{11}-(u_1+v_1)=3-(0+2)=1$
$\sigma_{12}=c_{12}-(u_1+v_2)=11-(0+9)=2$

这些计算可直接在表 3.17 上进行。为了计算方便，特设计计算表，如表 3.18 所示。

表 3.18

产地＼销地	B_1	B_2	B_3	B_4	u_i
A_1	3 1	11 2	3 0	10 0	0
A_2	1 0	9 1	2 0	8 -1	-1
A_3	7 10	4 0	10 12	5 0	-5
v_j	2	9	3	10	

在表 3.18 中还有负检验数，若为负，则说明未得最优解，还可以改进。

3.2.3 改进的方法——闭回路调整法

当在表中空格处出现负检验数时，表明未得最优解。当有两个和两个以上的负检验数时，一般选其中最小的负检验数，以它对应的空格为调入格，即以它对应的非基变量为换入变量。由表 3.18 得（2，4）为调入格。以此格为出发点，作一闭回路，如表 3.19 所示。

表 3.19

产地＼销地	B_1	B_2	B_3	B_4	产量
A_1			4 (+1)	3 (-1)	7
A_2	3		1 (-1)	(+1)	4
A_3		6		3	9
销量	3	6	5	6	

（2，4）格的调入量 θ 是选择闭回路上具有（-1）的数字格中的最小者。即 $\theta = \min(1,3) = 1$（其原理与单纯形法中按 θ 规划来确定换出变量的相同）。然后按闭回路上的正、负号，加上和减去此值，得到调整方案，如表 3.20 所示。

表 3.20

产地＼销地	B_1	B_2	B_3	B_4	产量
A_1			5	2	7
A_2	3			1	4
A_3		6		3	9
销量	3	6	5	6	

对表 3.20 给出的解，再用闭回路法或位势法求各空格的检验数，如表 3.21 所示。表中的所有检验数均非负，故表 3.20 中的解为最优解。这时得到的总运费最少，是 85 元。

表 3.21

产地＼销地	B_1	B_2	B_3	B_4
A_1	0	2		
A_2		2		1
A_3	9		12	

3.2.4 表上作业法计算中的问题

1）无穷多最优解

在 3.2.1 节中提到，产销平衡的运输问题必定存在最优解。那么，该问题有唯一最优解还是无穷多最优解？判别依据与 1.3.3 节讲述的相同，也就是说，某个非基变量（空格）的检验数为 0 时，该问题有无穷多最优解。表 3.21 空格（1，1）的检验数是 0，表明有无穷多最优解。可在表 3.20 中以（1，1）为调入格，作闭回路（1，1）+—（1，4）-—（2，4）+—（2，1）-—（1，1）+，确定 $\theta = \min(2,3) = 2$。经调整后得到另一最优解，如表 3.22 所示。

表 3.22

产地＼销地	B_1	B_2	B_3	B_4	产量
A_1	2		5		7
A_2	1			3	4
A_3		6		3	9
销量	3	6	5	6	

2）退化

用表上作业法求解运输问题出现退化时，在相应的格中一定要填一个 0，以表示此格为数字格。退化的处理有以下两种情况：

（1）当确定初始解的各供需关系时，若在 (i,j) 格填入某数字后，出现 A_i 处的余量等于 B_j 处的需量。这时在产销平衡表上填一个数，而在单位运价表上相应地要划去一行和一列。为了使在产销平衡表上有 $(m+n-1)$ 个数字格，这时需要添加一个"0"，它的位置可对应同时划去的那行或那列的任一空格处，如表 3.23、表 3.24 所示。因第一次划去第一列，剩余的最小元素为 2，其对应的销地 B_2，需要量为 6，而对应的产地 A_3，未分配量也是 6，这时在产销表（3，2）交叉格中填入 6，在单位运价表 3.24 中需同时划去 B_2 列和 A_3 行。在表 3.23 的空格（1，2），（2，2），（3，3），（3，4）中任选一格添加一个 0。

表 3.23

产地＼销地	B_1	B_2	B_3	B_4	产量
A_1					7
A_2					4
A_3	3	6			9
销量	3	6	5	6	

表 3.24

产地＼销地	B_1	B_2	B_3	B_4
A_1	3	11	4	5
A_2	7	7	3	8
A_3	~~1~~	~~2~~	~~10~~	~~6~~

（2）在用闭回路法调整时，在闭回路上出现两个和两个以上的具有（-1）标记的相等的最小值。这时只能选择其中一个作为调入格，经调整后，得到退化解。而另一个数字格必须填一个 0，表明它是基变量。当出现退化解后，并作改进调整时，可能在某闭回路上有标记为（-1）的取值为 0 的数字格，这时应取调整量 $\theta=0$。

3.3 产销不平衡的运输问题

前面讨论的运输问题的理论和方法，都是以产销平衡，即

$$\sum_{i=1}^{m} a_i = \sum_{j=1}^{n} b_j$$

为前提的，但是实际问题中的产销往往是不平衡的。对于产销不平衡的运输问题，可以把它们先转化成产销平衡问题，然后再用表上作业法求解。

1. 产大于销的情况，即

$$\sum_{i=1}^{m} a_i > \sum_{j=1}^{n} b_j$$

由于总产量大于总销量，需考虑多余的物资在哪些产地就地存储的问题。将各产地的仓库设成一个假想销地 B_{n+1}，该销地的总需求量为

$$b_{n+1} = \sum_{i=1}^{m} a_i - \sum_{j=1}^{n} b_j$$

再令运价表中各产地到虚设销地 B_{n+1} 的单位运价 $C_{i,n+1} = 0$，$i = 1,2,\cdots,m$，则该问题就转化为一个产销平衡的运输问题，即可以用表上作业法求解。在最优解中，产地 A_i 到虚设销地 B_{n+1} 的运量实际上就是产地 A_i 就地存储的多余物资数量。

2. 供不应求的情况，即

$$\sum_{i=1}^{m} a_i < \sum_{j=1}^{n} b_j$$

与产大于销情况相似，当销大于产时，可以在产销平衡表中虚设一个产地 A_{m+1}，该产地的产量为

$$a_{m+1} = \sum_{j=1}^{n} b_j - \sum_{i=1}^{m} a_i$$

再令虚设产地 A_{m+1} 到各销地的单位运价 $C_{m+1,j} = 0$，$j=1$，2，$\cdots$，$n+1$），则该问题可以转化为一个产销平衡的运输问题。在最优解中，虚设产地 A_{m+1} 到销地 B_j 的运量实际上就是最后分配方案中销地 B_j 的缺货量。

3. 在产销不平衡问题中，如果某产地不允许将多余物资就地存储，或某销地不允许缺货，则要令相应运价 $C_{i,n+1}$ 或 $C_{m+1,j} = M$（M 是相当大的正数）。

例3 设有 A_1，A_2，A_3 三个产地生产某种物资，其产量分别为 5 t、6 t、8 t，B_1、B_2、B_3 三个销地需要该物资，销量分别为 4 t、8 t、6 t，已知各产销地之间的单位运价（见表 3.25），试确定总运费最少的调运方案。

表 3.25

产地＼销地	B_1	B_2	B_3	产量
A_1	3	1	3	5
A_2	4	6	2	6
A_3	2	8	5	8
销量	4	8	6	

解 产地总产量为 19 t，销地总销量 18 t，这是一个产大于销的运输问题。虚设销地 B_4，

令 B_4 销量 $b_4=1$ t，$C_{i4}=0(i=1,2,3)$，则问题变为如下的产销平衡运输问题：

表 3.26

销地 产地	B_1	B_2	B_3	B_4	产量
A_1	3	1	3	0	5
A_2	4	6	2	0	6
A_3	2	8	5	0	8
销量	4	8	6	1	

利用表上作业法进行求解，结果如表 3.27 ~ 表 3.32 所示。

表 3.27

销地 加工厂	B_1	B_2	B_3	B_4	产量
A_1		4	1		5
A_2	0		6		6
A_3	4	4			8
销量	4	8	6	1	

表 3.28

销地 产地	B_1	B_2	B_3	B_4
A_1	3	1	3	0
A_2	4	6	2	0
A_3	2	8	5	0

表 3.29

销地 加工厂	B_1	B_2	B_3	B_4	u_i
A_1	[8]	4	[10]	1	0
A_2	0	[-4]	6	[-9]	9
A_3	4	4	[5]	[-7]	7
v_i	-5	1	-7	0	

表 3.30

销地 加工厂	B_1	B_2	B_3	B_4	u_i
A_1	[8]	4	[1]	1	0
A_2	[9]	[5]	6	[0]	0
A_3	4	4	[-4]	[-7]	7
v_i	-5	1	2	0	

表 3.31

销地 加工厂	B_1	B_2	B_3	B_4	u_i
A_1	[8]	5	[8]	[7]	0
A_2	[2]	[-2]	6	0	7
A_3	4	3	[3]	1	7
v_i	-5	1	-5	-7	

表 3.32

销地 加工厂	B_1	B_2	B_3	B_4	u_i
A_1	[8]	5	[6]	[7]	0
A_2	[4]	0	6	[2]	5
A_3	4	3	[1]	1	7
v_i	-5	1	-3	-7	

表 3.32 中所有检验数均非负，所以已是最优解，可得最少总运费：

$$5\times 1 + 6\times 2 + 4\times 2 + 3\times 8 + 1\times 0 = 49 （元）$$

下面通过实例介绍转运问题的处理方法。

例 4 某公司下属三个加工厂生产某种物资，分别运往四个地区的门市部去销售。有关各厂的产量、各门市部的销售量及运价等信息如表 3.33 所示。试求总运费支出为最少的调运方案。

表 3.33

加工厂＼门市部	B_1	B_2	B_3	B_4	产量/t
A_1	3	11	3	10	7
A_2	1	9	2	8	4
A_3	7	4	10	5	9
销量/t	3	6	5	6	20

这是普通的产销平衡的运输问题。但是如果假定：

（1）每个工厂生产的物资不一定直接发运到销地，可以从其中几个产地集中一起运；

（2）运往各销地的物资可以先运到其中几个销地，再转运给其他销地；

（3）除产地、销地外，中间还可以设几个转运站，在产地之间、销地之间或产地与销地之间转运。

已知各产地、销地、中间转运站及相互之间每吨物资的运价表（见表 3.34），试问在考虑到产、销地之间直接运输和非直接运输的各种可能方案的情况下，如何将三个厂每天生产的物资运往销地，才能使总的运费最少。这就是所谓的"转运问题"。

表 3.34

		产地			中间转运站				销地			
		A_1	A_2	A_3	T_1	T_2	T_3	T_4	B_1	B_2	B_3	B_4
产地	A_1		1	3	2	1	4	3	3	11	3	10
	A_2	1		—	3	5	—	2	1	9	2	8
	A_3	3	—		1	—	2	3	7	4	10	5
中间转运站	T_1	2	3	1		1	3	2	2	8	4	6
	T_2	1	5	—	1		1	1	4	5	2	7
	T_3	4	—	2	3	1		2	2	8	2	4
	T_4	3	2	3	2	1	2		2	2	2	6
销地	B_1	3	1	7	2	4	1	1		1	4	2
	B_2	11	3	4	8	2	8	7	1		2	1
	B_3	3	2	10	4	2	2	2	4	2		3
	B_4	10	8	5	6	7	4	6	2	1	3	

解 由表 3.34 中可看出，从 A_1 到 B_2，每吨物资的直接运费为 11 元，如从 A_1 经 A_3 运往 B_2，运价为 3+4=7 元，从 A_1 经 T_2 运往 B_2 只需 1+5=6 元，而从 A_1 到 B_2 运费最少的路径是从 A_1 经 A_2、B_1 到 B_2，每吨物资的运费只需 1+1+1=3 元。可见，在这个问题中从每个产地到各销地之间的运输方案有很多种。为了把这个问题仍当作一般的产销平衡的运输问题来处理，我们可以这样做：

（1）由于问题中所有产地、中间转运站、销地都可以看作产地，又可以看作销地。因此把整个问题当作有 11 个产地和 11 个销地的扩大了的运输问题。

（2）对扩大了的运输问题建立运价表，方法是将表 3.34 中不可能的运输方案的运价用任意大的正数 M 代替。

（3）所有中间转运站的产量等于销量。由于运费最少时不可能出现一批物资来回倒运的现象，所以每个转运站的转运量不超过 20 t。可以规定 T_1，T_2，T_3，T_4 的产量和销量均为 20 t。由于实际的转运量

$$\sum_{j=1}^{n} x_{ij} \leqslant a_i, \sum_{i=1}^{m} x_{ij} \leqslant b_j$$

可以在每个约束条件中增加一个松弛变量 x_{ii}，x_{ii} 相当于一个虚构的转运站，其意义就是自己运给自己。$(20-x_{ii})$ 就是每个转运站的实际转运量，x_{ii} 的对应运价 $C_{ii}=0$。

（4）扩大了的运输问题中，原来的产地与销地由于也具有转运站的作用，所以同样在原来产量与销量的数字上加 20 t，即三个厂的物资产量改为 27 t、24 t、29 t，销量均为 20 t；四个销地的每天销量改为 23 t、26 t、25 t、26 t，产量均为 20 t，同时引进 x_{ii} 作为松弛变量。

下面作出扩大了的运输问题的产销平衡表与运价表（见表 3.35）。

表 3.35

产地\销地	A_1	A_2	A_3	T_1	T_2	T_3	T_4	B_1	B_2	B_3	B_4	产量
A_1	0	1	3	2	1	4	3	3	11	3	10	27
A_2	1	0	M	3	5	M	2	1	9	2	8	24
A_3	3	M	0	1	M	2	3	7	4	10	10	29
T_1	2	3	1	0	1	3	2	2	8	4	6	20
T_2	1	5	M	1	0	1	1	4	5	2	7	20
T_3	4	M	2	3	1	0	2	1	8	2	4	20
T_4	3	2	3	2	1	2	0	1	M	2	6	20
B_1	3	1	7	2	4	1	1	0	1	4	2	20
B_2	11	9	4	8	5	8	M	1	0	2	1	20
B_3	3	2	10	4	2	2	2	4	2	0	3	20
B_4	10	8	5	6	7	4	6	1	1	3	0	20
销量	20	20	20	20	20	20	20	23	26	25	26	240

这是一个产销平衡的运输问题，可以用表上作业法进行求解（计算略）。

课后习题

1. 用表上作业法求解如表 3.36～表 3.39 所示运输问题的最优解（表中数字 M 为任意大

正数）。

（1）

表 3.36

产地\销地	甲	乙	丙	丁	产量
1	3	7	6	4	5
2	2	4	3	2	2
3	4	3	8	5	3
销量	3	3	2	2	

（2）

表 3.37

产地\销地	甲	乙	丙	丁	产量
1	10	6	7	12	4
2	16	10	5	9	9
3	5	4	10	10	4
销量	5	2	4	6	

（3）

表 3.38

产地\销地	甲	乙	丙	丁	戊	产量
1	10	20	5	9	10	5
2	2	10	8	30	6	6
3	1	20	7	10	4	2
4	8	6	3	7	5	9
销量	4	4	6	2	4	

（4）

表 3.39

产地\销地	甲	乙	丙	丁	戊	产量
1	10	18	29	13	22	100
2	13	M	21	14	16	120
3	0	6	11	3	M	140
4	9	11	23	18	19	80
5	24	28	36	30	34	60
销量	100	120	100	60	80	

2. 某公司去采购 A, B, C, D 四种规格的信号灯,数量分别为:A—1500个,B—2000个,C—3000个,D—3500个,有三个生产厂家可供应上述规格信号灯,各厂家供应数量分别为:Ⅰ—2500个,Ⅱ—2500个,Ⅲ—5000个。由于这些厂家的设备质量、运价和销售情况不同,预计售出后的利润(元/个)也不同,详见表 3.40。请帮助该公司确定一个预期盈利最大的采购方案。

表 3.40

产地\销地	A	B	C	D
Ⅰ	10	5	6	7
Ⅱ	8	2	7	6
Ⅲ	9	3	4	8

3. 甲、乙、丙三个公司每年需要某种交通设备零部件分别为:320,250,350万件,由 A, B 两个生产厂家负责供应。已知该零部件年供应量分别为:A—400万件,B—450万件。由生产厂家至各公司的单位运价(万元/万件)如表 3.41 所示。由于需大于供,经研究产销平衡决定,甲公司的供应量可减少 0~30 万件,乙公司需要量应全部满足,丙公司供应量不少于 270 万件。试求将供应量分配完又使总运费最低的调运方案。

表 3.41

产地\销地	甲	乙	丙
A	15	18	22
B	21	25	16

4 整数规划

4.1 整数规划问题

线性规划问题的解假设为具有连续型的数值,但是在许多实际问题中,决策变量仅仅取整数值时才有意义,比如变量表示的是工人的数量、机器的台数、货物的箱数、装货的车皮数等。为了满足整数解的要求,比较自然的简便方法似乎就是把用线性规划所求得的分数解进行"四舍五入"或"取整"处理。当然这样做有时确实也是有效的,可以取得与整数最优解相近的可行整数解,因此它是实际工作中经常采用的方法。但是实际问题中并不都是如此,有的经处理后得到的解可能不是原问题的可行解,有的虽是原问题的可行解,却不是整数最优解,因而有必要研究整数规划问题的相关解法。

在一个线性规划问题中,如果它的全部决策变量或者部分决策变量要求取整数,这个问题就称为整数线性规划问题,简称整数规划。整数规划是近年来发展起来的规划论的一个分支。

整数规划中,如果所有的变量都限制为整数,就称为纯整数规划;如果仅一部分变量被限制为整数,则称为混合整数规划。整数规划的一个特殊情形是 0-1 规划,它的变量取值仅限于 0 或 1 两个逻辑值。

下面举例说明整数规划问题。

例 1 现有甲、乙两种货物拟用集装箱托运,每件甲、乙货物的体积、重量、可获利润以及集装箱的托运限制如表 4.1 所示。

表 4.1

货物	体积/(米³/件)	重量/(万斤/件)	利润/(万元/件)
甲	5	2	20
乙	4	5	10
托运限制	24	13	

试确定集装箱中托运甲、乙货物的件数,使托运利润最大。

解 设 x_1, x_2 分别为甲、乙两种货物的件数(整数),则该问题的数学模型为

$$\max Z = 20x_1 + 10x_2 \qquad (4.1a)$$

$$\text{s.t.} \begin{cases} 5x_1 + 4x_2 \leqslant 24 & (4.1b) \\ 2x_1 + 5x_2 \leqslant 13 & (4.1c) \\ x_1, x_2 \geqslant 0 \text{ 且是整数} & (4.1d) \end{cases}$$

这里货物的件数只能是整数,所以这是一个纯整数规划问题。若开始不考虑整数限制,可求得问题的最优解为

$$x_1 = 4.8, \ x_2 = 0, \ \max Z = 96$$

由于 $x_1 = 4.8$ 不符合整数的要求，所以该解不是整数规划的最优解。

注：1. 是否可以将非整数解用"四舍五入"方法处理呢？事实上，如果将 $x_1 = 4.8$，$x_2 = 0$ 近似为 $x_1 = 5$，$x_2 = 0$，则该解不符合体积限制条件（4.1b），因而它不是可行解；用"取整"方法处理结果又如何呢？将 $x_1 = 4.8$，$x_2 = 0$ "取整"视为 $x_1 = 4$，$x_2 = 0$，显然满足各约束条件，因而该解是整数规划问题的可行解，但不是整数最优解，因为当 $x_1 = 4$，$x_2 = 1$ 时该解亦是可行解且 $Z = 90$，目标值优于 $x_1 = 4$，$x_2 = 0$ 这个解。

2. 如何求得这类问题的整数最优解呢？到目前为止，整数规划问题还没有一种很满意的、有效的解法。现在求解整数规划基本上采用将整数规划变为一系列线性规划来求解的方法。这里我们介绍两种方法——分枝定界法和割平面法。

4.2 分枝定界法

分枝定界法是求解整数规划的常用方法，既可用来解全部变量取值都要求为整数的纯整数规划，又可用以求解混合整数规划。

该算法的基本思路是：先不考虑整数限制，求出相应的线性规划的最优解，若此解不符合整数要求，则去掉不包含整数解的部分可行域，将可行域 D 分成 D_1、D_2 两部分（分枝），然后分别求解这两部分可行域对应的线性规划，如果它们的解仍不是整数解，则继续去掉不包含整数解的部分可行域，将可行域 D_1 或 D_2 分成 D_3 与 D_4 两部分，再求解 D_3 与 D_4 对应的线性规划……。在计算中若已得到一个整数可行解 x_0，则以该解的目标函数值 Z_0 作为分枝的界限，如果某一线性规划的目标值 $Z \leq Z_0$，就没有必要继续分枝，因为分枝（增加约束）的结果所得的最优值只能比 Z_0 更差；反之，若 $Z > Z_0$，则该线性规划分枝后，有可能产生比 Z_0 更优的整数解，一旦产生了一个更优的整数解，则以这个更优的整数解目标值作为新的界限，继续进行分枝下去，直至产生不出更优的整数解为止。

下面以实例来说明算法的步骤。

例 2 求解下面整数规划

$$\max Z = 40x_1 + 90x_2 \tag{4.2a}$$

$$\text{s.t.} \begin{cases} 9x_1 + 7x_2 \leq 56 & (4.2b) \\ 7x_1 + 20x_2 \leq 70 & (4.2c) \\ x_1, x_2 \geq 0 & (4.2d) \\ x_1, x_2 \text{ 是整数} & (4.2e) \end{cases}$$

解 先不考虑条件（4.2e），求解相应的线性规划问题 L，得最优解

$$x_1 = 4.81, \quad x_2 = 1.82, \quad Z_0 = 356$$

该整数规划问题的可行域，如图 4.1 所示。

该解不是整数解，注意到其中一个是非整数变量，如 $x_1 = 4.81$，于是对问题 L 分别增加约束条件

$$x_1 \leq 4, \quad x_1 \geq 5$$

将问题 L 分解为两个子问题 L_1 和 L_2（分枝），也就是去掉问题 L 不含整数解的一部分可行域，将可行域 D 变为 D_1、D_2 两部分，如图 4.2 所示。

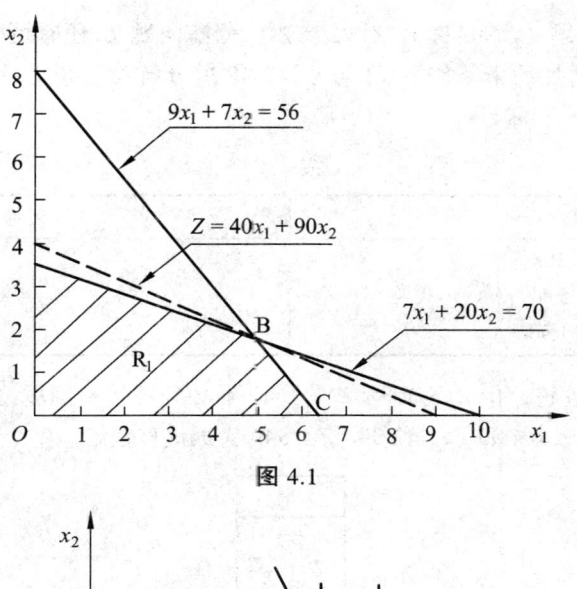

图 4.1

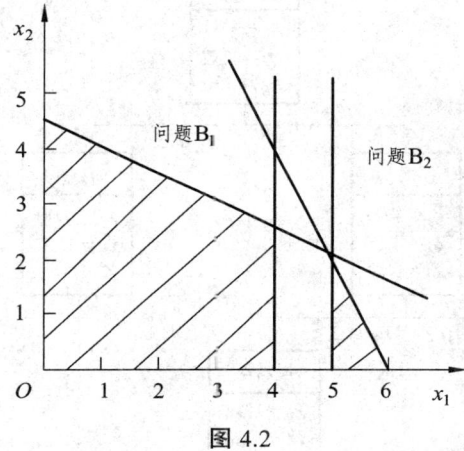

图 4.2

求解线性规划 L_1 和 L_2,得到最优解如表 4.2 所示。

表 4.2

L_1	L_2
$Z_1 = 349$	$Z_2 = 341$
$x_1 = 4.00$	$x_1 = 5.00$
$x_2 = 2.10$	$x_2 = 1.57$

因为没有得到整数解,所以继续对 L_1 进行分解,增加约束条件 $x_2 \leqslant 2$ 与 $x_2 \geqslant 3$ 将 L_1 分解成问题 L_3 与 L_4,并求得最优解如表 4.3 所示。

表 4.3

L_3	L_4
$Z_3 = 340$	$Z_4 = 327$
$x_1 = 4.00$	$x_1 = 1.42$
$x_2 = 2.00$	$x_2 = 3.00$

问题 L_3 的解已是整数解,它的目标值 $Z_3 = 340$,大于问题 L_4 的目标值,所以问题 L_4 没有

必要分枝了。但由于问题 L_2 的目标值 Z_2 大于 Z_3，分解问题 L_2 还有可能产生更好的整数解，因此继续对 L_2 分枝。增加约束条件 $x_2 \leqslant 1$ 与 $x_2 \geqslant 2$ 将 L_2 分解为问题 L_5 和 L_6 并求解，结果如表 4.4 所示。

表 4.4

L_5	问题 L_6
$Z_1 = 308$ $x_1 = 5.44$ $x_2 = 1.00$	无可行解

问题 L_5 虽是非整数解，但 $Z_5 = 308 < Z_3$，所以不必分枝了；问题 L_6 为无可行解，于是可以断定问题 L_3 的解，即 $x_1 = 4.00$，$x_2 = 2.00$，$Z = 340$ 为最优整数解。整个解题过程如图 4.3 所示。

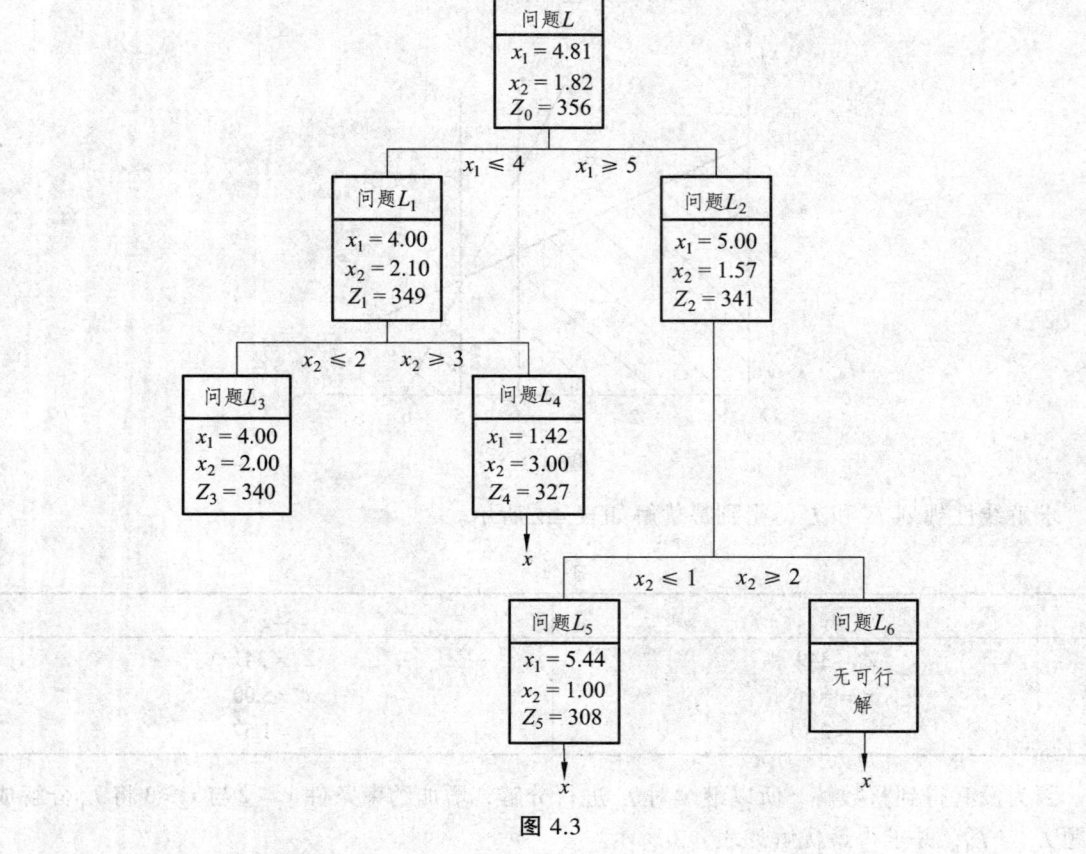

图 4.3

注：1. 用分枝定界法求解整数规划问题的步骤可总结为：

1° 求解与整数规划相对应的线性规划 L，若 L 无可行解，则整数规划也没有可行解，计算停止；若 L 的最优解是整数解，则该解即整数规划的最优解，计算停止；若 L 的最优解不是整数解则转 2°。

2°（分枝）在 L 的最优解中任选一个不符合整数条件的变量 x_{B_i}，其值为 $(B^{-1}b)_i$，$[(B^{-1}b)_i]$ 为小于 $(B^{-1}b)_i$ 的最大整数，构造两个约束条件 $x_{B_i} \leqslant [(B^{-1}b)_i]$ 和 $x_{B_i} \geqslant [(B^{-1}b)_i]+1$，将这两个约束

条件分别加在问题 L 的约束上,形成两个子问题 L_1 和 L_2,并求解 L_1 和 L_2。

3°（定界）取整数解中最大目标值为界限值 Z,如果计算中尚无整数解,则取 $f_3(C_i)$,$i=1,2,3$。检查分枝 L_i,若它的最优解不是整数解且 $Z_i > Z$,则重复 2°；若 $Z_i \leq Z$,则 L_i 不再分解。

重复 2°、3°直至所有分枝都不能再分解为止,这时 Z 对应的整数解为原问题的最优解。

2. 分枝定界法可解纯整数规划问题和混合整数规划问题。它比穷举法优越,因为它仅在一部分可行的整数解中寻求最优解,计算量比穷举法小。若变量数目很大,其计算量也是相当大的。

4.3 割平面法

割平面法是 1958 年美国学者戈莫里（R. E. Gomory）提出的求解整数规划的一种比较简单的方法,其基本思想是:先不考虑变量的整数限制求解相应的线性规划,如果得到的解不是整数解,则不断增加适当的线性约束,割掉原可行域不含整数解的一部分,最终得到一个具有若干整数顶点的可行域,而这些顶点中恰有一个顶点是原问题的整数最优解。

割平面法的基本步骤是:

1° 先不考虑变量的整数限制,求解相应的线性规划问题,如果该问题无解或最优解已是整数解,则停止计算,否则转下一步。

2° 对上述线性规划的可行域进行"切割",去掉不含整数解的一部分可行域,即增加适当的线性约束,然后转 1°。

割平面法的关键在于如何确定切割方程,使之能对可行域进行真正切割,而且切去部分不含整数解点,下面讨论切割方程的求法。

设与整数规划相对应的线性规划最优解中基变量 $x_{B_i} = (B^{-1}b)_i$ 不是整数,将最优单纯形表中该基变量对应的行还原成约束,即

$$x_{B_i} + \sum_j a_{ij} x_i = (B^{-1}b)_i \tag{4.3}$$

将 $(B^{-1}b)_i$,a_{ij} 都分解成整数与非负真分数之和的形式,即

$$(B^{-1}b)_i = N_i + f_i \qquad \text{其中 } 0 \leq f_i \leq 1 \tag{4.4}$$

$$a_{ij} = N_{ij} + f_{ij} \qquad \text{其中 } 0 \leq f_{ij} \leq 1 \tag{4.5}$$

这里 N_i,N_{ij} 是整数,将式（4.4）、（4.5）代入（4.3）式得

$$x_{B_i} + \sum_j (N_{ij} + f_{ij}) x_j = N_i + f_i$$

即

$$x_{B_i} + \sum_j N_{ij} x_j - N_i = f_i - \sum_j f_{ij} x_j \tag{4.6}$$

当诸 x_i 都是整数时,（4.6）式左端是整数,所以右端亦应是整数,但右端是两个正数之差,且 $0 \leq f_i \leq 1$,所以（4.6）式两端只能取小于或等于零的整数值,因此

$$f_i - \sum_j f_{ij} x_j \leq 0$$

取这个不等式作为切割方程,显然能对原可行域进行切割,而且不会切割掉整数解。

例 3 用割平面法求解

$$\max Z = x_1 + x_2$$
$$\text{s.t.} \begin{cases} -x_1 + x_2 \leq 1 \\ 3x_1 + x_2 \leq 4 \\ x_1, x_2 \geq 0 \\ x_1, x_2 \text{为整数} \end{cases}$$

解 将问题标准化,得

$$\max Z = x_1 + x_2 \tag{4.7a}$$
$$\text{s.t.} \begin{cases} -x_1 + x_2 + x_3 = 1 & (4.7\text{b}) \\ 3x_1 + x_2 + x_4 = 4 & (4.7\text{c}) \\ x_1, x_2 \geq 0 & (4.7\text{d}) \\ x_1, x_2 \text{为整数} & (4.7\text{e}) \end{cases}$$

不考虑条件(4.7e)求解相应线性规划,结果如表 4.5 所示。

表 4.5

C_B	X_B	$B^{-1}b$	x_1	x_2	x_3	x_4
	C		1	1	0	0
0	x_3	1	−1	1	1	0
0	x_4	4	3	1	0	1
	σ		1	1	0	0
	…………				…………	
1	x_1	3/4	1	0	−1/4	1/4
1	x_2	7/4	0	1	3/4	1/4
	σ		0	0	−1/2	−1/2

表中 $x_1 = \dfrac{3}{4}$ 不是整数,将表中第一行还原成方程,即

$$x_1 - \frac{1}{4} x_3 + \frac{1}{4} x_4 = \frac{3}{4}$$

因为 $\dfrac{3}{4} = 0 + \dfrac{3}{4}$,$-\dfrac{1}{4} = -1 + \dfrac{3}{4}$,$\dfrac{1}{4} = 0 + \dfrac{1}{4}$,

所以有切割方程:

$$\frac{3}{4} x_3 + \frac{1}{4} x_4 \geq \frac{3}{4}$$

即

$$3x_3 + x_4 \geq 3$$

引入松弛变量 x_5,得方程

$$-3x_3 - x_4 + x_5 = -3$$

将新约束方程加到原最优解下面（切割），求得新的最优解如表 4.6 所示。

表 4.6

C			1	1	0	0	0
C_B	X_B	$B^{-1}b$	x_1	x_2	x_3	x_4	x_5
1	x_1	3/4	1	0	1/4	1/4	0
1	x_2	7/4	0	1	3/4	1/4	0
0	x_5	-3	0	0	[-3]	-1	1
	σ		0	0	-1/2	-1/2	0
1	x_1	1	1	0	0	1/6	
1	x_2	1	0	1	0	0	1/4
1	x_3	1	0	0	1	1/3	-1/3
	σ		0	0	0	-1/6	-1/3

由于 x_1，x_2 的值已是整数，所以该题经一次切割已得最优解。

注：现在我们来看看切割方程 $3x_3 + x_4 \geqslant 3$ 的几何意义。

例 3 对应的线性规划用图解法可求得可行域及最优解点 D，如图 4.4 所示。

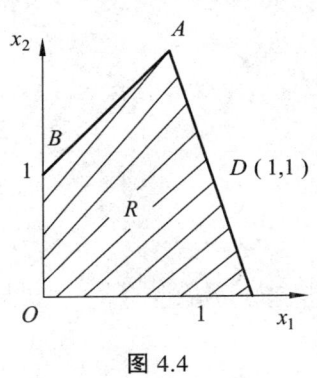

图 4.4　　　　　　　　图 4.5

由式（4.7b）、式（4.7c）可得

$$x_3 = 1 + x_1 - x_2, \quad x_4 = 4 - 3x_1 - x_2$$

代入切割方程，得

$$3(1 + x_1 - x_2) + 4 - 3x_1 - x_2 \geqslant 3$$

即　　　　　　　　$x_2 \leqslant 1$

将该切割方程加到原约束中，等价于去掉原可行域的 ABD 部分，显然在该区域不含整数解点，对原可行域切割的结果是产生了一个新顶点 $D(1,1)$，用图解法在新的可行域中搜索最优解，恰好最优解是 $D(1,1)$，如图 4.5 所示。

在求解实际问题中，割平面法经常会遇到收敛很慢的情况，但若与其他方法如分枝定界法联合使用，一般能收到比较好的效果。

4.4 0-1 型整数规划

0-1 型整数规划是整数规划的特殊情形。它的决策变量仅取 0 或 1 两个值,这时的决策变量 x_i 称为 0-1 变量。在实际问题中,有些问题只需回答"是"或"否",问题就算是解决了,描述这类问题的变量只需取两个值就可以了,例如是否采纳某个方案;某项任务是否可以交某人承担;集装箱内是否装入某种货物,等等。对于这类问题,我们可以用逻辑变量来描述。

$$x = \begin{cases} 1, & \text{是} \\ 0, & \text{否} \end{cases}$$

4.4.1 引入 0-1 变量的实例

1）确定投资方案——相互排斥的计划

例 4 为支持交通运输业的发展,某市银行拟抽调 a 万元资金对公路、铁道和航空三个交通行业给予低息贷款。由于资金有限,只能在四个公路部门 A_1,A_2,A_3,A_4 中至多选两个;在五个铁道部门 A_5,A_6,$\cdots$,A_9 中至多选三个;在航空部门 A_{10},A_{11},A_{12} 中至多选两个给予贷款。已知部门 A_i 得到贷款 $a_i(i=1,2,\cdots,n)$ 万元后,每万元贷款可获利 b_i 万元。问该市银行应如何发放贷款,可使总利润最大?

解 因为本问题只要求解决是否对部门 A_i 给予贷款,因此可用 0-1 变量描述所求方案。设

$$x_i = \begin{cases} 1, & \text{给}A_i\text{贷款} \\ 0, & \text{不给}A_i\text{贷款} \end{cases}$$

于是根据题意,上面问题可描述为

$$\max Z = \sum_{i=1}^{12} a_i b_i x_i$$

$$\text{s.t.} \begin{cases} \sum_{i=1}^{12} a_i x_i \leq a \\ \sum_{i=1}^{4} x_i \leq 2 \\ \sum_{i=5}^{9} x_i \leq 3 \\ \sum_{i=10}^{12} x_i \leq 2 \\ x_i = 0 \text{或} 1, \ i=1,2,\cdots,12 \end{cases}$$

这是一个 0-1 整数规划问题,与其类似的问题还有投资项目的选择、投资场所的选择、工厂的选址、确定新产品的开发方案等。总之,凡是一些相互排斥的计划,方案的确定问题都可以归结为与例 4 类似的 0-1 整数规划问题。

2）相互排斥的约束条件

在本章例 1 中,关于运货的重量限制为

$$2x_1 + 5x_2 \leq 13 \tag{4.8}$$

现设集装箱有车运和船运两种方式，上面的条件是车运时的重量限制条件，如用船运时关于重量的限制条件为

$$2x_1 + 5x_2 \leqslant 20 \tag{4.9}$$

试确定集装箱中托运甲、乙货物的数量及运输方式，以使总利润最大。

为了建立该问题的模型，除了设甲、乙货物的件数为 x_1, x_2 外，还要把运输方式表示出来，由于只有两种运输方式，所以可设

$$y = \begin{cases} 1, & \text{车运} \\ 0, & \text{船运} \end{cases}$$

在约束条件中，两种不同运输方式对应的重量约束条件是相互排斥的，所以不能简单地将它们都写到约束中，利用 y 这个 0-1 变量可以将上述两个重量约束改写成

$$2x_1 + 5x_2 \leqslant 13 + (1-y)M \tag{4.10}$$

$$2x_1 + 5x_2 \leqslant 20 + yM \tag{4.11}$$

其中 M 是相当大的正数，可以验证当 $y=1$ 时式（4.10）就是式（4.8），而式（4.11）自然成立是多余的；当 $y=0$ 时，式（4.11）就是式（4.9），而式（4.10）成为多余的。经过这样处理后，问题的数学模型可以写成如下形式：

$$\max Z = 20x_1 + 10x_2$$

$$\text{s.t.} \begin{cases} 5x_1 + 4x_2 \leqslant 24 \\ 2x_1 + 5x_2 \leqslant 13 + (1-y)M \\ 2x_1 + 5x_2 \leqslant 20 + yM \\ x_1, x_2 \geqslant 0 \text{ 且是整数} \\ y = 1 \text{ 或 } 0 \end{cases}$$

注：如果有 m 个互相排斥的约束条件：

$$a_{i1}x_1 + a_{i2}x_2 + \cdots + a_{in}x_n \leqslant b_i \quad (i=1,2,\cdots,m)$$

为了保证这 m 个条件只有一个起作用，可以引入 m 个 0-1 变量 $y_i(i=1,2,\cdots,m)$ 和充分大常数 M，将这 m 个约束条件改写成

$$a_{i1}x_1 + a_{i2}x_2 + \cdots + a_{in}x_n \leqslant b_i + y_i M \quad (i=1,2,\cdots,m)$$

$$y_1 + y_2 + \cdots + y_m = m-1$$

显然，这些 y_i 中只有一个能取 0 值，因而这 m 个约束只能有一个起作用，而其余都是多余的。

4.4.2 0-1 型整数规划的解法

对于 0-1 规划的求解问题，由于每个变量只取 0，1 两个值，人们自然会想到用穷举法来求解，即排出变量取值为 0 或 1 的每一种组合，算出目标函数在每一组合点（共 2^n 个点）上的函数值，验证它们是否满足约束条件，再比较每个可行解函数值以求得最优解。显然当 n 较大时，计算量是相当大的。因此常设计一些方法，只检查变量取值组合的一部分，就能求得问题的最优解。这一类方法称为隐枚举法。

为了便于应用隐枚举法，当目标函数要求极大值时，可先将 0-1 规划中 x_i 重新排列顺序，使在目标函数中 x_i 系数是递增（不减）的，并且按（00……0）（00……1）（00……10）……

这样的顺序生成每一个解，这样更容易较早发现最优解，从而简化计算。

下面举例说明运用隐枚举法求解 0-1 规划问题。

例 5 求解

$$\max Z = 3x_1 - 2x_2 + 5x_3$$

$$\text{s.t.} \begin{cases} x_1 + 2x_2 - x_3 \leqslant 2 \\ x_1 + 4x_2 + x_3 \leqslant 4 \\ x_1 + x_2 \leqslant 3 \\ 4x_2 + x_3 \leqslant 6 \\ x_1, x_2, x_3 = 0 \text{ 或 } 1 \end{cases}$$

解 调整 x_1，x_2 的顺序，则问题变为

$$\max Z = -2x_2 + 3x_1 + 5x_3$$

$$\text{s.t.} \begin{cases} 2x_2 + x_1 - x_3 \leqslant 2 \\ 4x_2 + x_1 + x_2 \leqslant 4 \\ x_2 + x_1 \leqslant 3 \\ 4x_2 + x_3 \leqslant 6 \\ x_2, x_1, x_3 = 0 \text{ 或 } 1 \end{cases}$$

生成各个解，计算它们的目标值。若它们的目标值小于目前最好的可行解的目标值，则不必检查是否满足约束条件，当所有解检查完毕，就可判断出最优解。计算结果如表 4.7 所示。

计算中（0 1 1）是可行解，目标值等于 8，而（1 0 0）（1 0 1）（1 1 0）目标值必定小于 8，所以不必计算目标值及检查可行性；（1 1 1）对应目标值 6，小于（0 1 1）的目标值 8，所以也没有必要检查可行性，故最终得到的最优解是：$x_1=1$，$x_2=0$，$x_3=1$，最优值：$Z=8$。

表 4.7

解 (x_2,x_1,x_3)	目标值	约束条件 ①	②	③	④
(0 0 0)	0	√	√	√	√
(0 0 1)	5	√	√	√	√
(0 1 0)	3	—	—	—	—
(0 1 1)	8	√	√	√	√
(1 0 0)	—	—	—	—	—
(1 0 1)	—	—	—	—	—
(1 1 0)	—	—	—	—	—
(1 1 1)	6				

4.5 指派问题

在实际工作中，常常会碰到这样的问题，要指派 n 个人去完成 n 项不同的任务，每个人必须完成其中一项且仅仅一项，但由于各人的专长不同，任务的难易程度不一样，所以完成不同任务的效率就不同，那么应该指派哪个人去完成哪项任务才能使总的效率最高呢？这就

是典型的指派问题。

例6 今欲指派张、王、李、赵四人加工 A，B，C，D 四种不同的零件，每人加工四种零件所需要的时间如表 4.8 所示，问应该指派谁加工何种零件可使总的花费时间最少。

表 4.8

人＼零件	A	B	C	D
张	4	6	5	8
王	6	10	7	8
李	7	8	11	9
赵	9	3	8	4

注：1. 在类似的问题中都必须给出一个像表 4.8 的矩阵 C，称为效率矩阵。

$$C = \begin{bmatrix} C_{11} & C_{12} & \cdots & C_{1n} \\ C_{21} & C_{22} & \cdots & C_{2n} \\ \vdots & \vdots & & \vdots \\ C_{n1} & C_{n2} & \cdots & C_{nn} \end{bmatrix}$$

其中，矩阵中的元素 C_{ij} 表示指派第 i 个人去完成第 j 项任务时的效率。

2. 求解这类问题时，通常引入 0-1 变量 x_{ij}：

$$x_{ij} = \begin{cases} 1, & \text{指派第 } i \text{ 人去完成第 } j \text{ 项任务} \\ 0, & \text{不指派第 } i \text{ 人去完成第 } j \text{ 项任务} \end{cases}$$

由于任一项任务只能由一个人去完成，而一个人只能完成其中的一项任务，所以应分别有

$$\sum_{i=1}^{n} x_{ij} = 1 \quad (j = 1, 2, \cdots, n)$$

$$\sum_{j=1}^{n} x_{ij} = 1 \quad (i = 1, 2, \cdots, n)$$

于是对于极小化问题，指派问题的数学模型为

$$\min Z = \sum_{i=1}^{n} \sum_{j=1}^{n} C_{ij} X_{ij}$$

$$\text{s.t.} \begin{cases} \sum_{i=1}^{n} x_{ij} = 1, & j = 1, 2, \cdots, n \\ \sum_{j=1}^{n} x_{ij} = 1, & i = 1, 2, \cdots, n \\ x_{ij} = 1 \text{ 或 } 0, & i, j = 1, 2, \cdots, n \end{cases}$$

3. 从数学模型看，指派问题是特殊的 0-1 规划，也是特殊的运输问题，既可以用 0-1 规划的方法，也可以用运输问题的求解方法来求解。但这样做不是最好的，根据指派问题的特殊结构，我们有更为简便的方法。这就是下面将介绍的匈牙利法，这个方法是由匈牙利数学

家康尼格（D. Konig）给出的，匈牙利算法是以指派问题最优解的性质为根据的。

指派问题最优解的性质：如果将指派问题的效率矩阵的每一行（列）的各个元素都减去该行（列）的最小元素，得到一新的矩阵 $\bar{C}$，则以 $\bar{C}$ 为效率矩阵的指派问题的最优解与原问题的最优解相同。

证明 设 C 的第 i 行元素都减去该行最小元素 C_{ik}，其余元素不变，则原问题的约束不变，效率矩阵第 i 行元素变为 $C_{i1}-C_{ik},C_{i2}-C_{ik},\cdots,C_{in}-C_{ik}$，由于与第 i 行对应的变量中仅有一个取 1 值，其余全是 0，所以 $\sum_{i=1}^{n}(C_{ij}-C_{ik})x_{ij}=\sum_{j=1}^{n}C_{ij}x_{ij}-C_{ik}$。也就是说，将效率矩阵的某一行减该行最小元素等价于原目标函数减该元素，所以新问题的最优解与原问题的最优解相同，只是目标值相差一个常数，证毕。

利用这个性质，可以使原效率矩阵变换为含有很多个零元素的新效率矩阵，而最优解不变。在新的效率矩阵中如果能找到 n 个不同行且不同列的零元素，则可以令它们对应的 x_{ij} 等于 1，其余 x_{ij} 等于 0，显然，该解一定是最优解。这就是匈牙利算法的基本思想。其具体算法如下：

第一步：变换效果矩阵，使各行各列都出现零元素。
（1）效率矩阵每行元素都减该行最小元素。
（2）效率矩阵每列元素都减该列最小元素。

第二步：找出不同行且不同列的零元素。
（1）给只有一个零元素的行中的零画圈，记作"◎"，并划去与其同列的其余零元素（行搜索）。
（2）给只有一个零元素的列中的零画圈，记作"◎"，并划去与其同行的其余零元素（列搜索）。
（3）反复进行（1）（2），直到所有的零元素都有标记止。
（4）若"◎"个数已达 n 个，则令它们对应的 $x_{ij}=1$，其余 $x_{ij}=0$，已得最优解，计算停止，否则转第三步。

特别地，如果效率矩阵中存在以零为顶点的闭回路，则将闭回路上任一个零标记"◎"，并划去与其同行同列的其余的零。

第三步：用最少直线覆盖效率矩阵中的零元素。
（1）对没有"◎"的行打"√"。
（2）对打"√"行中零元素所在列打"√"。
（3）对打"√"列中"◎"所在行打"√"。
（4）反复（2）（3）直至打不出新"√"为止。
（5）对没有打"√"的行画横线，对打"√"的列画垂线，则效率矩阵中所有零元素被这些直线所覆盖。

第四步：调整效率矩阵，使出现新的零元素。
（1）找出未被划去元素中的最小元素，以其作为调整量 θ。
（2）矩阵中打"√"行各元素都减去 θ，打"√"列各元素都加上 θ，然后去掉所有标记，转第二步。

下面用上述算法求解例 6。

解 先变换效率矩阵，然后找出不同行且不同列的零元素，结果如下：

$$\begin{pmatrix} 4 & 6 & 5 & 8 \\ 6 & 10 & 7 & 8 \\ 7 & 8 & 11 & 9 \\ 9 & 3 & 8 & 4 \end{pmatrix} \Rightarrow \begin{pmatrix} 0 & 2 & 1 & 4 \\ 0 & 4 & 2 & 1 \\ 0 & 1 & 4 & 2 \\ 6 & 0 & 5 & 1 \end{pmatrix} \Rightarrow \begin{pmatrix} 0 & 2 & ◎ & 3 \\ 0 & 4 & 0 & 1 \\ ◎ & 1 & 3 & 1 \\ 6 & ◎ & 4 & 0 \end{pmatrix}$$

由于不同行不同列的零元素只有 3 个，所以要继续第三步和第四步。

$$\begin{pmatrix} 0 & 2 & ◎ & 3 \\ 0 & 4 & 0 & 1 \\ ◎ & 1 & 3 & 1 \\ 6 & ◎ & 4 & 0 \end{pmatrix}, \theta = 1$$

调整 C 并检查不同行不同列的"◎"的个数：

$$\begin{pmatrix} ◎ & 1 & 0 & 2 \\ 0 & 3 & ◎ & 0 \\ 0 & ◎ & 3 & 0 \\ 7 & 0 & 5 & ◎ \end{pmatrix}$$

由于◎个数已达 4 个，所以令◎对应的 $x_{ij}=1$，其余 $x_{ij}=0$，已得最优解。即
最优指派方案：张—A，王—C，李—B，赵—D，所需总时间最少：4 + 7 + 8 + 4=23。
注：以上讨论限于极小化的指派问题。对于极大化的问题，只需将目标函数变为 $\min Z = \sum_{i=1}^{n}\sum_{j=1}^{n}(M-C_{ij})X_{ij}$ 即可。这里 M 是一个足够大的常数，一般取 $M = \max\{C_{ij}\}$。也就是说，对于极大化问题，只要将效率矩阵中元素用 $M(M = \max\{C_{ij}\})$ 相减，就可以用匈牙利计算法求解了。另外，如果任务数与人数不相等，可以像不平衡的运输问题一样，虚设一项任务或一个人，并且令相应的 $C_{n+1,j}$ 或 $C_{i,n+1}(i,j=1,2,\cdots,n+1)$ 等于零，然后用匈牙利算法求解。

课后习题

1. 用分支定界法求解下面整数规划

（1）$\max Z = 6x_1 + 4x_2$

s.t. $\begin{cases} 2x_1 + 4x_2 \leq 13 \\ 2x_1 + x_2 \leq 7 \\ x_1, x_2 \geq 0 \\ x_1, x_2 \text{为整数} \end{cases}$

（2）$\max Z = 3x_1 + 2x_2$

s.t. $\begin{cases} 2x_1 + 3x_2 \leq 14 \\ 2x_1 + x_2 \leq 9 \\ x_1, x_2 \geq 0 \\ x_1, x_2 \text{为整数} \end{cases}$

（3）$\max Z = x_1 + x_2$

s.t. $\begin{cases} x_1 + \dfrac{9}{14}x_2 \leq \dfrac{51}{14} \\ -2x_1 + x_2 \leq \dfrac{1}{3} \\ x_1, x_2 \geq 0 \\ x_1, x_2 \text{为整数} \end{cases}$

2. 用割平面法求解下列整数规划

(1) $\max Z = 8x_1 + 5x_2$

s.t. $\begin{cases} 2x_1 + 3x_2 \leq 12 \\ 2x_1 - x_2 \leq 6 \\ x_1, x_2 \geq 0 \\ x_1, x_2 \text{ 为整数} \end{cases}$

(2) $\max Z = x_1 + x_2$

s.t. $\begin{cases} 2x_1 + x_2 \leq 6 \\ 4x_1 + 5x_2 \leq 20 \\ x_1, x_2 \geq 0 \\ x_1, x_2 \text{ 为整数} \end{cases}$

3. 用隐枚举法求解下列 0-1 规划

(1) $\max Z = 5x_1 - 2x_2 + 3x_3$

s.t. $\begin{cases} x_1 + 2x_2 - x_3 \leq 2 \\ x_1 + 4x_2 + x_3 \leq 4 \\ x_1 + x_2 \leq 3 \\ x_1, x_2, x_3 = 0 \text{ 或 } 1 \end{cases}$

(2) $\max Z = 2x_1 - 3x_2 + 6x_3$

s.t. $\begin{cases} x_1 + 2x_2 - x_3 \leq 2 \\ x_1 + 4x_2 + x_3 \leq 4 \\ x_1 + x_2 \leq 3 \\ 4x_1 + x_2 \leq 7 \\ x_1, x_2, x_3 = 0 \text{ 或 } 1 \end{cases}$

5 目标规划

5.1 目标规划的数学模型

例1 某工厂生产Ⅰ、Ⅱ两种交通设备，已知有关数据如表5.1所示。

表5.1

	Ⅰ	Ⅱ	拥有量
原材料/kg	2	1	11
设备/hr	1	2	10
利润/（元/件）	8	10	

试求获利最大的生产方案。

解 这是一个单目标的规划问题，用线性规划模型表述为：

$$\max Z = 8x_1 + 10x_2$$

$$\text{s.t.} \begin{cases} 2x_1 + x_2 \leq 11 \\ x_1 + 2x_2 \leq 10 \\ x_1, x_2 \geq 0 \end{cases}$$

用图解法，求得最优决策方案为：$x_1^* = 4$，$x_2^* = 3$，$x^* = 62$。

注：1. 实际上工厂在作决策时，要考虑市场等一系列其他条件。如：

（1）根据市场信息，产品Ⅰ的销售量有下降的趋势，故考虑产品Ⅰ的产量不大于产品Ⅱ。

（2）超过计划供应的原材料时，需用高价采购，这就使成本增加。

（3）应尽可能充分利用设备Ⅰ，但不希望加班。

（4）应尽可能达到并超过计划利润指标 56 元。

2. 在考虑产品决策时，单目标变为多目标决策问题。目标规划方法是解决这类决策问题的方法之一。下面引入与建立目标规划数学模型有关的概念。

（1）设 x_1，x_2 为决策变量，此外，引进正、负偏差变量 d^+，d^-。

正偏差变量 d^+ 表示决策值超过目标值的部分；负偏差变量 d^- 表示决策值未达到目标值的部分。因决策值不可能既超过目标值同时又未达到目标值，即恒有 $d^+ \cdot d^- = 0$。

（2）绝对约束和目标约束。

绝对约束是指必须严格满足的等式约束和不等式约束。如线性规划问题的所有约束条件，不能满足这些约束条件的解称为非可行解，所以它们是硬约束。目标约束是目标规划特有的，可把约束右端项看作要追求的目标值。在达到此目标值时允许发生正、负偏差，因此在这些约束中加入正、负偏差变量，它们是软约束。线性规划问题的目标函数，在给定目标值和加入正、负偏差变量后可变换为目标约束，也可以根据问题的需要将绝对约束变换为目标约束。

例如：例1的目标函数 $z = 8x_1 + 10x_2$ 可变换为目标约束 $8x_1 + 10x_2 + d_1^- - d_1^+ = 56$。绝对约束

$2x_1+x_2 \leqslant 11$ 可变换为目标约束 $2x_1+x_2+d_2^- -d_2^+=11$。

（3）优先因子（优先等级）与权系数。

一个规划问题常常有若干个目标，但决策者在要求达到这些目标时，有主次或轻重缓急的不同。凡要求第一位达到的目标赋予优先因子 P_1，次位的目标赋予优先因子 P_2，……并规定 $P_k \gg P_{k+1}(k=1,2,\cdots,K)$ 表示 P_k 比 P_{k+1} 有更大的优先权，即首先保证 P_1 级目标的实现，这时可不考虑次级目标；而 P_2 级目标是在实现 P_1 级目标的基础上考虑的；以此类推，若要区别具有相同优先因子的两个目标的差别，可分别赋予它们不同的权系数 ω_j，这些由决策者根据具体情况而定。

（4）目标规划的目标函数。

目标规划的目标函数（准则函数）是按目标约束的正、负偏差变量和赋予相应的优先因子而构造的。当每一目标函数确定后，决策者的要求是尽可能缩小偏差目标值。因此，目标规划的目标函数只能是 $\min z = f(d^+, d^-)$。其基本形式有三种：

① 要求恰好达到目标值，即正、负偏差变量要尽可能地小，这时
$$\min z = f(d^+ + d^-)$$

② 要求不超过目标值，即允许达不到目标值，就是正偏差变量要尽可能地小，这时
$$\min z = f(d^+)$$

③ 要求超过目标值，即超过量不限，但必须是负偏差要尽可能地小，这时
$$\min z = f(d^-)$$

例2 例1的决策者在原材料供应受严格限制的基础上考虑：首先是产品Ⅱ的产量不低于产品Ⅰ的产量；其次是充分利用设备有效台时，不加班；再次是利润额不小于 56 元。求决策方案。

解 按决策者所要求的，分别赋予这三个目标 P_1，P_2，P_3 优先因子。该问题的数学模型是：

$$\min z = P_1 d_1^+ + P_2(d_2^- + d_2^+) + P_3 d_3^-$$

$$\text{s.t.} \begin{cases} 2x_1+x_2 \leqslant 11 \\ x_1-x_2+d_1^- -d_1^+ = 0 \\ x_1+2x_2+d_2^- -d_2^+ = 10 \\ 8x_1+10x_2+d_3^- -d_3^+ = 56 \\ x_1,x_2,d_i^-,d_i^+ \geqslant 0, \quad i=1,2,3 \end{cases}$$

目标规划的一般数学模型为

$$\min z = \sum_{l=1}^{L} P_l \sum_{k=1}^{K}(\omega_{lk}^- d_k^- + \omega_{lk}^+ d_k^+)$$

$$\text{s.t.} \begin{cases} \sum_{j=1}^{n} c_{kj} x_j + d_k^- - d_k^+ = g_k, \quad k=1,\cdots,K \\ \sum_{j=1}^{n} a_{ij} x_j \leqslant (=, \geqslant) b_i, \quad i=1,\cdots,m \\ x_j \geqslant 0, \quad j=1,\cdots,n \\ d_k^-, d_k^+ \geqslant 0, \quad k=1,\cdots,K \end{cases}$$

建立目标规划的数学模型时，需要确定目标值、优先等级、权系数等，这都具有一定的

主观性和模糊性，可以用专家评定法给以量化。

5.2 解目标规划的单纯形法

目标规划的数学模型结构与线性规划的数学模型结构没有本质的区别，所以可用单纯形法求解。但要考虑目标规划的数学模型的一些特点，做以下规定：

（1）因目标规划问题的目标函数都是求最小化，所以以 $c_j - z_j \geq 0 (j=1,2,\cdots,n)$ 为最优准则。

（2）因非基变量的检验数中含有不同等级的优先因子，即

$$c_j - z_j = \sum \alpha_{kj} P_k \ (j=1,2,\cdots,n;\ k=1,2,\cdots,K)$$

因 $P_1 \gg P_2 \gg \cdots \gg P_K$，从每个检验数的整体来看：检验数的正、负首先决定于 P_1 的系数 α_{1j} 的正、负；若 $\alpha_{1j}=0$，这时检验数的正、负就决定于 P_2 的系数 α_{2j} 的正、负，然后可依此类推。

解目标规划问题的单纯形法的计算步骤如下：

1° 建立初始单纯形表，在表中将检验数行按优先因子个数分别列成 K 行，置 $k=1$。

2° 检查该行中是否存在负数，且对应的前 $k-1$ 行的系数是零。若选取其中最小者对应的变量为换入变量，转 3°，若无负数，则转 5°。

3° 按最小比值规划确定换出变量，当存在两个和两个以上相同的最小比值时，选取具有较高优先级别的变量为换出变量。

4° 按单纯形法进行基变换运算，建立新的计算表，返回 2°。

5° 当 $k=K$ 时，计算结束，表中的解即满意解；否则，置 $k=k+1$，返回 2°。

例 4 试用单纯形法来求解例 2。

解 将例 2 的数学模型化为标准型：

$$\min z = P_1 d_1^+ + P_2(d_2^- + d_2^+) + P_3 d_3^-$$

$$\text{s.t.} \begin{cases} 2x_1 + x_2 + x_3 = 11 \\ x_1 - x_2 + d_1^- - d_1^+ = 0 \\ x_1 + 2x_2 + d_2^- - d_2^+ = 10 \\ 8x_1 + 10x_2 + d_3^- - d_3^+ = 56 \\ x_1, x_2, x_3, d_i^-, d_i^+ \geq 0,\ i=1,2,3 \end{cases}$$

（1）取 x_3, d_1^-, d_2^-, d_3^- 为初始基变量，列初始单纯形表，如表 5.2 所示。

（2）取 $k=1$，检查检验数的 P_1 行，因该行无负检验数，故转 5°。

表 5.2

	c_j					P_1	P_2	P_2	P_3		θ
C_B	X_B	b	x_1	x_2	x_3	d_1^-	d_1^+	d_2^-	d_2^+	d_3^-	d_3^+	
	x_3	11	2	1	1							
	d_1^-	0	1	−1		1	−1					
P_2	d_2^-	10	1	[2]				1	−1			10/2
P_3	d_3^-	56	8	10						1	−1	

续表

	c_j					P_1	P_2	P_2	P_3		θ
		P_1				1					
$c_j - z_j$		P_2	-1	-2				2			
		P_3	-8	-10					1		

（3）因 $k(=1) < K(=3)$，置 $k = k+1 = 2$，返回 2°。

（4）查出检验数 P_2 行中有 -1、-2，取 min（-1，-2）= -2，它对应的变量 x_2 为换入变量，转 3°。

表 5.3

C_B	c_j						P_1		P_2	P_2	P_3		θ
	X_B	b	x_1	x_2	x_3	d_1^-	d_1^+	d_2^-	d_2^+	d_3^-	d_3^+	
	x_3	6	3/2		1			-1/2	1/2			
	d_1^-	5	3/2			1	-1	1/2	-1/2			
	x_2	5	1/2	1				1/2	-1/2			
P_3	d_3^-	6	[3]					-5	5	1	-1	6/3
		P_1					1					
$c_j - z_j$		P_2						1	1			
		P_3	-3					5	-5		1	

表 5.4

C_B	c_j						P_1		P_2	P_2	P_3		θ
	X_B	b	x_1	x_2	x_3	d_1^-	d_1^+	d_2^-	d_2^+	d_3^-	d_3^+	
	x_3	3			1			2	-2	-1/2	1/2	
	d_1^-	2				1	-1	3	-3	-1/2	1/2	
	x_2	4		1				4/3	-4/3	-1/6	1/6	
	x_1	2	1					-5/3	5/3	1/3	-1/3	
		P_1					1					
$c_j - z_j$		P_2						1	1			
		P_3								1		

表 5.5

C_B	c_j						P_1		P_2	P_2	P_3		θ
	X_B	b	x_1	x_2	x_3	d_1^-	d_1^+	d_2^-	d_2^+	d_3^-	d_3^+	
	x_3	1			1	-1	1	-1	1			
	d_3^+	4				2	-2	6	-6	-1	1	
	x_2	10/3		1		-1/3	1/3	1/3	-1/3			
	x_1	10/3	1			2/3	-2/3	1/3	-1/3			
		P_1					1					
$c_j - z_j$		P_2						1	1			
		P_3								1		

（5）在表 5.2 中计算最小比值：
$$\theta = \min(11/1, —, 10/2, 56/10) = 10/2$$
它对应的变量 d_2^- 为换出变量，转 4°。

（6）进行基变换运算，得表 5.3，返回 2°，以此类推，直至得到最终表为止，见表 5.4。

表 5.4 所示的解 $x_1^* = 2$，$x_2^* = 4$ 为例 1 的满意解。检查表 5.4 的检验数行，发现非基变量 d_3^+ 的检验数为 0，这表示存在多重解。在表 5.4 中，以非基变量 d_3^+ 为换入变量、d_2^- 为换出变量，经迭代得到表 5.5，由表 5.5 得到解 $x_1^* = 10/3$，$x_2^* = 10/3$。这两个满意解的凸线性组合都是例 1 的满意解。

课后习题

1. 用单纯形法求解以下目标规划的满意解。

（1）$\min z = P_1 d_2^+ + P_1 d_2^- + P_2 d_1^-$
s.t. $\begin{cases} x_1 + 2x_2 + d_1^- - d_1^+ = 10 \\ 10x_1 + 12x_2 + d_2^- - d_2^+ = 62.4 \\ 2x_1 + x_2 \leq 8 \\ x_1, x_2, x_3, d_i^-, d_i^+ \geq 0, \quad i = 1, 2 \end{cases}$

（2）$\min z = P_1 d_1^- + P_2 d_2^+ + P_3 (5d_3^- + 3d_4^-) + P_4 d_1^+$
s.t. $\begin{cases} x_1 + x_2 + d_1^- - d_1^+ = 80 \\ x_1 + x_2 + d_2^- - d_2^+ = 90 \\ x_1 + d_3^- - d_3^+ = 70 \\ x_2 + d_4^- - d_4^+ = 45 \\ x_1, x_2, d_i^-, d_i^+ \geq 0, \quad i = 1, 2, 3, 4 \end{cases}$

（3）$\min z = P_1(d_1^+ + d_2^+) + P_2 d_3^-$
s.t. $\begin{cases} x_1 + x_2 + d_1^- - d_1^+ = 1 \\ 2x_1 + 2x_2 + d_2^- - d_2^+ = 4 \\ 6x_1 - 4x_2 + d_3^- - d_3^+ = 50 \\ x_1, x_2, d_i^-, d_i^+ \geq 0, \quad i = 1, 2, 3 \end{cases}$

2. 对于以下目标规划问题：

$\min z = P_1 d_1^- + P_2 d_4^+ + P_3(5d_2^- + 3d_3^-) + P_3(3d_2^+ + 5d_3^+)$
s.t. $\begin{cases} x_1 + x_2 + d_1^- - d_1^+ = 80 \\ x_1 + d_2^- - d_2^+ = 70 \\ x_2 + d_3^- - d_3^+ = 45 \\ d_4^+ + d_4^- - d_4^+ = 10 \\ x_1, x_2, d_i^-, d_i^+ \geq 0, \quad i = 1, 2, 3, 4 \end{cases}$

（1）用单纯形法求该问题的满意解。

（2）若目标函数变为 $\min z = P_1 d_1^- + P_2(5d_2^- + 3d_3^-) + P_2(3d_2^+ + 5d_3^+) + P_3 d_4^+$，问原满意解有什么变化？

（3）若第一个目标约束的右端项改为 120，问原满意解又有什么变化？

6 非线性规划

6.1 非线性规划问题

6.1.1 非线性规划问题

非线性规划是与线性规划相对应的,如果规划的约束函数或目标函数中存在非线性函数,则这类问题称为非线性规划问题。

例1 某企业生产 A,B 两种产品,在计划期间产量分别为 x_1,x_2,产量受资源限制如下:

$$\begin{cases} x_1 + 0.429x_2 \leq 150 \\ x_1 + 0.75x_2 \leq 175 \\ x_1, x_2 \geq 0 \end{cases}$$

已知 B 产品单位收益为 6 元,而 A 产品单位收益随产销量的增加而减少,每件为 $10 - 0.01x_1$ 元,试确定 x_1,x_2,使总收益最大。该问题的数学模型为:

$$\max\ (10x_1 - 0.01x_1^2 + 6x_2)$$

$$\text{s.t.} \begin{cases} x_1 + 0.429x_2 \leq 150 \\ x_1 + 0.75x_2 \leq 175 \\ x_1, x_2 \geq 0 \end{cases}$$

一般非线性规划可表示为:

$$\min Z = f(x_1, x_2, \cdots, x_n)$$

$$\text{s.t.} \begin{cases} g_i(x_1, x_2, \cdots, x_n) \leq 0, & i=1,2,\cdots,m \\ h_j(x_1, x_2, \cdots, x_n) = 0, & j=1,2,\cdots,l \end{cases}$$

如记 $X = (x_1, x_2, \cdots, x_n)^{\text{T}}$,$f(X) = f(x_1, x_2, \cdots, x_n)$,$g_i(X) = g_i(x_1, x_2, \cdots, x_n)$,$h_j(X) = h_j(x_1, x_2, \cdots, x_n)$,则上述非线性规划可记为:

$$\min Z = f(X)$$

$$\text{s.t.} \begin{cases} g_i(X) \leq 0, & i=1,2,\cdots,m \\ h_j(X) = 0, & j=1,2,\cdots,l \end{cases}$$

由于 $\max f(X) = -\min(-f(X))$,当目标函数是求极大时,容易将它变为求极小,另外当约束条件是"≥"形式时,仅需用 -1 乘该约束两端,即可将这个约束变为"≤"形式。

满足所有约束条件的点称为可行解,全体可行解的集合称为可行域。即:

$$D = \left\{ X \,\middle|\, g_i(X) \leq 0 (i=1,2,\cdots,m),\ h_j(X) = 0 (j=1,2,\cdots,l) \right\}$$

6.1.2 多元函数极值的有关概念和性质

梯度：$f(x)$ 对各自变量的一阶偏导数组成的向量称为 $f(x)$ 的梯度，记作

$$\nabla f(x) = \left(\frac{\partial f}{\partial x_1}, \frac{\partial f}{\partial x_2}, \cdots, \frac{\partial f}{\partial x_n}\right)^{\mathrm{T}}$$

海森（Hession）矩阵：多元函数 $f(x)$ 的二阶偏导数构成的矩阵

$$H(x) = \begin{pmatrix} \dfrac{\partial^2 f}{\partial x_1^2} & \dfrac{\partial^2 f}{\partial x_1 \partial x_2} & \cdots & \dfrac{\partial^2 f}{\partial x_1 \partial x_n} \\ \dfrac{\partial^2 f}{\partial x_2 \partial x_1} & \dfrac{\partial^2 f}{\partial x_2^2} & \cdots & \dfrac{\partial^2 f}{\partial x_2 \partial x_n} \\ \vdots & \vdots & & \vdots \\ \dfrac{\partial^2 f}{\partial x_n \partial x_1} & \dfrac{\partial^2 f}{\partial x_n \partial x_2} & \cdots & \dfrac{\partial^2 f}{\partial x_n^2} \end{pmatrix}$$

称为海森矩阵。

如果 $f(x)$ 的所有二阶偏导数在 x_0 点连续，则

$$\frac{\partial^2 f(x_0)}{\partial x_i \partial x_j} = \frac{\partial^2 f(x_0)}{\partial x_j \partial x_i} \quad (i, j = 1, 2, \cdots, n)$$

所以 $H(x_0)$ 为对称矩阵。

定理 6.1　设函数 $f(x)$ 存在二阶连续导数，则 $f(x)$ 可在 $x = x_0$ 处展开成泰勒展开式：

$$f(x) = f(x_0) + \nabla f(x_0)^{\mathrm{T}}(x - x_0) + \frac{1}{2}(x - x_0)^{\mathrm{T}} H(x_0 + \lambda(x - x_0))(x - x_0) \quad (0 \leqslant \lambda \leqslant 1)$$

证明　对点 x，记 $p = x - x_0$，则 $x = x_0 + p$。

设 $\varphi(t) = f(x_0 + tp)$，则 $\varphi(t)$ 在 $t = 0$ 处二阶连续可微，按一元函数的泰勒展开式，有

$$\varphi(t) = \varphi(0) + \varphi'(0)t + \frac{1}{2}\varphi''(\lambda t)t^2$$

即

$$f(x_0 + tp) = f(x_0) + \nabla f(x_0)^{\mathrm{T}}(x - x_0)t + \frac{1}{2}(x - x_0)^{\mathrm{T}} H(x_0 + \lambda tp)(x - x_0)t^2$$

令 $t = 1$，得

$$f(x) = f(x_0) + \Delta f(x_0)^{\mathrm{T}}(x - x_0) + \frac{1}{2}(x - x_0)^{\mathrm{T}} H[x_0 + \lambda(x - x_0)](x - x_0)$$

δ 邻域：n 维空间中到某点 x_0 的距离小于某正数 δ 的所有点集合，叫作 x_0 点的一个 δ 邻域，记作

$$N(x_0, \delta) = \left\{ x \,\middle|\, \|x - x_0\| < \delta \right\}$$

定义 6.1　设点 $x_0 \in D$，如果存在 $\delta > 0$ 使对于任何 $x \in N(x_0, \delta) \cap D$，均有

$$f(x_0) \leqslant f(x)$$

则称 x_0 为非线性规划的局部极小点（若 $f(x_0) < f(x)$，则称 x_0 为严格局部极小点）。

定义 6.2 对于 $x_0 \in D$，如果对一切 $x \in D$，均有
$$f(x_0) \leqslant f(x)$$
则称 x_0 为非线性规划的一个全局极小点。

关于多元函数极值点判别，有如下定理：

定理 6.2（一阶必要条件） 设多元函数在 x^n 点可微，如果 x^n 是 $f(x)$ 的局部极小点，则 $\nabla f(x^n) = 0$，称 x^n 为 $f(x)$ 的驻点或平稳点。

定理 6.3（二阶必要条件） 设 $f(x)$ 在 x^n 处二阶可微，如果 x^n 是 $f(x)$ 的局部极小点，则 $\nabla f(x^n) = 0$ 且 $H(x^n)$ 半正定。

定理 6.4（二阶充分条件） 设多元函数 $f(x)$ 在 x^n 处二阶可微，$\nabla f(x^n) = 0$ 且 $H(x^n)$ 正定，则 x^n 是 $f(x)$ 的严格局部极小点。

定理 6.5（二阶充分条件） 设 $f(x)$ 在 x^n 的某邻域上二阶可微，$\nabla f(x^n) = 0$ 且存在 $\delta > 0$，使对一切 $x \in N(x_0, \delta) \cap D$ 均有 $H(x)$ 半正定，则 x^n 是 $f(x)$ 的局部极小点。

6.1.3 正定矩阵与二次型

设 $f(x_1 \cdots x_n) = a_{11} x_1^2 + \cdots + a_{nn} x_n^2 + 2a_{12} x_1 x_2 + \cdots + 2a_{n-1,n} x_{n-1} x_n$

则 $f(x_1 \cdots x_n) = (x_1 \cdots x_n) A \begin{pmatrix} x_1 \\ \vdots \\ x_n \end{pmatrix}$

其中，A 是一个 n 阶对称矩阵，主对角线上元素依次为 $a_{11} \cdots a_{nn}$，主对角线右上方元素 a_{ij} 就是 $x_i x_j$ 系数的一半，主对角线左下方元素 a_{ji} 等于 $x_i x_j$ 系数的一半，即 $a_{ij} = a_{ji}$。

定义 6.3 设有实二次型 $f(x) = x^T A x$，如果对任何 $x \neq 0$ 都有 $f(x) > 0$，则称 f 为正定二次型，并称对称矩阵 A 是正定的（如果 $f(x) \geqslant 0$，则对称 A 半正定）。

设 A 为 n 阶对称矩阵，则下列命题等价：

（1）A 为半正定矩阵   1° A 正定矩阵
（2）有高矩阵 G，使 $A = GG'$ 2° 有非奇异阵 Q，使 $A = Q'Q$
（3）有矩阵 B，使 $A = B'B$
（4）A 的所有主子式 $\geqslant 0$ 3° A 的所有主子式 > 0
（5）A 的所有 i 阶主子式之和 $\geqslant 0$ 4° A 的所有 i 阶主子式之和 > 0
（6）A 的特征根 $\geqslant 0$ 5° A 的特征根 > 0

6.1.4 凸函数的极值

定义 6.4（凸函数） 设 $f(x)$ 是定义在 n 维空间 E_n 某个凸集 D 上的函数，如果对于 D 中任意两点 $x^1, x^2 \in D$ 及任意实数 $\alpha (0 < \alpha < 1)$，恒有

$$f\left[\alpha x^{(1)} + (1-\alpha) x^{(2)}\right] \leqslant \alpha f(x^{(1)}) + (1-\alpha) f(x^{(2)})$$

则称 $f(x)$ 为 D 上的凸函数（若不等号为"$<$"，则称 $f(x)$ 为严格凸函数）。

类似可定义"凹函数"。

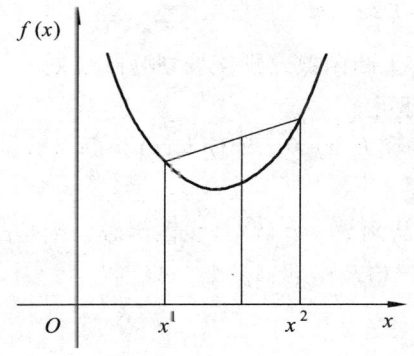

图 6.1

线性函数既是凸函数又是凹函数。

注 1：1）凸函数的性质

性质 6.1 若 $f(x)$ 是凸集 D 上的凸函数，则对任意非负实数 α，$\alpha f(x)$ 也是凸函数。

性质 6.2 若 $f(x)$，$g(x)$ 都是凸集 D 上的凸函数，则 $f(x)+g(x)$ 也是 D 上的凸函数。

性质 6.3 若 $f(x)$ 是凸集 D 上的凸函数，则对任何实数 β，$D_\beta = \{x | f(x) \leqslant \beta, x \in D\}$ 为凸集。

2）凸函数的判别

定理 6.6 设 $f(x)$ 是定义在凸集上的 n 元可微函数，则 $f(x)$ 为 D 上凸函数的充要条件是：对任意 $x^{(1)}, x^{(2)} \in D$，恒有

$$f(x^{(2)}) \geqslant f(x^{(1)}) + \nabla f(x^{(1)})^\mathrm{T}(x^{(2)} - x^{(1)})$$

定理 6.7 设 $f(x)$ 在开集 D 上有连续二阶偏导数，D_0 是 D 内的一个凸集，且 D_0 非空，则 $f(x)$ 为 D_0 上凸函数的充要条件是：$f(x)$ 的海森矩阵 $H(x)$ 在 D_0 上半正定。

3）凸函数的极值性质

定理 6.8 设 $f(x)$ 为 D 上的凸函数，则 $f(x)$ 的任一局部极小点必为全局极小点，且 $f(x)$ 在 D 上所有极小点组成一个凸集。

证明 设 x^n 为 D 上的局部极小点。若 x^n 不是全局极小点，则必有 $x^{nm} \in D$，使 $f(x^{nm}) < f(x^n)$。对任意 $0 < \alpha < 1$，令 $x = \alpha x^n + (1-\alpha) x^{nm}$，则

$$f(x) \leqslant \alpha f(x^n) + (1-\alpha) f(x^{nm}) < f(x^n)$$

当 $\alpha \to 1$ 时，$x \to x^n$，这与 x^n 为局部极小矛盾。

定理 6.9 设 $f(x)$ 是凸集 D 上的可微凸函数，如果存在 D 的内点 x^n，使 $\nabla f(x^n) = 0$，则 x^n 是 D 上 $f(x)$ 的全局极小点。

证明 对一切 $x \in D$，恒有

$$f(x) \geqslant f(x^n) + \nabla f(x^n)^\mathrm{T}(x - x^n) = f(x^n)$$

4）凸规划

定义 6.5（凸规划） 如果问题可行域 D 为凸集，并且目标函数 $f(x)$ 为 D 上凸函数，则称该规划为凸规划。

定理 6.10 $\min f(x)$

$$g_i(x) \leqslant 0, \ i=1,2,\cdots,m$$

如果 $g_i(x)$ 和 $f(x)$ 均为 E_n 上凸函数，则该规划为凸规划。

证明 只需证 D 为凸集即可。

如果规划中还含有等式约束 $h_j(x)=0$，即使 $h_j(x)$ 是凸函数，只要不是线性的，则可行域不是凸集（一般）。

但是如果 $f(x)$，$g_i(x)$ 是凸函数，$h_j(x)$ 是线性函数，则是凸规则。

定理 6.11 如果 $f(x)$ 为严格凸函数，只要凸规则

$$\min f(x), \ x \in D$$

最优解存在，则必唯一。

6.2 一维搜索

多元函数的极值问题往往可以转化为沿着若干个方向寻找极值问题，而沿着某个方向寻找极值问题实际上等价于一维最优化问题。

求一元函数的极小值的方法有很多，这里主要介绍常见的方法，一是解析法：牛顿法、二次抛物线插值法，二是直接法：0.618 法。

6.2.1 牛顿法与对分法

如果单变量函数 $f(x)$ 在 x^n 处取得局部极小值，并且在 x^n 处可微，则 f 在 x^n 处一阶导数必须等于零，即局部极小值点是下列方程 $f'(x)=0$ 的解。

我们可以尝试求解这个非线性方程，得到它的所有解。如果可能，再利用这些解点的二阶导数 $f''(x)$ 值判别哪些点对应极大或极小值。但是在很多情况下无法求得方程的解析解，而需要采用迭代方法求解。在迭代中产生点列 $\{x^k\}$ 和 f 的导数序列 $\{f'(x^k)\}$，使得导数序列极限为零。牛顿法就是求解非线性方程的一种经典迭代方法，在这里它要求知道 $f''(x)$ 的值。

1）牛顿法

设 x^0 是 $f'(x)=0$ 的真根 x^n 的一个估计值，在曲线 $f'(x)$ 上的点 $(x^0, f'(x^0))$ 作曲线的切线，切线与 x 轴交于 $(x^1, y)=(x^1, 0)$。

由 $\dfrac{y-f'(x^0)}{x^1-x^0}=f''(x^0)$，得 $x^1 = x^0 - \dfrac{f'(x^0)}{f''(x^0)}$，$x^1$ 可望比 x^0 更好地近似于 x^*。

又在曲线上 $(x^1, f'(x^1))$ 点作曲线的切线交 x 轴于 $(x^2, 0)$ 点，$x^2 = x^1 - \dfrac{f'(x^1)}{f''(x^1)}$，依此进行下去，可以得出一串 $x^0, x^1, x^2, \cdots, x^k$。

如果 $|f'(x^k)| < \varepsilon$（ε 预先给定）则停止迭代，此时 x^k 可作为极值点 x^* 的近似值（见图 6.2）。

注：一般来说，牛顿法的收敛速度比较快，步骤简单，但每次迭代都要用到二阶导数，计算量大，更为重要的是有很多函数在计算中是发散的，故不能求得 $f'(x)=0$ 的近似解（见图 6.3）。

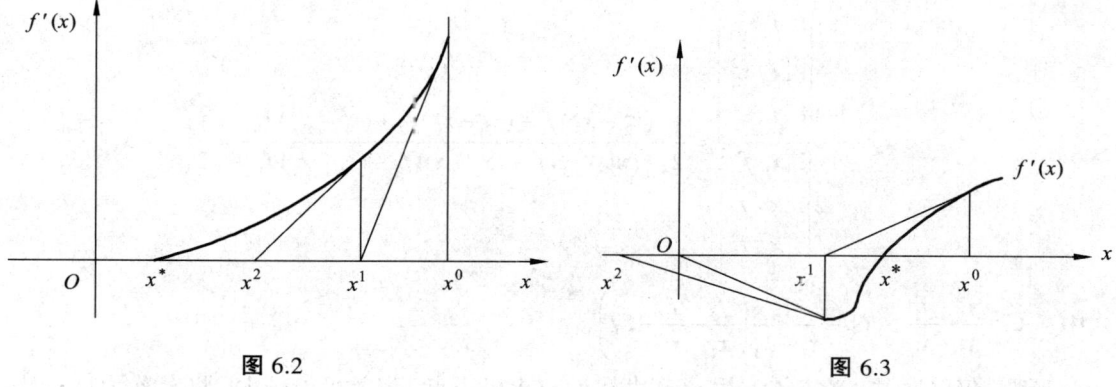

图6.2　　　　　　　　　　　图6.3

2）对分法

为了避免牛顿法求二阶导数的较大工作量，可采取其他迭代法，最简单的是对分法。

若 $f'(x)$ 在 $[a,b]$ 上是连续函数，并且 $f'(a)$ 与 $f'(b)$ 有相反的符号，不妨设 $f'(a)<0, f'(b)>0$，则 $[a,b]$ 内必有 $f'(x)$ 的一个零点。将 $[a,b]$ 分成两部分，$c=\frac{1}{2}(a+b)$。

若 $f'(c)=0$，则 c 即为所求。否则，若 $f'(c)>0$，则取 $b_1=c, a_1=a$；若 $f'(c)<0$，则取 $a_1=c, b_1=b$。对分 $[a_1,b_1]$，再继续下去。经过 m 次对分得到方程的有根区间，其长度为 $(b-a)/2^m$，如取 $[a_m,b_m]$ 的中点，$x_m=\frac{1}{2}(b_m-a_m)$ 为 x^n 的近似值，则 x_m 与 x^n 的误差不会超过 $\frac{b-a}{2^m}$ 的一半。即：

$$|x_m - x^n| \leqslant \frac{b-a}{2^{m+1}}$$

6.2.2　二次插值法（抛物线法）

二次插值法的基本思想：利用目标函数 $f(x)$ 在三个不同点的函数值，构造一个二次函数 $\varphi(x)$，用 $\varphi(x)$ 的极小点来近似 $f(x)$ 的极小点。

设 $f(x)$ 是连续的，x_1, x_2, x_3 满足：

1° $x_1<x_2<x_3$。

2° $f(x_1)>f(x_2)>f(x_3)$。（高、低、高）

令 $\varphi(x)=a_0+a_1x+a_2x^2$，使 $\varphi(x_i)=f(x_i), i=1,2,3$，即 $\begin{cases} a_0+a_1x_1+a_2x_1^2=f(x_1)=f_1 \\ a_0+a_1x_2+a_2x_2^2=f(x_2)=f_2 \\ a_0+a_1x_3+a_2x_3^2=f(x_3)=f_3 \end{cases}$。

抛物线 $\varphi(x)$ 的极小点为 x_4，则 $\varphi'(x_4)=0$，即

$$x_4=-\frac{a_1}{2a_2}$$

由克莱姆法则，得

$$x_4 = -\frac{\begin{vmatrix} 1 & f_1 & x_1^2 \\ 1 & f_2 & x_2^2 \\ 1 & f_3 & x_3^2 \end{vmatrix}}{2\begin{vmatrix} 1 & x_1 & f_1 \\ 1 & x_2 & f_2 \\ 1 & x_3 & f_3 \end{vmatrix}} = \frac{1}{2} \cdot \frac{(x_2^2 - x_3^2)f_1 + (x_3^2 - x_1^2)f_2 + (x_1^2 - x_2^2)f_3}{(x_2 - x_3)f_1 + (x_2 - x_1)f_2 + (x_1 - x_2)f_3} = \frac{1}{2}\left(x_1 + x_3 - \frac{C_1}{C_2}\right)$$

式中：$C_1 = \frac{f_3 - f_1}{x_3 - x_1}$，$C_2 = \frac{1}{x_2 - x_3}\left(\frac{f_2 - f_1}{x_2 - x_1} - C_1\right)$。

一般，仅仅通过一次拟合，用 $\varphi(x)$ 代替 $f(x)$ 求极小点，误差可能较大。将 x_4 作为 $[x_1, x_2]$ 一个内点，比较 $f(x_2)$ 与 $f(x_4)$ 的值，若 $f(x_2) < f(x_4)$ 且 $x_4 > x_2$，则去掉 x_3；若 $x_4 < x_2$，则去掉 x_1，分别由余下的 x_1, x_2, x_4 或 x_2, x_4, x_3 重复上述步骤搜索新的极小点。

若 $f(x_2) > f(x_4)$ 可作类似处理。

对于给定 $\varepsilon > 0$，如果抛物线上极小点 x_4 与 x_1, x_2, x_3 的中间点 x_2 满足 $|x_2 - x_4| < \varepsilon$，则停止计算。

例 2 由初始点 $x_1 = -1, x_2 = 2.5, x_3 = 6$，求 $f(x) = x^4 - 4x^3 - 6x^2 - 16x + 4$ 的极小点 x^*。（$\varepsilon = 0.01$）

解 $f(x_1) = 19, f(x_2) = -96.9375, f(x_3) = 124$，$x_1, x_2, x_3$ 满足"两头高中间低"的条件，以这三点起利用二次插值法求解，结果如表 6.1 所示。

表 6.1

K	x_1	x_2	x_3	x_4	$f(x_4)$
1	-1	2.5	6	1.9545	-65.4648
2	1.9545	2.5	6	3.1932	-134.5394
3	2.5	3.1932	6	3.4952	-146.7761
4					
5					
6					
7					
8					
9					
10	3.9724	3.9845	6	3.9914	-155.9969

$|x_2 - x_4| = 0.0069 < \varepsilon = 0.01$，取 $x^* = 3.9914$，x^* 精确值为 4。

6.2.3 0.618 法

0.618 法又称黄金分割法，它通过逐步缩小搜索区间的方法来求得一元函数的极小点的近似值。

设 $f(x)$ 是单峰函数，$[a, b]$ 内存在 x^*，使 $f(a) > f(x^*)$，$f(b) > f(x^*)$，称 $[a, b]$ 为搜索区间。

在 $[a,b]$ 取
$$x_1 = a+(1-\beta)(b-a), \quad x_2 = a+\beta(b-a) \quad \left(\frac{1}{2}<\beta<1\right)$$

则 x_1,x_2 为 $[a,b]$ 内对称的两点。

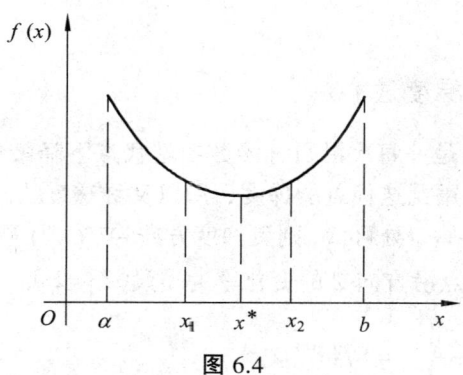

图 6.4

若 $f(x_1)<f(x_2)$，则去掉 $(x_2,b]$，以 $[a,x_2]$ 为新的搜索区间；
若 $f(x_1)>f(x_2)$，则去掉 $[a,x_1)$，以 $[x_1,b]$ 为新的搜索区间。

重复上述步骤，则最小点的搜索区间逐步缩小。当搜索区间长度小于给定 $\varepsilon<0$ 时，取区间中点作为极小点 x^* 的近似值。

可以证明如取 $\beta=0.618$，则去掉一个端点后，余下的 x_1 或 x_2 仍是搜索区间中处于 $[a_m,b_m]$ 中满足 $a_m+\beta(b_m-a_m)$ 或 $a_m+(1-\beta)(b_m-a_m)$ 的点，按此数能快速缩小搜索区间。

证明 设 $b-a=1$，$x_1=a+(1-\beta)$，$x_2=a+\beta$，则
$$x_2-a=\beta, \quad x_1-a=1-\beta$$
若去掉 $[x_2,b]$，令
$$x_1-a=\beta(x_2-a)=\beta\cdot\beta=1-\beta$$
由 $\beta^2+\beta-1=0$，解得
$$\beta=\frac{\sqrt{5}-1}{2}=0.618$$

6.3 无约束最优化方法

实际中抽象出来的规划问题都是有约束的，但约束问题往往要转化为无约束问题求解，因此我们先来讨论无约束最优化方法。无约束非线性规划问题
$$\min f(x), \quad x\in E$$
是求 n 元函数 $f(x)$ 在 n 维空间上的最小值。

无约束最优化方法可归纳为两类：

第一类解析法，构造算法时要用到目标函数的导数（梯度）或二阶导数（海森矩阵）。

第二类直接法，这类算法不用导数，而是通过目标函数值的比较构造具体下降迭代法。

下面将介绍解析法中的最速下降法、牛顿法、共轭梯度法及直接法中的坐标轮换法和单纯形法。

6.3.1 最速下降法（梯度法）

最速下降法的基本思想是：每次沿目标函数在迭代点下降最快的方向进行一维搜索，逐步走向极小点，因为每次都用到迭代点的梯度，所以又称梯度法。

定理 6.12 设 $f(x)$ 在 $x=x^{(0)}$ 处可微，则负梯度方向 $-\nabla f(x^{(0)})$ 是 $f(x)$ 在该点最速下降方向。

证明 函数 $f(x)$ 在 $x^{(0)}$ 点沿方向 Z 的变化率为（设 $\|Z\|=1$）：

$$\left.\frac{df(x^{(0)}+\lambda Z)}{d\lambda}\right|_{\lambda=0} = \nabla f(x^{(0)})Z$$

由不等式

$$\nabla f(x^{(0)})Z \leqslant \|\nabla f(x^{(0)})\|\|Z\|$$

且当 $f(x^{(0)})^T$ 与 Z 的方向相反时，有

$$f(x^{(0)})Z = \|\nabla f(x^{(0)})\|\|Z\|\cos\theta = -\|\nabla f(x^{(0)})\|\|Z\|$$

因此，当取 $Z=-\nabla f(x^{(0)})$ 时，函数在 $x^{(0)}$ 点下降最快。

最速下降法的计算步骤是：

1° 给初始点 $x^{(0)}$ 及精度要求 $\varepsilon>0$，置 $k=0$。

2° 计算 $f(x^{(k)})$，置 $g^{(k)}=\nabla f(x^{(k)})$。

3° 如果 $\|g^{(k)}\|<\varepsilon$，则令 $x^*=x^{(k)}$ 输出 x^* 及 $f(x^*)$，停止迭代；否则转 4°。

4° 从 $x^{(k)}$ 出发沿 $P^{(k)}=-g^{(k)}$ 进行一维搜索引入 λ_k，使 $f(x^{(k)}-\lambda_k g^{(k)})=\min\limits_{\lambda\geqslant 0}f(x^{(k)}-\lambda g^{(k)})$。

5° 令 $x^{(k+1)}=x^{(k)}-\lambda_k g^{(k)}$，置 $k=k+1$，转 2°。

例 3 用最速下降法求 $f(x)=\frac{1}{3}x_1^2+\frac{1}{2}x_2^2$ 的极小点。设初始点 $x^{(0)}=(3,2)^T, \varepsilon=10^{-3}$。

解 $\nabla f(x^{(0)})=(2,2)^T, \|\nabla f(x^{(0)})\|>\varepsilon$

求 $\min f(x^{(0)}-\lambda\nabla f(x^{(0)}))=\min\left[\frac{1}{3}(3-2\lambda)^2+\frac{1}{2}(2-2\lambda)^2\right]=\min\left(\frac{10}{3}\lambda^2-8\lambda+5\right)$

解得当 $\lambda_0=\frac{6}{5}$ 时，上式最小。

取 $x^{(1)}=x^{(0)}-\lambda_0\nabla f(x^{(0)})=(3,2)^T-\frac{6}{5}(2,2)^T=\left[\frac{3}{5},-\frac{2}{5}\right]^T$

再从 $x^{(1)}$ 出发求得

$$\nabla f(x^{(1)})=\left[\frac{2}{5},-\frac{2}{5}\right]^T, \quad \|\nabla f(x^{(1)})\|>\varepsilon$$

求
$$\min_\lambda f(x^{(1)} - \lambda \nabla f(x^{(1)})) = \min_\lambda \left[\frac{1}{3}\left(\frac{3}{5} - \lambda \frac{2}{5}\right)^2 + \frac{1}{2}\left(-\frac{2}{5} + \lambda \frac{2}{5}\right)^2 \right] = \min_\lambda \left(\frac{2}{15}\lambda^2 - \frac{8}{25}\lambda + \frac{1}{5} \right)$$

解得 $\lambda_1 = \frac{6}{5}$,上式最小。

令
$$x^{(2)} = x^{(1)} - \lambda_1 \nabla f(x^{(1)}) = \left[\frac{3}{5^2}, -\frac{2}{5^2} \right]^T$$

继续迭代求得
$$x^{(3)} = \left[\frac{3}{5^3}, \frac{-2}{5^3} \right]^T \quad x^{(4)} = \left[\frac{3}{5^4}, \frac{2}{5^4} \right]^T \quad x^{(5)} = \left[\frac{3}{5^5}, \frac{-2}{5^5} \right]^T \quad x^{(6)} = \left[\frac{3}{5^6}, \frac{2}{5^6} \right]^T$$

因为当 $k=6$ 时,
$$\|\nabla f(x^{(6)})\| = \left\| \frac{2}{5^6}, \frac{(-1)^6 \times 2}{5^6} \right\| < \varepsilon$$

所以
$$x^* \approx \left[\frac{3}{5^6}, \frac{2}{5^6} \right]^T$$

本例极小点为 $(0,0)^T$。

梯度法好像盲人爬山,每一步都沿着最陡方向。而最速下降法的收敛速度是很慢的。最速下降方向仅仅反映了 $f(x)$ 在 $x^{(k)}$ 点的局部性质,局部最速下降方向对全局而言就未必是最速下降方向。

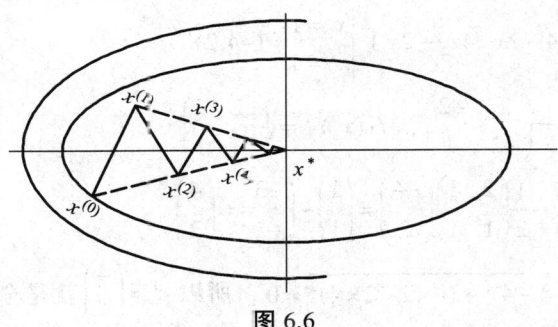

图 6.6

如图 6.6 所示,从全局看 $x^{(0)}$ 最速下降方向应直指 x^*,但实际上搜索线路却是锯齿形,且越接近 x^* 步长越小,收敛越慢。尽管最速下降法具有慢收敛性,但在某些实用算法中,可在初始阶段使用最速下降法,以取得较理想点,然后再转用其他收敛较快的方法。

6.3.2 牛顿法

1)基本思想

牛顿法是一种用到一阶导数和二阶导数的解析法,在确定搜索方向时,不仅考虑了函数在这一点的梯度,而且还考虑了梯度的变化趋势,所以在更大范围内考虑了函数的性质。它的基本思想是在目标函数 $f(x)$ 具有二阶连续导数的条件下,用二次函数 $\varphi(x)$ 去近似 $f(x)$,然后求出这个二次函数的极小点,作为 $f(x)$ 极小点的近似值。

设 x^k 是 $f(x)$ 极小点的 k 次近似,$f(x)$ 将在 x^k 点作泰勒展开并略去高于二次的项,即
$$f(x) = \varphi(x) = f(x^k) + \nabla f(x^{(k)})(x - x^k) + \frac{1}{2}(x - x^k)^T H(x^k)(x - x^k)$$

令 $\varphi'(x)=\nabla f(x^{(k)})+H(x^k)(x-x^k)=0$

得 $x^{k+1}=x^k-H(x^k)^{-1}\nabla f(x^k)=x^k+p^k$

称 $p^k=-H(x^k)^{-1}\nabla f(x^k)$ 为牛顿方向，

称 $\begin{cases} x^{k+1}=x^k+p^k \\ p^k=-H(x^k)^{-1}\nabla f(x^k) \\ k=0,1,2\cdots\cdots \end{cases}$ 为牛顿迭代公式。

牛顿法收敛准则：对预先给定的精度 $\varepsilon>0$，当 $\|\nabla f(x^k)\|\leq\varepsilon$ 时停止迭代，以 x^k 作为极小点 x^* 近似值。

在牛顿法迭代中要求 $H(x^k)$ 可逆。由于函数 $f(x)$ 是由二次函数近似的，所以如果 $f(x)$ 形状与二次函数比较接近，则采用牛顿法可以很快收敛。特别地，如果 $f(x)$ 本身就是正定二次函数，则 $\varphi(x)$ 与 $f(x)$ 一致，从任何点出发只需经过一次迭代，即可求得极小点 x^*。

2）计算步骤

1° 取初始点 x^0，置 $k=0$。

2° 计算 $\nabla f(x^k)$。

3° 若 $\|\nabla f(x^k)\|<\varepsilon$，停止迭代，$x^*\approx x^k$；否则计算 $H(x^k)$，令 $P_k=-H(x^k)^{-1}\nabla f(x^k)$。

4° 置 $x^{k+1}=x^k+p^k$，$k=k+1$，转 2°。

例 4 用牛顿法求 $\min f(x)=x_1^2+2x_2^2-4x_1-2x_1x_2$，设 $x^0=(1,1)^T$。

解 $\nabla f(x^0)=(2x_1-4-2x_2,4x_2-2x_1)^T\Big|_{\substack{x^1=1\\x^2=1}}=(-4,2)^T$

$$H(x^0)=\begin{pmatrix}2 & -2\\-2 & 4\end{pmatrix},\quad H(x^0)^{-1}=\frac{1}{2}\begin{pmatrix}2 & 1\\1 & 1\end{pmatrix}$$

$$x^1=x^0-\frac{1}{2}\begin{pmatrix}2 & 1\\1 & 1\end{pmatrix}\begin{pmatrix}-4\\2\end{pmatrix}=\begin{pmatrix}1\\1\end{pmatrix}-\begin{pmatrix}-3\\-1\end{pmatrix}=\begin{pmatrix}4\\2\end{pmatrix}$$

因为 $\|\nabla f(x^1)\|=\sqrt{(8-4-4)^2+(4\times 2-2\times 4)^2}=0$，所以 $x^1=\begin{pmatrix}4\\2\end{pmatrix}$ 就是全局极小点。

注：（1）牛顿法虽然收敛速度快，但是如果初始点选择不当，可能会出现 $f(x^{k+1})>f(x^k)$、$\{x^k\}$ 不收敛或收敛不到 $f(x)$ 极小点的情形。

（2）牛顿法的主要缺点是计算太复杂，要计算 $H(x^k)$ 及其逆阵。当变量维数 n 较高时，所需的存贮量和计算时间成 n^2 倍增长，因此当 n 较大时牛顿法几乎不能使用。

（3）但有些实践中认为非常成功的方法是在它的基础上修改而成的，所以讨论牛顿法是必要的。

6.3.3 共轭梯度法

共轭梯度法是介于最速下降法与牛顿法之间的一种算法。这种算法是基于这样一种想法而提出来的：既要加速最速下降法所引起的慢收敛性，又要避免牛顿法所涉及的 H 矩阵计算存贮及求逆。共轭梯度法是针对二次问题 $\min\left(\frac{1}{2}x^TQx-b^Tx\right)$ 提出的，可以把这种方法推广到更一般的问题。这是一种适用效果好、用途广的方法。

1）共轭方向

定义 6.6 两个方向 $x \in E_n$，$y \in E_n$ 被称为关于 $n \times n$ 的对称正定矩阵 Q 的共轭方向，如果

$$x^T Q y = 0$$

当 $Q=I$ 时，x 与 y 正交，所以共轭可认为是正交的推广。

如果对所有 $i \neq j$，有 $P_i^T Q P_j = 0$，则称 $P_1 P_2 \cdots P_n$ 为 Q 共轭 n 维非零向量，则此向量组必线性无关。

证明 设 $P_1 P_2 \cdots P_n$ 有线性关系，即

$$\alpha_1 P_1 + \alpha_2 P_2 + \cdots + \alpha_n P_n = 0$$

对 $i=1, \cdots, n$，用 $P_i^T Q$ 左乘上式得

$$\alpha_j P_i^T Q P_j = 0, \quad j \neq i$$

又因为 $P_i^T Q P_i \neq 0$，所以 $\alpha_i = 0$，$i=1,2,\cdots,n$。

证毕。

2）共轭梯度法

设二次函数

$$f(x) = b^T x + \frac{1}{2} x^T Q x$$

其中 Q 为 $n \times n$ 正定矩阵，$P_1 P_2 \cdots P_n$ 为任意一组 Q 共轭向量，则由任意 x^1 出发按如下迭代格式至多 n 步必收敛。

$$\min_\lambda f(x^k + \lambda P_k) = f(x^k + \lambda_k P_k)$$

$$x^{k+1} = x^k + \lambda_k P_k$$

（证明略）。

由于这一特性，对于二次凸函数 $f(x)$，只要迭代中构造一组 Q 共轭向量作为搜索方向，就可求出 $f(x)$ 的极小点。

令任意初始点 x^1，取 $P_1 = -\nabla f(x^1)$，由

$$\min_\lambda f(x^1 + \lambda P_1) = f(x^1 + \lambda_1 P_1)$$

令 $\quad x^2 = x^1 + \lambda_1 P_1$

则 $\quad -\nabla f(x^2)^T P_1 = \nabla f(x^2)^T \nabla f(x^1) = 0$

$$\frac{df(x^1 + \lambda P_1)}{d\lambda} = \nabla f(x^1 + \lambda P_1)^T P_1$$

令 $P_2 = -\nabla f(x^2) + V_1 P_1$，与 P_1, Q 共轭。

则 $\quad P_2^T Q P_1 = \left[-\nabla f(x^2) + V_1 P_1 \right]^T Q P_1 = 0$

即
$$V_1 = \frac{\nabla f(x^2)^T Q P_1}{P_1^T Q P_1}$$

对于二次函数

$$f(x) = f(x^k) + \nabla f(x^k)^T(x-x^k) + \frac{1}{2}(x-x^k)^T H(x^k)(x-x^k)$$

$$\nabla f(x) = \nabla f(x^k) + H(x^k)(x-x^k)$$

所以 $\nabla f(x^2) - \nabla f(x^1) = Q(x^2 - x^1) = Q\lambda_1 P_1$

因此 $V_1 = \dfrac{\nabla f(x^2)^T Q P_1}{P_1^T Q P_1} = \dfrac{\nabla f(x^2)^T}{P_1^T Q P_1} = \dfrac{\nabla f(x^2)^T \nabla f(x^2)}{P_1^T(\nabla f(x^2) - \nabla f(x^1))} = \dfrac{\left\|\nabla f(x^2)\right\|^2}{\left\|\nabla f(x^1)\right\|^2}$

对 x^2 点继续寻优，将 x^1 代之以 x^2，P_1 代之以 P_2，λ_1 代之以 λ_2，求得 x^3 点进而求得 V_2，P_3。如此重复上述过程，直至 $\nabla f(x^i) = 0$。

可以证明对二次函数，$P_1, P_2, \cdots, P_n$ 是 Q 共轭的，在 n 步内总和收敛。

由于计算中不显含 Q 矩阵，所以此法可推广到一般目标函数，在某些假设下，该方法也是收敛的。这个方法结构简单、存贮量小。

一般而言，共轭梯度法在二次性极强区域使目标收敛性较好，而最速下降法在非二次性区域能使目标下降较快。因此在计算开始时用最速下降法进行搜索，到函数有较好的二次性，最速下降法收敛变慢时，再采用共轭梯度法效果较好。

共轭梯度法的迭代步骤如下：

1° 取初始点 $x^1 \in E^n$，$\varepsilon > 0$。

2° 检验 $\left\|\nabla f(x^1)\right\| \leqslant \varepsilon$，若满足，取 $x^* = x^1$，计算停止；否则转 3°。

3° 令 $P_1 = -\nabla f(x^1)$，$k = 1$。

4° 求 $\min\limits_{\lambda} f(x^k + \lambda P_k) = f(x^k + \lambda_k P_k)$。

5° 令 $x^{k+1} = x^k + \lambda_k P_k$。

6° 检验 $\left\|\nabla f(x^{k+1})\right\| \leqslant \varepsilon$，若满足，令 $x^* = x^{k+1}$，计算停止；否则转 7°。

7° 判别 $k=n$ 成立与否，若 $k=n$，则令 $x_1 = x^{n+1}$，转 3°，否则计算

$$V_k = \frac{\left\|f(x^{k+1})\right\|^2}{\left\|\nabla f(x^k)\right\|^2}, \quad \text{令 } P_{k+1} = -\nabla f(x^{k+1}) + V_k P_k。$$

若 $f(x)$ 是非二次函数，计算 V_k 时可以增加修正项，即

$$V_k = \frac{\left\|\nabla f(x^{k+1})\right\|^2 - \nabla f(x^k)^T \nabla f(x^{k+1})}{\left\|\nabla f(x^k)\right\|^2}$$

令 $k = k+1$，转 4°。

例 5 用共轭梯度法求 $\min f(x) = x_1^2 + 2x_2^2 - 4x_1 - 2x_1 x_2$，取 $x^1 = (1,1)^T$ 为初始点。

解 $\nabla f(x) = (2x_1 - 4 - 2x_2, 4x_2 - 2x_1)^T$

$$\nabla f(x^1) = (2x_1 - 4 - 2x_2, 4x_2 - 2x_1)^T |(1,1) = (-4, 2)^T = \begin{pmatrix} -4 \\ 2 \end{pmatrix}$$

令 $P_1 = -\nabla f(x^1) = \begin{pmatrix} 4 \\ -2 \end{pmatrix}$, $\|\nabla f(x^1)\|^2 = 20$

求

$$\min_\lambda f(x^1 + \lambda(4,-2)^T) = \min_\lambda f\left(\begin{pmatrix} 1 \\ 1 \end{pmatrix} + \begin{pmatrix} 4\lambda \\ -2\lambda \end{pmatrix}\right)$$
$$= \min_\lambda \begin{pmatrix} 1+4\lambda \\ 1-2\lambda \end{pmatrix} = \min_\lambda \{(1+4\lambda)^2 + 2(1-2\lambda)^2 - 4(1+4\lambda) - 2(1+4\lambda)(1-2\lambda)\}$$
$$= \min_\lambda \{40\lambda^2 - 20\lambda - 3\}$$

解得 $\lambda_1 = \frac{1}{4}$。

令 $x^2 = x^1 + \lambda_1 \begin{pmatrix} 4 \\ -2 \end{pmatrix} = \begin{pmatrix} 1 \\ 1 \end{pmatrix} + \frac{1}{4}\begin{pmatrix} 4 \\ -2 \end{pmatrix} = \begin{pmatrix} 2 \\ \frac{1}{2} \end{pmatrix}$

则 $\nabla f(x^2) = \left(2 \times 2 - 4 - 2 \times \frac{1}{2}, 4 \times \frac{1}{2} - 2 \times 2\right)^T = \begin{pmatrix} -1 \\ -1 \end{pmatrix}$, $\|\nabla f(x^2)\|^2 = 5$

取 $V_1 = \frac{\|\nabla f(x^2)\|^2}{\|\nabla f(x^1)\|^2} = \frac{5}{20} = \frac{1}{4}$

$P_2 = -\nabla f(x^2) + V_1 P_1 = \begin{pmatrix} 1 \\ 2 \end{pmatrix} + \frac{1}{4}\begin{pmatrix} 4 \\ -2 \end{pmatrix} = \begin{pmatrix} 2 \\ \frac{3}{2} \end{pmatrix}$

求

$$\min_\lambda f(x^2 + \lambda(2, 3/2)^T) = \min_\lambda f\begin{pmatrix} 2+2\lambda \\ \frac{1}{2} + \frac{3}{2}\lambda \end{pmatrix}$$
$$= \min_\lambda \left[(2+2\lambda)^2 + 2\left(\frac{1}{2} + \frac{3}{2}\lambda\right)^2 - 4(2+2\lambda) - 2(2+2\lambda)\left(\frac{1}{2} + \frac{3}{2}\lambda\right)\right]$$
$$= \min_\lambda \left[\left(4 + \frac{9}{2} - 6\right)\lambda^2 + (8 + 3 - 8 - 8)\lambda + -\frac{11}{2}\right]$$

解得 $\lambda_2 = 1$。

令 $x^3 = x^2 + \lambda_2 \begin{pmatrix} 2 \\ \frac{3}{2} \end{pmatrix} = \begin{pmatrix} 2 \\ \frac{1}{2} \end{pmatrix} + \begin{pmatrix} 2 \\ \frac{3}{2} \end{pmatrix} = \begin{pmatrix} 4 \\ 2 \end{pmatrix}$

则 $\nabla f(x^3) = (2 \times 4 - 4 - 2 \times 2, 4 \times 2 - 2 \times 4)^T = \begin{pmatrix} 0 \\ 0 \end{pmatrix}$

计算停止，已得最优解：

$$x^* = \begin{pmatrix} x_1 \\ x_2 \end{pmatrix} = \begin{pmatrix} 4 \\ 2 \end{pmatrix}$$

6.3.4 坐标轮换法

前面介绍的两种解析法在求解过程中要应用到目标函数的导数,下面将介绍不用导数的直接搜索法。这类方法由目标函数值比较求得最优解,算法简单,对函数要求很少(可以不连续,不可导),但收敛速度不及解析法快。

坐标轮换法的基本思想:把从某 x^1 出发求 $f(x)$ 极小值问题转化为一系列沿坐标方向的一维优化问题。该方法分成两种,一是使用一维搜索的坐标轮换法,二是定步长探测的坐标轮换法。

1)使用一维搜索的坐标轮换法

设初始点为 x^0,由 x^0 按第一个坐标轴方向 $e_1 = (1\ 0\cdots 0)^T$ 求最优解得 x^1 点,即

$$\min f(x^0 + \lambda e_1) = f(x^0 + \lambda_1 e_1)$$

令 $x^1 = x^0 + \lambda_1 e_1$,然后以 x^1 为出发点,按第二个坐标轴方向 $e^2 = (0\ 1\cdots 0)^T$ 求最优解得 x^2 点,如此下去,一直到按第 n 个坐标轴方向 e_n 求得 x^n,即

$$\min f(x^{n-1} + \lambda e_n) = f(x^{n-1} + \lambda_n e_n)$$

令 $x^n = x^{n-1} + \lambda_n e_n$,此时若 $\|x^n - x^1\| \leqslant \varepsilon$ 停止,取 $x^0 = x^n$,否则再以 x^n 为 x^0 重复上述步骤(步骤与框图略)。

2)定步长探测的坐标轮换法

定步长探测的坐标轮换法与前一种方法的差别在于:从 x^{k-1} 求 x^k 的过程不使用一维搜索方法,而是按指定步长 h 沿第 k 个坐标方向探测。

如果 $x^k = x^{k-1} + he_k < f(x^{k-1})$,则令 $x^k = x^{k-1} + he_k$,否则再沿 e_k 的反方向以 h 为步长探测。

从 x^0 出发沿 n 个坐标方向都探测完毕时得 x^n,如果 $f(x^n) < f(x^0)$,则称这一轮探测成功,以 x^n 代之 x^0 进行下一轮探测;如果 $x^0 = x^n$ 说明探测失败,缩短步长为 $h = \beta h \left(\beta = \dfrac{1}{2} \right)$ 再从 x^0 开始进行探测。

当步长因子 $h < \varepsilon$ 时,停止计算,以 x^0 为 x^* 的近似值。

定步长探测的坐标轮换法的计算步骤是:

1° 给定初始点 x^0,精度要求 $\varepsilon > 0$,步长因子 h,收缩因子 $\beta < 1$,置 $k = 1$。

2° 令 $x^k = x^{k-1} + he_k$,计算 $f(x^k)$,若 $f(x^k) < f(x^{k-1})$,则转 4°;否则,转 3°。

3° 令 $x^k = x^{k-1} - he_k$,计算 $f(x^k)$,若 $f(x^k) < f(x^{k-1})$,则转 4°;否则,取 $x^k = x^{k-1}$,转 4°。

4° 如果 $k < n$,置 $k = k+1$,转 2°;如果 $k = n$,若 $f(x^n) < f(x^0)$,置 $x^0 = x^n$,$k = 1$,转 2°;否则,转 5°。

5° 若 $h < \varepsilon$,令 $x^* = x^0$,输出 x^* 及 $f(x^*)$,计算停止;否则,置 $h = \beta h$,$k = 1$,转 2°。

坐标轮换法还可作其他形式的发展和改进,比如每一轮完成时可沿 $x^n - x^0$ 方向进行一维搜索,然后再进行坐标轮换法。

6.3.5 单纯形法

n 维空间单纯形是由 $n+1$ 个顶点所构成的超多面体,如二维空间的三角形、三维空间的四面体等都是单纯形,如果单纯形的各棱长相等则称为正规单纯形。

1）基本思想

在 n 维空间取 $n+1$ 个点构成初始单纯形，比较这 $n+1$ 个点的函数值大小，丢弃最坏的点（函数值最大）代之以新的点，构成新的单纯形。反复迭代，使顶点处函数值逐步下降，逼近函数的极小点。

现以二维空间为例，求 $\min f(x)$。

先取初始单纯形，一般取正三角形。设顶点是 x^1, x^2, x^3，比较函数值大小。

$$f(x^h) = \max\{f(x^i)|i=1,2,3\}$$
$$f(x^l) = \min\{f(x^i)|i=1,2,3\}$$
$$f(x^g) = \max\{f(x^i)|i \neq h\}$$

即 $\qquad f(x^h) > f(x^g) > f(x^l)$

x^h 是最高点，x^g 是次最高点，x^l 是最低点，找出不含 x^h 的其余点的重心，记为 x^{n+2}，求 x^h 关于质心 x^{n+2} 的对称点 x^{n+3}。

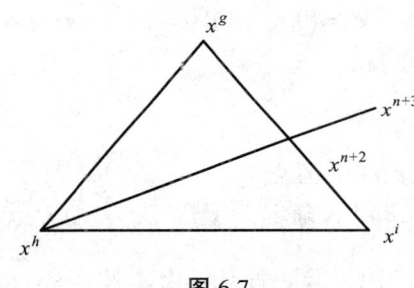

图 6.7

1. 如果 $f(x^{n+3}) < f(x^l)$，则说明从 x^{n+2} 到 x^{n+3} 方向函数有可能下降较快，因此在该方向扩张，再扩大一步得 x^{n+4}；如果 $f(x^{n+4}) < f(x^l)$，则用 x^{n+4} 代替 x^h 形成新单纯形，否则以 x^{n+3} 代 x^h 形成新单纯形，即

$$f(x^h) > f(x^g) > f(x^l) \Rightarrow f(x^g) > f(x^l) > f(x^{n+3}) \text{ 或 } f(x^g) > f(x^l) > f(x^{n+4})$$

2. 如果 $f(x^l) \leqslant f(x^{n+3}) \leqslant f(x^g)$，则以 x^{n+3} 代 x^h 形成新单纯形。

3. 如果 $f(x^g) \leqslant f(x^{n+3}) < f(x^h)$，则从 x^{n+3} 退回，并进行压缩取 x^{n+5} 为 x^{n+2} 和 x^{n+3} 的中点；如果 $f(x^{n+1}) < f(x^h)$，则用 x^{n+5} 代 x^h 形成新单纯形。

4. 如果 $f(x^h) \leqslant f(x^{n+3})$，则从 x^{n+2} 退回，取压缩点为 x^{n+6}；如果 $f(x^{n+6}) < f(x^h)$，则以 x^{n+6} 代 x^h。

5. 如果 $f(x^h) \leqslant f(x^{n+5})$ 或 $f(x^h) \leqslant f(x^{n+6})$，则缩小单纯形，将单纯形的各棱向最低点 x^l 缩短一半形成新单纯形。

形成新单纯形后，重复以上过程反复迭代，直至单纯形最大边长小于给定精度为止。通过反复迭代，可得到一系列单纯形 $s^{(k)}$。随着 k 的增大，顶点函数值逐步下降，逐步逼近最低点。这个方法可推广到一般 n 维问题。

2）初始单纯形选取

任取 $x^1 = (a_1, a_2, \cdots, a_n)^T$，则其余顶点为

$$x^2 = (a_1+d_1, a_2+d_2, \cdots, a_n+d_2)^\mathrm{T}$$
$$x^3 = (a_1+d_2, a_2+d_1, \cdots, a_n+d_2)^\mathrm{T}$$
$$\cdots\cdots\cdots\cdots$$
$$x^{n+1} = (a_1+d_2, a_2+d_2, \cdots, a_n+d_1)^\mathrm{T}$$

令
$$\begin{cases} \|x^i - x^1\|^2 = d_1^2 + (n-1)d_2^2 = a^2, \quad i=2,3,\cdots,n+1 \\ \|x^i - x^j\|^2 = 2(d^2 - d^1)^2 = a^2, \quad i \neq j, \text{且 } i, j = 2,3,\cdots,n+1 \end{cases}$$

得
$$d_1 = \frac{\sqrt{n+1}+n-1}{\sqrt{2}n}a, \quad d_2 = \frac{\sqrt{n+1}-1}{\sqrt{2}n}a$$

这样 $n+1$ 个点构成棱长为 a 的正规单纯形。

另一种取法
$$x^1 = (a_1 \cdots a_n)^\mathrm{T} \qquad e^i = (0,1,\cdots,0)^\mathrm{T} (i=1,2,\cdots,n)$$
$$x^{i+1} = x^1 + ae^i$$

但形成的不是正规单纯形。

3）计算步骤

1° 取初始单纯形 S^1，给定 $\varepsilon > 0$，置 $k=1$。

2° 计算 $f(x^{(i)})$，$i=1,2,\cdots,n+1$，确定 x^h, x^g, x^l 及 f_h, f_g, f_l。

3° 如果 $\frac{1}{n+1}\{\sum_{i=1}^{n+1}[f(x^i)-f(x^l)]^2\}^{\frac{1}{2}} < \varepsilon$，计算停止，取 $x^* = x^l$；否则，转 4°。

4° 求质心 $x^{(n+2)} = \frac{1}{n}(\sum_{i=1}^{n+1} x^i - x^b)$。

5° 反射。求 x^b 关于 x^{n+2} 的反射点 x^{n+3}。令 $x^{n+3} = x^{n+2} + \alpha(x^{n+2} - x^b)$，反射系数 $\alpha > 0$，如果 $f(x^{n+3}) < f(x^l)$，转 6°；否则，转 7°。

6° 扩张。在 x^{n+2} 到 x^{n+3} 方向上再跨一步得扩张点 x^{n+4}，令 $x^{n+4} = x^{n+2} + r(x^{n+3} - x^{n+2})$，其中扩张系数 $r > 1$。如果 $f(x^{n+4}) < f_l$，则以 x^{n+4} 代替 x^b 构成新单纯形 S^{k+1}，令 $k=k+1$，转 2°；否则用 x^{n+2} 代替 x^b 构成单纯形 S^{k+1}，令 $k=k+1$，转 2°。

7° 如果 $f_l \leqslant f(x^{n+3}) \leqslant f_g$，则用 x^{n+3} 代替 x^b 构成新单纯形 S^{k+1}，令 $k=k+1$，转 2°；否则，转 8°。

8° 压缩。如果 $f_g \leqslant f(x^{n+3}) \leqslant f_b$，则从 x^{n+3} 退回，取压缩点 x^{n+5}：$x^{n+5} = x^{n+2} + \beta(x^{n+3} - x^{n+2})$，$0 < \beta < 1$，转 9°；否则，转 10°。

9° 如果 $f(x^{n+5}) < f_b$，则以 x^{n+5} 代 x^b 构成新单纯形 S^{k+1}，令 $k=k+1$，转 2°；否则，转 11°。

10° 如果 $f(x^{n+3}) \geqslant f_h$，则从 x^{n+2} 退回，取压缩点 x^{n+6}：$x^{n+6} = x^{n+2} + \beta(x^b - x^{n+2})$。如果 $f(x^{n+6}) < f_h$，则以 x^{n+6} 代 x^b，令 $k=k+1$，转 2°；否则，转 11°。

11° 缩小单纯形。将向量 $x^i - x^l$ 向着 x^l 缩短一半，令 $x^i = \frac{1}{2}(x^i + x^l)$ $(i=1,2,\cdots,n+1)$，令 $k=k+1$，转 2°。

说明：一般地，$\alpha=1$，$\beta=0.5$，$r=2$。

6.4 约束最优化

约束最优化的一般形式是

$$\min f(x)$$
$$\text{s.t.} \begin{cases} g_i(x) \leq 0, & i=1,2,\cdots,m \\ h_j(x) = 0, & j=1,2,\cdots,l \end{cases}$$

问题的可行域记为 D，最优解记为 x^*。求解约束最优化问题，一般将非线性规划转化成一系列线性规划来求解，或者将其转化为无约束极值问题而加以求解。

6.4.1 用线性规划逼近非线性规划（近似规划法）

线性规划已有成功的解法。将非线性规划问题转化为一系列线性规划问题，用它们的解来逼近非线性规划的最优解，这是求解非线性规划的主要途径之一。

假设已求得问题的近似解 x^k，在 x^k 处分别作 $f(x)$，$g_i(x)$，$h_j(x)$ 的泰勒展开式并略去二次以上项得近似规划：

$$\min\ (f(x^k)+(x-x^k)^{\mathrm{T}}\nabla f(x^k))$$
$$\text{s.t.} \begin{cases} g_i(x^k)+(x-x^k)^{\mathrm{T}}\nabla g_i(x^k) \leq 0, & i=1,2,\cdots,m \\ h_j(x^k)+(x-x^k)^{\mathrm{T}}\nabla h_j(x^k) = 0, & j=1,2,\cdots,l \end{cases}$$

求得最优解 x^{k+1}，如果 x^{k+1} 可行且 $\|x^{k+1}-x^k\|<\varepsilon$，则以 x^{k+1} 作为原问题最优解，否则重复以上步骤，直至 $\|x^{k+1}-x^k\|<\varepsilon$ 为止。

注意：求解近似规划的最优解 x^{k+1}，可能会出现 x^{k+1} 不是原问题可行解的情况，这是由于线性展开式只有在展开点 x^k 邻近才能逼近原函数，为此对变量范围要加以限制，增加约束

$$|x_j - x_j^k| \leq \delta_j^{(k)}, \quad \varepsilon_j^{(k)} > 0, \quad j=1,2,\cdots,n$$

如果求出最优解，仍不是可行解，则缩小 $\delta_j^{(k)}$ 重求线性规划。

近似规划法的计算步骤是：

1° 给出原问题的一个初始可行解 $x^{(0)}$，常数 $\alpha(0<\alpha<1)$，初始步长界限 $\delta_j^{(0)}>0$ ($j=1,2,\cdots,n$)，精度要求 $\varepsilon_1,\varepsilon_2>0$，置 $k=0$。

2° 建立原规划在 x^k 的处线性近似规划。

3° 求解近似规划，设其最优解为 $\bar{x}$。

4° 如果 $\bar{x} \in D$，则令 $x^{k+1}=\bar{x}$，转 5°；否则令 $\delta_j^{(k+1)}=\alpha\delta_j^{(k)}$ ($0<\alpha<1$)，$j=1,2,\cdots,n$，转 3°。

5° 如果 $|f(x^{k+1})-f(x^k)|<\varepsilon_1$，且 $\|x^{k+1}-x^k\|<\varepsilon_2$，则取 $x^*=x^{k+1}$，停止计算；否则，令 $\delta_j^{(k+1)}=\delta_j^{(k)}$，$k=k+1$，转 2°。

例6 求解

$$\min f(x) = x_1^2 + x_2^2 - 16x_1 - 10x_2$$

$$\text{s.t.} \begin{cases} g_1(x) = x_1^2 - 6x_1 + 4x_2 - 11 \leq 0 \\ g_2(x) = e^{x_1-3} - x_1 x_2 + 3x_2 - 1 \leq 0 \\ g_3(x) = -x_1 + 3 \leq 0 \\ g_4(x) = -x_2 \leq 0 \end{cases}$$

解 取初始点 $x^0 = (4,3)^T \in D$,$\varepsilon = 0.01$,$\delta_j^{(0)} = 0.5$,$\alpha = 0.8$,得

$$\min f(x) = -8x_1 - 4x_2 - 25$$

$$\text{s.t.} \begin{cases} 2x_1 + 4x_2 - 27 \leq 0 \\ -0.28x_1 - x_2 + 2.84 \leq 0 \\ -x_1 + 3 \leq 0 \\ -x_2 \leq 0 \\ |x_1 - 4| - 0.5 \leq 0 \\ |x_2 - 3| - 0.5 \leq 0 \end{cases}$$

得最优解 $\bar{x} = (4.5, 3.5)^T$,经检验 $\bar{x} \in D$,取 $x^1 = \bar{x}$。

因精度不满足要求,令 $\delta_j^{(1)} = 0.8\delta_j^{(0)}$,将原问题在 x^1 处近似展开

$$\min f(x) = 7x_1 - 5x_2 - 36$$

$$\text{s.t.} \begin{cases} 3x_1 + 3x_2 - 31.4 \leq 0 \\ 1.98x_1 - 1.5x_2 - 5.42 \leq 0 \\ -x_1 + 3 \leq 0 \\ -x_2 \leq 0 \\ |x_1 - 4.5| - 0.4 \leq 0 \\ |x_2 - 3.5| - 0.4 \leq 0 \end{cases}$$

得最优解 $\bar{x} = (4.9, 2.9)^T \in D$。令 $x^2 = \bar{x}$,检验精度要求,继续迭代,直至满足要求为止。该方法适用于约束中只有少量非线性约束的情况。

6.4.2 惩罚函数法

求解非线性规划的另一种基本做法是将它转化为一个或一系列无约束问题,用这一系列无约束问题最优解去逼近原问题最优解。

1)外点法

考虑问题

$$\min f(x)$$
$$x \in D,\ D \text{ 是可行域}$$

外点法的思路是用一个形如 $\min F(X, \mu) = f(x) + \mu P(x)$ 的无约束极值问题来代替原问题。其中 μ 是一个正常数,$P(x)$ 满足:

1° 连续。
2° 对所有 $x \in E$，$P(x) \geq 0$。
3° 当且仅当 $x \in D$ 时，$P(x) = 0$。

由 $P(x)$ 条件可以看出，对于常数 μ，如果极值点 $x^*(\mu)$ 不属于 D，则 $P(x) \neq 0$，通过加大 μ 使得那些 $\bar{x} \in D$ 的点对应 $F(X,\mu)$ 值很大，如果 μ 足够大，则可以使 $F(X,\mu)$ 的极小点落在 D 之中，而一旦 $F(X,\mu)$ 的极小点落在 D 之中，则该点也是原问题的最小点。

称 $P(x)$ 为罚函数，μ 为罚因子。

惩罚函数求法：

1. 设问题为

$$\min f(x)$$
$$\text{s.t. } h_j(x) = 0, \quad j = 1, 2, \cdots, t$$

令 $p(x) = \sum_{i=1}^{t}[h_i(x)]^2$，无约束极值为 $\min\{f(x) + \mu \sum_{i}[h_i(x)]^2\}$。

2. 设问题为

$$\min f(x)$$
$$\text{s.t. } g_i(x) \geq 0, \ i = 1, 2, \cdots, m$$

令 $P(x) = \sum_{i=1}^{m}[\min(0, g_i(x))]^2$，无约束极值为 $\min\{f(x) + \mu \sum_{i=1}^{m}[\min\{0, g_i(x)\}]^2\}$。

由以上可知，对于某个 μ，如果 $F(X,\mu)$ 的极小点落在可行域上，则该点即原问题极小点。我们取一系列 μ 值，$\mu_1 < \mu_2 < \cdots \mu_k < \cdots$，使相应的 $F(X,\mu_k)$ 极小点 $x^k(\mu_k)$ 不断靠近可行域，一旦 $x^k \in D$，则该点就是原问题的极小点。由于该算法是从可行域外部逐步逼近可行域上最小点，所以称外点法。

外点法的计算步骤是：

1° 取初始点 $x^{(0)}$，精度 $\varepsilon > 0$，$\mu_1 > 0$ 及 $\rho > 0$，置 $k = 1$。

2° 以 x^{k-1} 为初始点，求 $\min F(X,\mu) = \min\{f(x) + \mu_k p(x)\}$，最优解记为 $x^k(\mu_k)$。

3° 如果对所有 i, j 都有

$$\begin{cases} g_i(x^k) > -\varepsilon, \ i = 1, 2, \cdots, m \\ |h_j(x^k)| < \varepsilon, \ j = 1, 2, \cdots, l \end{cases} \text{（可行）}$$

或满足 $\mu_k p(x^k) < \varepsilon$，则停止计算，$x^* = x^k(\mu_k)$；否则，转 4°。

4° 取 $\mu_{k+1} = \rho \mu_k$，以 $x^k(\mu_k)$ 为初始点，置 $k = k+1$，转 2°。

例 7 求解

$$\min f(x) = (x_1 - 2)^4 + (x_1 - 2x_2)^2$$
$$\text{s.t. } x_1^2 - x_2 = 0$$

解 取初始点 $(2,1)^T = x^0$，$\mu_1 = 0.1$，$\rho = 10$，$\varepsilon = 0.001$，置 $k = 1$。

求 $\min\{(x_1 - 2)^4 + (x_1 - 2x_2)^2 + 0.1(x_1^2 - x_2)^2\}$ 得极小点 $x^1 = (1.4539, 0.7608)^T$。

迭代结果如表 6.2 所示。

表 6.2

迭代次数	μ_k	$x^k(\mu_k)$	$\mu_k P(x^k)$
1	0.1	(1.4539, 0.7608)	0.1837
2	1.0	(1.1687, 0.7407)	0.3908
3	10	(0.9906, 0.8425)	0.1926
4	100	(0.9507, 0.8875)	0.0267
5	1000	(0.946 11, 0.893 44)	0.0028

2）内点法

它的基本思想是从原问题的一个可行点出发，在可行域边界建立一个障碍函数 $q(x)$，阻挡可行点离开可行域，从而使得始终在可行域内部迭代逐渐逼近约束最优解。

对于问题

$$\min f(x)$$
$$\text{s.t.} \ g_i(x) \geq 0 \quad i=1,2,\cdots,m$$

可构造 $q(x) = r\sum_{i=1}^{m}\dfrac{1}{g_i(x)}$，将问题变为 $\min\{f(x)+q(x)\}$，其中 $r>0$。

当 x 从可行域 D 的内部趋于边界时，至少有一个约束由小于零而趋于零，使得 $q(x)$ 趋于正无穷大。

内点法的计算步骤是：

1° 选取初始点 $x^0 \in D$，给定 $\varepsilon > 0$，$r_1 > 0$，缩小系数 $0 < c < 1$，置 $k=1$。

2° 以 x^{k-1} 为初始点，求 $\min\left\{f(x)+r_k\sum_{i=1}^{m}\dfrac{1}{g_i(x)}\right\}$，得极小点 $x^k(r_k)$。

3° 如果 $r_k\sum\dfrac{1}{g_i(x^k)} < \varepsilon$，则 x^k 就是原问题最优解，停止计算；否则，转 4°。

4° 令 $r_{k+1} = cr_k$，置 $k=k+1$，转 2°。

例 8 用内点法求解

$$\min f(x) = (x_1-2)^4 + (x_1-2x_2)^2$$
$$\text{s.t.} \ x_1^2 - x_2 \leq 0$$

解 设初始点 $x^0 = \begin{pmatrix} 0 \\ 1 \end{pmatrix}$，$r_1 = 10$，$c = 0.1$，$\varepsilon = 0.1$。

计算结果如表 6.3 所示。

表 6.3

迭代次数 k	r_k	$x^k(r_k)$	$r_k\sum\dfrac{1}{g_i(x^k)}$
1	10	(0.7079, 1.5315)	9.705
2	1	(0.8282, 1.1098)	2.3691

迭代次数 k	r_k	$x^k(r_k)$	$r_k \sum \dfrac{1}{g_i(x^k)}$
3	0.1	(0.8989, 0.9638)	0.6419
4	0.01	(0.9294, 0.9162)	0.1908
5	0.001	(0.9403, 0.9011)	0.0590
6	0.0001	(0.943 89, 0.896 35)	0.0184

课后习题

1. 用切线法求解下列非线性规划问题

（1）$\min f(x) = \min\left(\dfrac{1}{4}x^4 - \dfrac{2}{3}x^3 - 2x^2 - 7x + 8\right)$，取 $\varepsilon = 0.05$。
s.t. $x \in [3, 4]$

（2）$\min f(x) = e^x - 5x$，取 $\varepsilon = 0.01$。
s.t. $x \in [1, 2]$

2. 用 0.618 法求解下列非线性规划问题

（1）$\min f(x) = e^x - 5x$，取 $\varepsilon = 0.1$。
s.t. $x \in [1, 2]$

（2）$\min f(x) = x^2$，取 $\varepsilon = 0.8$。
s.t. $x \in [-1, 2]$

3. 用牛顿法求解下列非线性规划问题

（1）$\min f(x) = x_1^2 + 25x_2^2$，$x^0 = \begin{pmatrix} 2 \\ 2 \end{pmatrix}$，$\varepsilon = 0.01$。

（2）$\min f(x) = x_1^2 + x_2^2 - 4x_1 - 2x_2$，$x^0 = \begin{pmatrix} 1 \\ 1 \end{pmatrix}$，$\varepsilon = 0.01$。

4. 用最速下降法求解下列非线性规划问题

$\min f(x) = (x_1 - 1)^2 + (x_2 - 1)^2$，初始点 $x^0 = \begin{pmatrix} 3 \\ 3 \end{pmatrix}$，$\varepsilon = 0.01$。

5. 用共轭梯度法求解下列非线性规划问题

（1）$\min f(x) = x_1^2 + x_2^2 - 4x_1 - 2x_2$，$x^1 = \begin{pmatrix} 1 \\ 1 \end{pmatrix}$，$\varepsilon = 0.01$。

（2）$\min f(x) = \dfrac{1}{3}x_1^2 + \dfrac{1}{2}x_2^2$，$x^1 = \begin{pmatrix} 3 \\ 2 \end{pmatrix}$，$\varepsilon = 0.01$。

6. 用一维搜索坐标轮换法求解下列非线性规划问题

（1）$\min f(x) = x_1^2 + 2x_2^2$，$x^0 = \begin{pmatrix} 1 \\ 1 \end{pmatrix}$，$\varepsilon = 0.01$。

（2）$\min f(x) = x_1^2 + x_2^2 - 4x_1 - 2x_2$，$x^0 = \begin{pmatrix} 1 \\ 1 \end{pmatrix}$，$\varepsilon = 0.01$。

7. 用近似规划求解如下问题的第二次近似解

$$\min f(x) = -2x_1 - x_2$$
$$\text{s.t.} \begin{cases} x_1^2 + x_2^2 \leqslant 25 \\ x_1^2 - x_2^2 \leqslant 7 \end{cases}$$
$$x^0 = \begin{pmatrix} 2 \\ 2 \end{pmatrix}, \quad \delta_1^{(1)} = 1$$

8. 用外点法求解如下非线性规划问题

$$\min f(x) = x_1^2 + 2x_2^2$$
$$\text{s.t.} \begin{cases} x_1 + x_2 \geqslant 1 \\ \varepsilon = 0.01 \end{cases}$$

9. 用内部惩罚函数法求解如下问题的第三次近似解

$$\min f(x) = x_1^2 + x_2^2 - 10x_1 - 6x_2$$
$$\text{s.t.} \begin{cases} x_1 + x_2 \leqslant 3 \\ -x_1 + x_2 \leqslant 4 \end{cases}$$
$$x_0 = \begin{pmatrix} 0 \\ 0 \end{pmatrix}, \quad r_1 = 1, \quad r_2 = 0.1, \quad r_3 = 0.01$$

7 多目标规划

7.1 多目标规划问题

前面讨论的线性规划、非线性规划都涉及一个目标函数，称单目标数学规划。但在实际生活中所遇到的问题，往往难以用一个目标来衡量，我们将具有两个或两个以上目标函数的规划问题叫多目标规划。

多目标规划问题在经济活动、科学研究和工程设计上经常遇到。例如设计导弹，既要射程远，又要省燃料，还要精度高；确定一个新橡胶配方往往同时考察八、九个指标，如强力、硬度、变形、伸长等；选一个新厂址，除了要考虑运输费用、造价、燃料费等，还要考虑污染等社会因素。

一般，设有 n 个变量 $x=(x_1,\cdots,x_n)^T$，m 个约束条件 $g(x)=(g_1(x),\cdots,g_m(x))^T \geq 0$，$p$ 个目标函数 $f(x)=(f_1(x),\cdots,f_p(x))^T$ 的多目标规划，可记作

$$(VP)\begin{cases} \min f(x)=(f_1(x),\cdots,f_p(x))^T \\ \text{s.t.} \quad g(x)=(g_1(x),\cdots,g_m(x))^T \geq 0 \end{cases}$$

可行域 $R=\{x|g(x)=(g_1(x),\cdots,g_m(x))^T \geq 0\}$，称 VP 为多目标规划标准型。

7.2 绝对最优解、有效解及弱有效解

$$(VP) \quad \min_{x \in R} f(x)=(f_1(x),\cdots,f_p(x))^T$$

$$R=\{x|g(x)=(g_1(x),\cdots,g_n(x))^T \geq 0\}$$

1）绝对最优解

设 $x^* \in R$，如果对任意 $x \in R$ 及一切 $j=1,2,\cdots,p$，均有 $f_j(x^*) \leq f_j(x)$，则称 x^* 是 VP 问题的绝对最优解。其全部记为 R_{ab}。

绝对最优解是最理想的解，但这种解一般很难存在。

2）有效解及弱有效解（非劣解）

设 $x^0 \in R$，如果不存在 $x \in R$ 使 $f(x) \leq f(x^0)$（或 $f(x) < f(x^0)$），则称 x^0 是 VP 有效解（或弱有效解），其全体记为 R_{pa} 及 R_{wp}。

这时 $f(x) \leq f(x^0)$ 的含义是至少存在一个 $f_j(x) < f_j(x^0)$。

定理 对多目标规划问题总是有 $R_{ab} \subset R_{pa} \subset R_{wp} \subset R$。

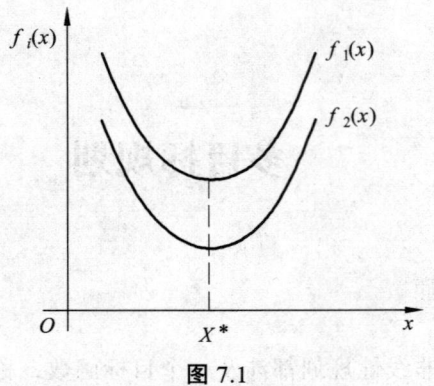

图 7.1

例 1 由定义可直接求出图 7.2、图 7.3 的有效解或弱有效解集。

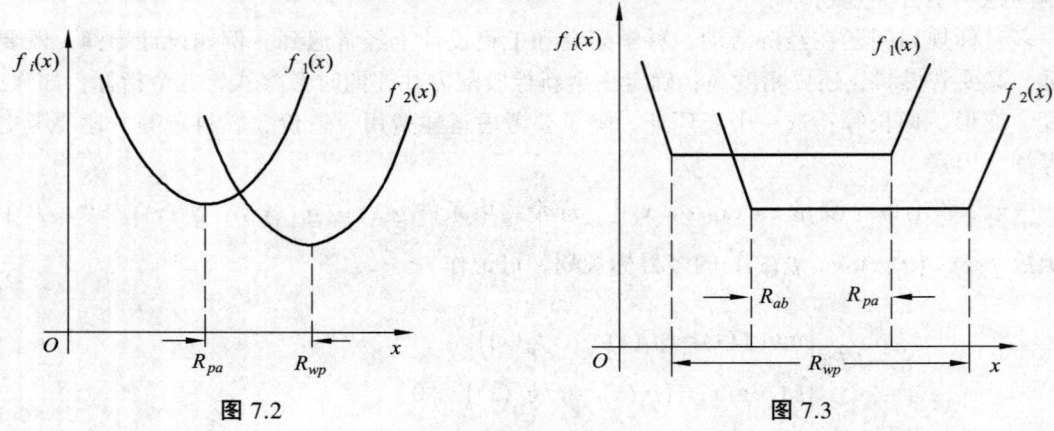

图 7.2   图 7.3

7.3 化多为少法

要求所有的目标同时达到它们的最优值往往是不可能的,"有所失才能有所得",各种不同的思路引出处理这些得失的各种合理方法,各种方法大体分成下面几类:化多为少法、分层序列法、多目标线性规划法和其他解法。

这些方法的共同点是将多目标问题在各种意义下均转化为单目标问题,进而加以求解。本节主要介绍化多为少法。

7.3.1 主要目标法

主要目标法的基本思想:根据问题的实际意义,确定一个主要目标而把其余目标在一定的允许界限内作约束。

不妨设 $f_1(x)$ 为主要目标,其余目标给定一组允许界限,例 $f_j(x) \leq f_j^0$。这样可将原问题变为

$$\min f_1(x)$$
$$\text{s.t.} \begin{cases} g_i(x) \geq 0, & i=1,2,\cdots,m \\ f_j(x) \leq f_j^0, & j=2,3,\cdots,p \end{cases}$$

例 2 用主要目标法求解
$$\min f_1(x) = x_1^2 + x_2^2$$
$$\min f_2(x) = (x_1 - 2)^2 + x_2^2$$
$$\text{s.t. } x_1, x_2 \geq 0$$

解 取 $f_2(x)$ 为主要目标，$x_0 = \left(\dfrac{\sqrt{2}}{2}, \dfrac{\sqrt{2}}{2}\right)^T$ 是可行解。以 $f_1(x) \leq f_1(x_0)$ 为约束，则原问题可化作

$$\min((x_1 - 2)^2 + x_2^2)$$
$$\text{s.t. } \begin{cases} x_1^2 + x_2^2 \leq 1 \\ x_1, x_2 \geq 0 \end{cases}$$

其解为 $\bar{x} = (1, 0)^T$。

7.3.2 线性加权和法

对 p 个目标 $f_i(x)$ 分别给以权系数 λ_i，然后作新的目标函数（效用函数）

$$\min U(x) = \sum_{i=1}^{p} \lambda_i f_i(x)$$

这个方法的困难在于如何找到合理的权系数，使多个目标用同一尺度统一起来，同时找到的最优解又是向量极值的好的非劣解。下面介绍特定权系数选择方法。

以两个目标为例，设 $f_1(x)$ 愈小愈好，$f_2(x)$ 愈大愈好，作新目标函数

$$U(x) = \alpha_1 f_1(x) - \alpha_2 f_2(x)$$

其中，α_1，α_2 由下式确定：

$$\alpha_1 = \frac{f_2^0 - f_2^*}{f_2^0 - f_2^* + f_1^* - f_1^0}, \quad \alpha_2 = \frac{f_1^* - f_1^0}{f_2^0 - f_2^* + f_1^* - f_1^0}$$

式中
$$f_1^0 = \min f_1(x) = f_1(x^1), \quad f_2^0 = \max f_2(x) = f_2(x^2)$$
$$f_2^* = f_2(x^1), \quad f_1^* = f_1(x^2)$$

对有 p 个目标函数 $f_1(x), \cdots, f_p(x)$ 的情况，不妨设 $f_1(x), \cdots, f_k(x)$ 求最小，而 $f_{k+1}(x), \cdots, f_p(x)$ 求最大，这时可构成下述新的目标函数

$$\min U(x) = \sum_{j=1}^{k} \alpha_j f_j(x) - \sum_{j=k+1}^{p} \alpha_j f_j(x)$$

其中 $\{\alpha_j\}$ 满足下列方程组：

$$\begin{cases} \sum_{j=1}^{k} \alpha_j f_{ij} - \sum_{j=k+1}^{p} \alpha_j f_{ij} = \beta, \ i = 1, 2, \cdots, p \\ \sum \alpha_j = 1 \end{cases}$$

式中
$$f_{ii} = f_i^0 = \min f_i(x) = f_i(x^i), \ i = 1, 2, \cdots, k$$
$$f_{ii} = f_i^0 = \max f_i(x) = f_i(x^i), \ i = k+1, \cdots, p$$
$$f_{ij} = f_j(x^i), \ j \neq i, \ i, j = 1, 2, \cdots, p$$

如果所有目标均求最小，则亦可采用下面效用函数：
$$\min U(x) = \sum_{i=1}^{p} \lambda_i f_i(x)$$
$$\lambda = \frac{1}{f_i^0}, \ i=1,2,\cdots,p, \ f_i^0 = \min_{x \in \mathbf{R}} f_i(x)$$

7.3.3 理想点法

有 p 个目标 $f_1(x),\cdots,f_p(x)$，对于每个目标函数各有其最优值：
$$f_i^0 = \min_{x \in \mathbf{R}} f_i(x) = f_i(x^i), \ i=1,2,\cdots,p$$
如果 x_i 都相同，记为 x_0，则该解是绝对最优解。可惜该解一般不存在，因此对于向量函数
$$F(x) = \left(f_1(x),\cdots,f_p(x)\right)^{\mathrm{T}}$$
向量 $(f_1^0,\cdots,f_p^0)$ 只是一个理想点。

理想点法的基本思想是定义一个模，在这个模的意义下，找一个与理想点尽量接近的点。一般取欧氏空间的距离为模。

令评价函数为 $\sqrt{\sum_{j=1}^{p}(f_j - f_j^0)^2}$，求 $\min_{x \in \mathbf{R}} \sqrt{\sum_{j=1}^{p}(f_j - f_j^0)^2}$ 的最优解。

容易证明理想点法求出的解一定是非劣解。

例 3 用理想点法求解
$$\max f_1(x) = -3x_1 + 2x_2$$
$$\max f_2(x) = 4x_1 + 3x_2$$
$$\text{s.t.} \begin{cases} 2x_1 + 3x_2 \leqslant 18 \\ 2x_1 + x_2 \leqslant 10 \\ x_1, x_2 \geqslant 0 \end{cases}$$

解 先分别对单目标求出最优解
$$x^1 = \begin{pmatrix} 0 \\ 6 \end{pmatrix}, \ x^2 = \begin{pmatrix} 3 \\ 4 \end{pmatrix}$$
对应的目标值为
$$f_1(x^1) = f_1^0 = 12, f_2(x^2) = f_2^0 = 24$$
故理想点为 $\begin{pmatrix} f_1^0 \\ f_2^0 \end{pmatrix} = \begin{pmatrix} 12 \\ 24 \end{pmatrix}$。

令评价函数为 $\sqrt{\sum_{j=1}^{2}(f_i - f_i^0)^2}$，则原问题变为
$$\min \sqrt{(-3x_1 + 2x_2 - 12)^2 + (4x_1 + 3x_2 - 24)^2}$$
$$\text{s.t.} \begin{cases} 2x_1 + 3x_2 \leqslant 18 \\ 2x_1 + x_2 \leqslant 10 \\ x_1, x_2 \geqslant 0 \end{cases}$$

解之得 $x^0 = \begin{pmatrix} 0.53 \\ 5.65 \end{pmatrix}$。

7.3.4 平方和加权法

设有 p 个值 $f_1^0, \cdots, f_p^0$，要求 p 个目标函数 $f_1(x), \cdots, f_p(x)$，分别与规定的值相差尽量小，如果对其中不同目标的相差程度又可完全不同，这时可采用下述评价函数：

$$\min h(f) = \sum_{j=1}^{p} \lambda_j \left(f_j(x) - f_j^0 \right)^2$$

λ_j 可按要求预先确定，f_j 愈重要则 λ_j 愈大。

7.3.5 乘除法

当 p 个目标 $f_1(x), \cdots, f_p(x)$ 中前 k 个要求最小，$f_{k+1}(x), \cdots, f_p(x)$ 要求最大，并假定 $f_{k+1}(x), \cdots, f_p(x) > 0$，这时可采用下面评价函数：

$$\min h(f) = \frac{f_1(x) f_2(x) \cdots f_k(x)}{f_{k+1}(x) f_{k+2}(x) \cdots f_p(x)}$$

7.3.6 功效系数法——几何平均法

有些问题要求前 k 个目标 $f_1(x), \cdots, f_k(x)$ 愈小愈好，$f_{k+1}(x), \cdots, f_p(x)$ 则愈大愈好。如果问题不存在绝对最优解，则要求这些目标不能取太差的值。所谓功效系数法，就是针对这些目标函数给予一个所谓的功效系数（函数）。即令

$$d_j = d_j \left(f_j(x) \right), j = 1, 2, \cdots, p$$

满足 $0 \leqslant d_j \leqslant 1$，最满意时 $d_j = 1$，最差时 $d_j = 0$。有了功效系数 d_j 后，采用评价函数：

$$\max h(f) = \max_{x \in \mathbf{R}} \left[\prod_{j=1}^{p} d_j \left(f_j(x) \right) \right]^{\frac{1}{p}}$$

这里如何选取功效系数 d_j？下面介绍线性型取法。

（1）对 $j = 1, 2, \cdots, k$，$d_j = \begin{cases} 1, f_j = f_{j\min} \\ 0, f_j = f_{j\max} \end{cases}$。

当 $f_{j\min} < f_j(x) < f_{j\max}$ 时，由两点式

$$\frac{d_j - 1}{f_j(x) - f_{\min}} = \frac{0 - 1}{f_{j\max} - f_{j\min}}$$

可得 $d_j = 1 + \dfrac{-(f_j - f_{\min})}{f_{j\max} - f_{j\min}} = \dfrac{f_{j\max} - f_j}{f_{j\max} - f_{j\min}}$

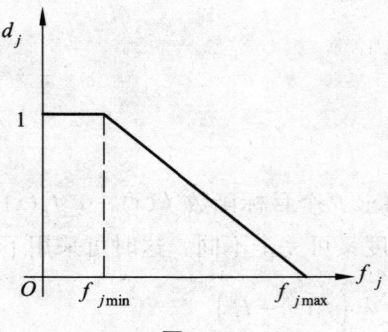

图 7.4

（2）对于 $j=k+1,\cdots,p$，$d_j = \begin{cases} 1, & f_j = f_{j\max} \\ 0, & f_j = f_{j\min} \end{cases}$。

当 $f_{j\min} < f_j(x) < f_{j\max}$ 时，同样可求得 $d_j = \dfrac{f_j(x) - f_{j\min}}{f_{j\max} - f_{j\min}}$。

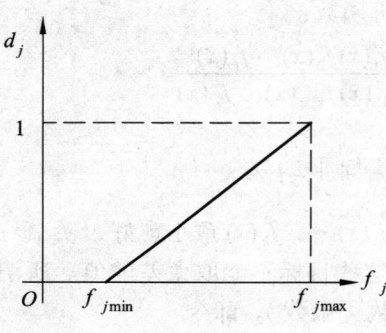

图 7.5

例4 设问题为
$$\min f_1(x,y) = 2x + y$$
$$\max f_2(x,y) = -x - y$$
$$\text{s.t.} \begin{cases} 0 \leqslant x \leqslant 1 \\ 1 - x \leqslant y \leqslant 1 \end{cases}$$

试用功效系数法求解该问题。

解 $f_{1\min} = 1$，$f_{1\max} = 3$，$f_{2\min} = -2$，$f_{2\max} = -1$

则 $d_1 = \dfrac{3 - (2x+y)}{3-1} = \dfrac{3}{2} - x - \dfrac{y}{2}$，$d_2 = \dfrac{-x-y+2}{1} = 2 - x - y$

评价函数为
$$h(f) = \sqrt{\dfrac{3-2x-y}{2}(2-x-y)} = \dfrac{\sqrt{2}}{2}\sqrt{2x^2 + y^2 + 3xy - 7x - 5y + 6}$$

求极值
$$\max\ (2x^2 + y^2 + 3xy - 7x - 5y + 6)$$
$$\text{s.t.} \begin{cases} 0 \leqslant x \leqslant 1 \\ 1 - x \leqslant y \leqslant 1 \end{cases}$$

得极值点 $\begin{pmatrix} x \\ y \end{pmatrix} = \begin{pmatrix} 0 \\ 1 \end{pmatrix}$，最大函数值为 2，所以 $\max h(f) = \frac{\sqrt{2}}{2} \times \sqrt{2} = 1$。

7.4 分层序列法

分层序列法的基本思想是：将目标函数按其重要程度排一个次序，即分成最重要目标、次重要目标等。如果已排好顺序，不妨分别记为 $f_1(x), \cdots, f_p(x)$，然后在前一个目标最优解的集合上求后一个目标的最优解。

首先对第一个目标求最优解，并找出最优解集合 R^1，然后在 R^1 内求第二个目标最优解，记这时最优解集合 R^2，如此等等，一直求出第 p 个目标的最优解 $\bar{x}$。

该方法有解的前提是 R^1，R^2，$\cdots$，R^p 等集合非空，而且 $R^1, \cdots, R^{p-1}$ 都不能只有一个元素，否则很难找下去。

如果把上面方法叫严格的，下面按工程考虑，容许在求后一目标最优时，不必前一目标也达到最优，而是在一定宽容范围内即可（如公差）。这样转化成一系列带宽容的条件极值问题，其模型如下：

$$f_1(x^1) = \min_{x \in R} f_1(x)$$
$$f_2(x^2) = \min_{x \in R^1} f_2(x), \quad R^1 = \{x \mid f_1(x) < f_1(x^1) + \alpha_1, x \in R\}$$
$$f_3(x^3) = \min_{x \in R^2} f_3(x), \quad R^2 = \{x \mid f_2(x) < f_2(x^2) + \alpha_2, x \in R\}$$
$$\cdots\cdots\cdots\cdots$$
$$f_p(x^p) = \min_{x \in R^{p-1}} f_p(x), \quad R^{p-1} = \{x \mid f_{p-1}(x) < f_{p-1}(x^{p-1}) + \alpha_{p-1}, x \in R^{p-2}\}$$

其中 α_1，α_2，$\cdots$，α_{p-1} 是预先给定的宽容限。

课后习题

1. 分别用功效系数法、理想点法求解下面问题

$$\min f_1(x, y) = x + 2y$$
$$\max f_2(x, y) = x + y$$
$$\text{s.t.} \begin{cases} y \leq x \leq 2 - y \\ 0 \leq y \leq 1 \end{cases}$$

8 动态规划

动态规划是运筹学的一个重要分支,它是从 1951 年开始由以美国人贝尔曼(R. Bellman)为首的一个学派发展起来的。动态规划在经济、管理、军事、工程技术等方面有着广泛的应用。

动态规划是解决多阶段决策过程的最优化问题的一种方法。所谓多阶段决策过程,是指这样一类决策过程:它可以把一个复杂问题按时间(或空间)分成若干个阶段,每个阶段都需要作出决策,以便得到过程的最优结局。由于,在每个阶段采取的决策是与时间有关的,而且前一阶段采取的决策如何,不但与该阶段的经济效果有关,还影响以后各阶段的经济效果,可见这类多阶段决策问题是一个动态的问题,因此处理的方法称为动态规划方法。然而,动态规划也可以处理一些本来与时间没有关系的静态模型,这只要在静态模型中人为地引入"时间"因素,分成时段,就可以把它看作是多阶段的动态模型,用动态规划方法予以处理。

动态规划对于解决多阶段决策问题的效果是明显的,但是动态规划也有一定的局限性。首先,它没有统一的处理方法,必须根据问题的各种性质并结合一定的技巧来处理;另外当变量的维数增大时,总的计算量及存贮量急剧增大。因而,受计算机的存贮量及计算速度的限制,当今的计算机仍不能用动态规划方法来解决较大规模的问题,这就是"维数障碍"。

8.1 多阶段决策问题

在研究社会经济、经营管理和工程技术领域内的有关问题中,有一类特殊形式的动态决策问题——多阶段决策问题。在多阶段决策过程中,系统的动态过程可以按照时间进程分为相互联系而又相互区别的各个阶段,在每个阶段都要作出决策。系统在每个阶段存在许多不同的状态,在某个时点的状态往往要依某种形式受到过去某些决策的影响,而系统的当前状态和决策又会影响系统过程今后的发展。因而在寻求多阶段决策问题的最优解时,重要的是不能仅仅从眼前的局部利益出发,进行决策,而需要从系统所经过的整个期间的总效应出发,有预见性地进行动态决策,找到不同时点的最优决策及整个过程的最优策略。下面举例说明多阶段决策问题。

例 1 (最短路线问题)在线路网络图 8.1 中,从 A 至 E 有一批交通设备需要调运。图上所标数字为各节点之间的运输距离,为使总运费最少,必须找出一条由 A 至 E 总里程最短的路线。

为了找到由 A 至 E 的最短线路,可以将该问题分成 A—B—C—D—E 4 个阶段,在每个阶段都需要作出决策,即在 A 点,需决策下一步到 B_1 还是 B_2 或 B_3;同样,若到达第二阶段某个状态,比如 B_1,需决定走向 C_1 还是 C_2;依次类推。可以看到:各个阶段的决策不同,由 A 至 E 的线路就不同,当从某个阶段的某个状态出发作出一个决策,则这个决策不仅影响到下一个阶段的距离,而且直接影响后面各阶段的行进线路。所以,这类问题要求在各个阶段选择一个恰当的决策,使由这些决策序列所决定的一条路线对应的总里程最短。

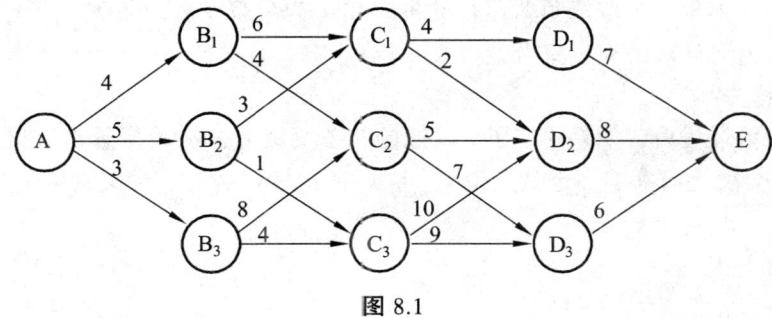

图 8.1

例 2 (带回收的资源分配问题)某生产厂新购某种交通配件加工机床 125 台。据估计,这种设备 5 年后将被其他设备所代替。此机末如在高负荷状态下工作,年损坏率为 1/2,年利润为 10 万元;如在低负荷状态下工作,年损坏率为 1/5,年利润为 6 万元。问应如何安排这些机床的生产负荷,才能在 5 年内获得最大利润?

分析:本问题具有时间上的次序性,在五年计划的每一年都要作出关于这些机床生产负荷的决策,并且一旦作出决策,不仅影响到本年的利润,而且影响到下一年年初完好机床数,进而影响以后各年的利润。所以在每年年初作决策时,必须将当年的利润和以后各年利润结合起来,统筹考虑。

与上面例 1、例 2 类似的多阶段决策问题还有资源分配、生产存贮、可靠性、背包、设备更新问题等。

8.2 动态规划的基本概念和最优性原理

8.2.1 动态规划的基本概念

1) 阶段

动态规划问题通常都具有时间或空间上的次序性,因此求解这类问题时首先要将问题按一定的次序划分成若干相互联系的阶段,以便能按一定次序去求解。如例 1 可以按空间次序分为 A—B—C—D—E 4 个阶段,而例 2 按照时间次序可分成 5 个阶段。

2) 状态

在多阶段决策过程中,每个阶段都需要作出决策,而决策是根据系统所处情况决定的。状态是描述系统情况所必需的信息。如例 1 中每阶段的出发点位置就是状态,例 2 中每年年初拥有的完好机床数是作出机床负荷安排的根据,所以 k 年年初完好机床数是状态。

一般地,状态可以用一个变量来描述,称为状态变量,记第 k 阶段的状态变量为 x_k,$k=1,2,\cdots,n$。

3) 决策

多阶段决策过程的发展是用各阶段的状态演变来描述的,阶段决策就是决策者从本阶段某状态出发对下一阶段状态所作出的选择。描述决策的变量为决策变量,当第 k 阶段的状态确定之后,可能作出的决策要受到这一状态的影响。这就是说,决策变量 u_k 还是状态变量 x_k 的函数,因此,又可将第 k 阶段 x_k 状态下的决策变量记为 $u_k(x_k)$。

在实际问题中，决策变量的取值往往限制在某一范围之内，此范围称为允许决策变量集合，记作 $D_k(u_k)$。如例 2 中取高负荷运行的机床数 u_k 为决策变量，则 $0 \leqslant u_k \leqslant x_k$（$x_k$ 是 k 阶段初完好机床数）为允许决策变量集合。

4）状态转移方程

在多阶段决策过程后，如果给定了 k 阶段的状态变量 x_k 和决策变量 u_k，则第 $k+1$ 阶段的状态变量 x_{k+1} 也会随之而确定，也就是说 x_{k+1} 是 x_k 和 u_k 的函数。这种关系可记为

$$x_{k+1} = T(x_k, u_k)$$

称之为状态转移方程。

5）策略

在一个多阶段决策中，如果各个阶段的决策变量 $u_k(x_k)$ $(k=1,2,\cdots,n)$ 都已确定，则整个过程也就完全确定。称决策序列 $\{u_1(x_1), u_2(x_2), \cdots, u_n(x_n)\}$ 为该过程的一个策略，从阶段 k 到阶段 n 的决策序列称为子策略，表示成 $\{u_k(x_k), u_{k+1}(x_{k+1}), \cdots, u_n(x_n)\}$。如例 1 中，选取一路线 A—$B_1$—$C_2$—$D_2$—E，就是一个策略。

由于每一阶段都有若干个可能的状态和多种不同的决策，因而一个多阶段决策的实际问题存在许多策略可供选择，称其中能够满足预期目标的策略为最优策略。例 1 中存在 12 条不同路线，其中 A—B_2—C_1—D_2—E 是最短线路。

6）指标函数

用来衡量过程优劣的数量指标，称为指标函数。在阶段 k 的 x_k 状态下执行决策 u_k，不仅带来系统状态的转移，而且必然对目标函数产生影响，阶段效应就是执行阶段决策时给目标函数的影响。

多阶段决策过程关于目标函数的总效应是各阶段的阶段效应累积形成的。常见的全过程目标函数有以下两种形式：

（1）全过程的目标函数等于各阶段目标函数的和，即：

$$R = r_1(x_1, u_1) + r_2(x_2, u_2) + \cdots + r_n(x_n, u_n)$$

（2）全过程的目标函数等于各阶段目标函数的积，即：

$$R = r_1(x_1, u_1) \cdot r_2(x_2, u_2) \cdot \cdots \cdot r_n(x_n, u_n)$$

指标函数的最优值，称为最优函数值。一般地，$f_1(x_1)$ 表示从第 1 阶段 x_1 状态出发至第 n 阶段（最后阶段）的最优指标函数，$f_k(x_k)$ $(k=2,3,\cdots,n)$ 表示从第 k 阶段 x_k 状态出发至第 n 阶段的最优指标函数。

8.2.2 最优性原理和动态规则递推方程

多阶段决策过程的特点是每个阶段都要进行决策，具有 n 个阶段的决策过程的策略是由 n 个相继进行的阶段决策构成的决策序列。由于前一阶段的终止状态又是后一阶段的初始状态，因此确定阶段最优决策不能只从本阶段的效应出发，必须通盘考虑，整体规划。也就是说，阶段 k 的最优决策不应只是本阶段的最优，而必须是本阶段及其所有后续阶段的总体最优，即关于整个后部子过程的最优决策。

对此，贝尔曼在深入研究的基础上，针对具有无后效性的多阶段决策过程的特点，提出了著名的解决多阶段决策问题的最优性原理："整个过程的最优策略具有这样的性质，即无论

过程过去的状态和决策如何，对前面的决策所形成的状态而言，余下的诸决策必须构成最优策略"。

注：（1）最优性原理的含义就是，最优策略的任何一部分子策略也必须是最优的。

（2）如例1，A—B_2—C_1—D_2—E 是由 A 到 E 的最短路线，我们在该路线上任取一点 C_1，按照最优性原理 C_1—D_2—E 应该是由 C_1 到 E 的最短路线。

（3）下面我们用反证法来证明上述结论的正确性。设上述结论不正确。假定存在一条 C_1 到 E 的更短的线路，则由 A 至 E 的最短线路就不应是上述给定的路线，这与已知矛盾，说明假定是不成立的，从而说明了最优性原理的正确性。

按着根据最优性原理，可以将例1分成 A—B—C—D—E 4 个阶段，由后向前逐步求出各点到 E 的最短线路，直至求出由 A 至 E 的最短线路。

$k=4$ 时，出发点有 D_1，D_2，D_3 三个，记 $f_4(D_i)$ ($i=1,2,3$) 为 D_i 到 E 的最短距离，显然

$$f_4(D_1) = 7 \quad\quad u_4(D_1) = E$$
$$f_4(D_2) = 8 \quad\quad u_4(D_2) = E$$
$$f_4(D_3) = 6 \quad\quad u_4(D_3) = E$$

这里 $u_4(D_i)$ 表示从 D_i 状态出发采取的决策。

$k=3$ 时，出发点有 C_1，C_2，C_3 三个，仍然用 $f_3(C_i)$ ($i=1,2,3$) 表示 C_i 到 E 的最短距离，则

$$f_3(C_1) = \min\begin{cases}d(C_1D_1)+f_4(D_1)\\d(C_1D_2)+f_4(D_2)\end{cases} = \min\begin{cases}4+7\\2+8\end{cases} = 10$$

$$u_3(C_1) = D_2$$

$$f_3(C_2) = \min\begin{cases}d(C_2D_2)+f_4(D_2)\\d(C_2D_3)+f_4(D_3)\end{cases} = \min\begin{cases}5+8\\7+6\end{cases} = 13$$

$$u_3(C_2) = D_2 \text{ 或 } D_3$$

$$f_3(C_3) = \min\begin{cases}d(C_3D_2)+f_4(D_2)\\d(C_3D_3)+f_4(D_3)\end{cases} = \min\begin{cases}10+8\\9+6\end{cases} = 15$$

$$u_3(C_3) = D_3$$

同理 $k=2$ 时，有

$$f_2(B_1) = \min\begin{cases}d(B_1C_1)+f_3(C_1)\\d(B_1C_2)+f_3(C_2)\end{cases} = \min\begin{cases}6+10\\4+13\end{cases} = 16$$

$$u_2(B_1) = C_1$$

$$f_2(B_2) = \min\begin{cases}d(B_2C_1)+f_3(C_1)\\d(B_2C_3)+f_3(C_3)\end{cases} = \min\begin{cases}3+10\\1+15\end{cases} = 13$$

$$u_2(B_2) = C_1$$

$$f_2(B_3) = \min\begin{cases}d(B_3C_2)+f_3(C_2)\\d(B_3C_3)+f_3(C_3)\end{cases} = \min\begin{cases}8+13\\4+15\end{cases} = 19$$

$$u_2(B_3) = C_3$$

当 $k=1$ 时，出发点只有 A

$$f_1(A) = \min \begin{cases} d(AB_1) + f_2(B_1) \\ d(AB_2) + f_2(B_2) \\ d(AB_2) + f_2(B_3) \end{cases} = \min \begin{cases} 4+16 \\ 5+13 \\ 3+19 \end{cases} = 18$$

$$u_1(A) = B_2$$

由 $f_1(A)$ 值可知，从起点 A 到终点 E 的最短距离为 18。

为了找出最短线路，再按计算的顺序反推回去，可求出最优决策序列，即由

$$u_1(A) = B_2, \quad u_2(B_2) = C_1, \quad u_3(C_1) = D_2, \quad u_4(D_2) = E$$

组成最优策略，也就是最短线路为：$A \to B_2 \to C_1 \to D_2 \to E$

从上面例子不难看出，对于最短线路问题，有如下的递推关系（函数方程）：

$$\begin{cases} f_k(x_k) = \min\{d(x_k, u_k(x_k)) + f_{k+1}(T(x_k, u_k))\} \\ f_{n+1}(x_{n+1}) = 0, \quad k = n, n-1, \cdots, 1 \end{cases}$$

一般情况下，多阶段决策问题存在下面的递推关系：

$$\begin{cases} f_k(x_k) = \underset{u_k \in D_k(x_k)}{opt} \{r_k(x_k, u_k(x_k)) * f_{k+1}(T(x_k, u_k))\} \\ f_{n+1}(x_{n+1}) = C, \quad k = n, n-1, \cdots, 1 \end{cases}$$

注：（1）这里 $r_k(x_k, u_k(x_k))$ 是第 k 阶段采用 $u_k(x_k)$ 决策产生的阶段效应；$f_{n+1}(x_{k+1}) = C$ 是边界条件；*大多数情况下是"+"号，也可能是"×"号。称上述递推关系为动态规划的基本方程，这个方程是最优化原理的具体表达形式。

（2）在基本方程中 $r_k(x_k, u_k)$，$x_{k+1} = T(x_k, u_k)$ 都是已知函数，最优子策略函数 $f_k(x_k)$ 与 $f_{k+1}(x_{k+1})$ 之间是递推关系，要求出 $f_k(x_k)$ 及 u_k 需要先求出 $f_{k+1}(x_{k+1})$，这就决定了应用动态规划基本方程求最优策略总是逆着阶段的顺序进行的。

（3）另一方面，由于 $k+1$ 阶段的状态 x_{k+1} 是由前面阶段的状态和决策所形成的，在计算 $f_{k+1}(x_{k+1})$ 时还不能确定 x_{k+1} 的值，这就要求必须就 $k+1$ 阶段的各个可能的状态 x_{k+1} 计算 $f_{n+1}(x_{k+1})$，因此动态规划不但能求出整个问题的最优策略和最优目标值，而且还能求出决策过程中所有可能状态的最优策略及最优目标值。

8.3 建立动态规划数学模型的步骤

"最优化原理"是动态规划的核心，所有动态规划问题的递推关系都是根据这个原理建立起来的，并且根据递推关系依次计算，最终可求得动态规划问题的解。

一般来说，利用动态规划求解实际问题需先建立问题的动态模型，具体步骤如下：

1. 将问题按时间或空间次序划分成若干阶段。有些问题不具有时空次序，也可以人为地引进时空次序，划分阶段。

2. 正确选择状态变量 x_k，这一步是形成动态模型的关键，状态变量是动态规划模型中最重要的参数。一般来说，状态变量应具有以下三个特性：

（1）要能够用来描述决策过程的演变特征。

（2）要满足无后效性。即如果某阶段状态已给定，则以后过程的进展不受以前各状态的影响，也就是说，过去的历史只通过当前的状态去影响未来的发展。

(3)递推性。即由 k 阶段的状态变量 x_k 及决策变量 u_k 可以计算出 $k+1$ 阶段的状态变量 x_{k+1}。

3. 确定决策变量 u_k 及允许变量集合 $D_k(x_k)$。

4. 写出状态转移方程。根据状态变量之间的递推关系,写出状态转移函数。
$$x_{k+1} = T(x_k, u_k(x_k))$$

5. 建立指标函数。一般用 $r_k(x_k, u_k)$ 描写阶段效应,$f_k(x_k)$ 表示第 k 阶段到第 n 阶段的最优子策略函数。

6. 建立动态规划基本方程

$$\begin{cases} f_k(x_k) = opt\{r_k(x_k, u_k) * f_{k+1}(x_{k+1})\} \\ u_k \in D_k(x_k) \\ k = n, n-1, \cdots, 1 \\ f_{n+1}(x_{k+1}) = C \end{cases}$$

以上是建立动态规划模型的过程,这个过程是正确求解动态规划的基础。在此基础上,由后向前逐步计算,最终可以得出全过程的最优策略函数值及最优策略。

下面按上述步骤求解例 2(带回收的资源分配问题)。

解 (1)以年为阶段,$k=1, 2, \cdots, 5$;

(2)取 k 年年初完好机床数 x_k 为状态变量;

(3)记 u_k 为 k 年投入高负荷运行的机床数,则低负荷机床数是 $x_k - u_k$;

(4)于是状态转移方程为
$$x_{k+1} = 1/2 u_k + 4/5(x_k - u_k)$$

(5)以利润为目标函数,则 k 年利润为
$$10u_k + 6(x_k - u_k)$$

(6)记 $f_k(x_k)$ 为 k 年至 5 年年末最大总利润,则函数方程为

$$\begin{cases} f_k(x_k) = \max_{0 \leq u_k \leq x_k} \{10u_k + 6(x_k - u_k) + f_{k+1}(1/2 u_k + 4/5(x_k - u_k))\} \\ f_6(x_6) = 0, \quad k = 5, 4, \cdots, 1 \end{cases}$$

以上是建立动态模型的过程,下面进行具体求解。

$k = 5$
$$f_5(x_5) = \max_{0 \leq u_5 \leq x_5} \{10u_5 + 6(x_5 - u_5) + 0\}$$
$$= \max_{0 \leq u_5 \leq x_5} \{4u_5 + 6x_5\}$$
$$= 10x_5 \qquad u_5 = x_5$$

$k = 4$
$$f_4(x_4) = \max_{0 \leq u_4 \leq x_4} \{10u_4 + 6(x_4 - u_4) + f_5(1/2 u_4 + 4/5(x_4 - u_4))\}$$
$$= \max_{0 \leq u_4 \leq x_4} \{4u_4 + 6x_4 + 10[1/2 u_4 + 4/5(x_4 - u_4)]\}$$
$$= \max_{0 \leq u_4 \leq x_4} \{u_4 - 14x_4\}$$
$$= 15x_4 \qquad u_4 = x_4$$

$k=3$

$$f_3(x_3) = \max_{0 \leq u_3 \leq x_3} \{10u_3 + 6(x_3 - u_3) + f_4(1/2u_3 + 4/5(x_3 - u_3))\}$$

$$= \max_{0 \leq u_3 \leq x_3} \{4u_3 + 6x_3 + 15[1/2u_3 + 4/5(x_3 - u_3)]\}$$

$$= \max_{0 \leq u_3 \leq x_3} \{-0.5u_3 + 18x_3\}$$

$$= 18x_3 \qquad u_3 = 0$$

$k=2$

$$f_2(x_2) = \max_{0 \leq u_2 \leq x_2} \{10u_2 + 6(x_2 - u_2) + f_3(1/2u_2 + 4/5(x_2 - u_2))\}$$

$$= \max_{0 \leq u_2 \leq x_2} \{4u_2 + 6x_2 + 18[1/2u_2 + 4/5(x_2 - u_2)]\}$$

$$= \max_{0 \leq u_2 \leq x_2} \{-1.4u_2 + 20.4x_2\}$$

$$= 20.4x_2 \qquad u_2 = 0$$

$k=1$

$$f_1(x_1) = \max_{0 \leq u_1 \leq x_1} \{10u_1 + 6(x_1 - u_1) + f_2(1/2u_1 + 4/5(x_1 - u_1))\}$$

$$= \max_{0 \leq u_1 \leq x_1} \{4u_1 + 6x_1 + 20.4[1/2u_1 + 4/5(x_1 - u_1)]\}$$

$$= \max_{0 \leq u_1 \leq x_1} \{-2.12u_1 + 22.32x_1\}$$

$$= 22.32x_1$$

$$= 2790 \qquad u_1 = 0$$

至此，已算得最大利润为 2790 万元，接着按与计算过程相反的顺序推回去，可得最优计划如表 8.1 所示。

表 8.1

	完好机器数	高负荷机床数	低负荷机床数
第一年	125	0	125
第二年	100	0	100
第三年	80	0	80
第四年	64	64	0
第五年	32	32	0

课后习题

1. 某公司拟将 5 万元资金投放下属的 A，B，C 三个企业，各企业在获得资金后的收益如表 8.2 所示，试确定总收益最大的投资分配方案（投资数以百万元计）。

表 8.2

投放资金/百万元		0	1	2	3	4	5
收益/百万元	A	0	2	2	3	3	3
	B	0	0	1	2	4	7
	C	0	1	2	3	4	5

2. 某车间需按月生产一定数量的某种部件给总装车间，由于生产条件的变化，该车间在各月份中生产这种部件的费用不同，各月份的生产量于当月的月底前，全部要存入仓库以备后用。已知总装车间在各月初的需求量以及在加工年间生产该部件所需费用，如表 8.3 所示。

表 8.3

月份 k	0	1	2	3	4
需求量 d_k	0	8	5	3	2
单位成本 C_k	11	18	13	17	20

设仓库容量限制 $H=9$，开始库存量为 2，要求 4 月末库存为 2，试制定一个各月的生产计划，使得既满足需要和库容量限制，又使得生产该部件的总成本最低。

3. 某工厂设计一种电子设备，由元件 D_1，D_2，D_3 串联组成。已知这三种元件的单价和可靠性如表 8.4 所示，要求设计中所使用元件的费用不超过 105 元。试问应如何设计可使设备的可靠性最大。

表 8.4

元件	单价 c_k/元	可靠性 P_k
D_1	30	0.9
D_2	15	0.8
D_3	20	0.5

第 2 篇 决策与对策论

9 决策论

9.1 决策论的背景、发展及内容

9.1.1 背 景

决策是作出决定的意思。它是人们生活和工作中普遍存在的一种活动,是为解决当前或未来可能发生的问题(决策问题),根据当前和未来的环境和条件,从多种可能方案中选取最优或满意方案的一个过程。例如,某工厂计划生产一种新产品,但对市场的销路不太清楚,存在销路好、销路一般、销路差三种可能,相应的收益方面也就可能存在获利较多、获利较少或者亏损三种可能。这种产品是否投产就是一个决策问题。工厂负责人作出产品投产或不投产的决定就是决策。

决策在现代管理中具有重要的意义。在现代社会中,随着社会生产力的巨大增长和科学技术的迅速进步,各种经济部门和组织的规模越来越大,它们之间的社会联系越来越广泛和复杂,竞争也越来越激烈。个人、企业、部门、地区乃至国家,经常面临许多需作出决策的问题。决策者能否作出正确的决策是至关重要的。就一个企业来说,面对千变万化的外部情况,如果对生产的方向、机构的设置、新产品的开发、人员的培训、计划的安排和调度等方面能及时作出符合实际的决策,企业就能够获得较高的经济效益,在激烈的竞争中不仅能立于不败之地,而且能发展壮大;如果决策失误,企业就面临亏本、衰败甚至倒闭。国内外实践说明,管理的重心应放在决策上,尤其是放在影响全局的战略决策上。

为了在情况错综复杂和条件千变万化中尽量作出正确的决策,避免或减少决策的失误,决策应按科学的决策程序进行。

决策虽是一种思维活动,但也有它的客观规律;而决策论就是研究决策的规律、理论与方法的一门学问。我国古代的一部经典著作《孙子兵法》不仅是一部研究战争规律的名著,还可以说是决策论的一部佳作。

9.1.2 发 展

从 20 世纪 40 年代以来,如果说系统论、信息论、控制论等这些新学科的出现,给决策论打下了坚实的理论基础的话,那么与此同时,运筹学的诞生与发展则提供了多种决策方法,其中包括线性规划、非线性规划、动态规划、网络分析、排队论、对策论等。尽管如此,但决策论的形成的具体年代也无从考证。西蒙的若干著作,特别是 1960 年 *The New Science of*

Management Decision，被公认为决策论的经典著作。

决策理论在现代的产品设计、企业经营管理、建设项目管理、城市规划、地质勘探和军事工作等领域得到日益广泛的应用。决策理论的成就主要体现为决策方法（即从多种方案中选取最优或满意方案的方法），而对目标的确定和计量、方案的拟制、价值标准系统的确定和计量等方面的问题还没有很好地解决。因此，本章内容主要阐述决策分析的一些方法。

9.1.3 内　　容

人们在决策中所要解决的是决策问题。一个决策问题的构成，必须包含以下因素：

1. 决策者。这可以是个人，也可以是一个集体。
2. 可能出现的状态。这可以是不以决策者意志为转移的客观上出现的状态，称为自然状态，如市场销路，天气好坏等，也可以是有理智的竞争对手，如制造同类产品的诸家工厂等。
3. 可供选择的策略（方案、方法和行动等统称为策略）。
4. 在某状态下选取某一策略产生的结果。
5. 判断策略好坏的数量或价值标准。

人们常把各种各样的决策问题从不同角度进行分类，以便于分析和研究。按决策者获得的信息的确定程度，决策可分为确定型决策、风险型决策和非确定型决策。本书前面介绍的线性规划、整数规划等内容，都可以称为确定型决策，因为决策者可以获得安全确定的信息，即肯定地知道将出现哪些状态，利用运筹学其他分支的计算方法（如求解线性规划的单纯形法等）能找到最优策略（最优解）。这里对确定型决策不予研究，本章着重叙述的是风险型决策和非确定型决策。

风险型决策和非确定型决策是指决策问题中存在着不可控制的因素，决策者获得的信息不是完全确定的，即今后会出现什么状态是不确定的，如本节开始所述产品销售的例子，销路好、销路一般、销路差三种状态是不确定的。如果决策者对于今后将出现哪种状态能获得一定程度的确定性——状态出现的概率，就称这种决策为风险型的；如果只知道状态，但不知道它们出现的概率，就称这种决策为非确定型的。以概率的语言说，状态是一个随机变量（记为 θ），它的取值就是状态可能出现几种情况的数量表示值（例如用数值 1，2，3 分别表示销路好、销路一般、销路差，销路这个随机变量的取值就是 1 或 2 或 3，即 $\theta=1$，2，3）。状态（随机变量）θ 的概率为已知的决策称为风险型决策，概率分布不知道或不能确定的决策称为非确定型决策。

在风险型和非确定型决策中，由于信息不能完全确定，决策者对所选取的策略是否"最优"或"满意"会有不同的判断准则。在风险型决策中，有期望值准则（利润期望值最大或费用期望值最小）、期望值与标准差准则等。在非确定型决策中，有最大最小准则、折衷准则、等可能性准则等。这些决策准则（又称决策分析方法）将在后面详细讨论。

9.2　非确定型决策

决策者在非确定型决策问题中获得的信息的确定程度最差，他只知道可能出现的状态，因此在作出决策时，只能根据自己对事物的态度进行分析和选择。不同决策人对自己的决策是否"最优"或"满意"会有不同的判别准则，对同一问题可能有不同的选择和结果，因此决策带有相当程度的主观随意性。

对于离散型的非确定型决策，所利用的信息通常可用一个表格或一个矩阵表示，它的行表示可能采取的策略，列表示可能出现的未来状态，某行某列所对应的元素表示其结果。

例1 有一工厂经销各种交通设施零部件，其中有一种零件进货价是 0.03 元/个，出售价是 0.05 元/个，如果该零件当天卖不完，就要造成损失 0.01 元/个。根据以往销售情况，这种零件每天的销售量可能为 1000、2000 和 3000 个。商店经理要决定每天进多少货才使每天的利润最大。

显然，这个决策问题的未来状态是销售量，其值可能是 1000、2000 和 3000 三种，可能采取的策略（进货量）也是这三种。这是离散型决策问题，可以用一个矩阵表示不同状态（销售量）下采取不同策略（进货量）的结果值（利润）：

$$\text{策略（进货量）}\begin{array}{c}\\1000\\2000\\3000\end{array}\begin{array}{c}\text{状态（销售量）}\\1000\quad 2000\quad 3000\\\left[\begin{matrix}20 & 20 & 20\\10 & 40 & 40\\0 & 30 & 60\end{matrix}\right]\end{array}$$

一般地，设决策问题有 n 种未来状态（第 j 种状态记为 θ_j）m 种可能采取的策略（第 i 种策略记为 a_i），对应于策略 a_i 和状态 θ_j 的结果值记为 $v(a_i, \theta_j)$，简记成 v_{ij}。于是决策问题中的信息可用如下矩阵表示：

$$\begin{array}{c}\\a_1\\a_2\\\vdots\\a_m\end{array}\begin{array}{c}\theta_1\quad\theta_2\quad\cdots\quad\theta_n\\\left[\begin{matrix}v_{11} & v_{12} & \cdots & v_{1n}\\v_{21} & v_{22} & \cdots & v_{2n}\\\vdots & \vdots & & \vdots\\v_{m1} & v_{m2} & \cdots & v_{mn}\end{matrix}\right]\end{array}$$

根据决策目标的不同，矩阵的元素 v_{ij} 可以代表收益（如利润、产值、产量等），也可以代表支出（如费用、损失等）。这样的矩阵称为损益矩阵。

非确定型决策常用的决策准则有下面四种，分述如下。

9.2.1 等可能性准则

等可能性准则又称拉普拉斯（Laplace）准则。19 世纪著名数学家拉普拉斯认为，人们面临一个事件的集合，在没有什么特殊理由说明时间集合中的某个事件，比其他事件有更多的机会发生时，只能认为它们发生的机会是等可能的。根据这个观点，决策者在决策时认为各未来状态出现的可能性相同，然后计算各策略所得结果的平均值，比较其大小来确定最优策略。

例2 对例1用等可能性准则进行决策。

各状态（销售量）出现的可能性相等，均为 $\frac{1}{3}$。设策略 a_i 所获得利润的平均值为 $E(a_i)$，则

$$E(a_1) = \frac{1}{3}(20 + 20 + 20) = 20$$

$$E(a_2) = \frac{1}{3}(10+40+40) = \boxed{30}$$
$$E(a_3) = \frac{1}{3}(0+30+50) = \boxed{30}$$

决策问题的目标是求利润最大化，最优策略 a_i^* 应为 a_2 或 a_3，即每天进货 2000 个或 3000 个零部件，平均每天可获得利润 30 元。计算结果也可列在收益矩阵的外右侧，然后选其中最大的打上方框，其对应的策略为最优策略，即：

$$\begin{array}{c} & \begin{array}{ccc} 1000 & 2000 & 3000 \end{array} & \text{平均值} \\ \begin{array}{c} 1000 \\ 2000 \\ 3000 \end{array} & \left[\begin{array}{ccc} 20 & 20 & 20 \\ 10 & 40 & 40 \\ 0 & 30 & 50 \end{array}\right] & \begin{array}{l} 20 \\ 30 \leftarrow \max \\ 30 \leftarrow \max \end{array} \end{array}$$

当决策者不能肯定某一状态比另一状态出现的可能性大时，可考虑用等可能性准则进行决策。

对于有 n 种状态的决策问题，各状态出现的可能性均为 $\frac{1}{n}$。当决策目标是求收益最大时，策略 a_i 的收益平均值为

$$E(a_i) = \frac{1}{n}\sum_{j=1}^{n} v_{ij}$$

最优策略 a_i^* 为最大平均值

$$\max_{a_i}\left\{\frac{1}{n}\sum_{j=1}^{n} v_{ij}\right\}$$

所对应的策略，即

$$E(a_i^*) = \max_{a_i}\left\{\frac{1}{n}\sum_{j=1}^{n} v_{ij}\right\}$$

当决策目标是成本或费用最小时，等可能性准则的计算公式为

$$E(a_i^*) = \min_{a_i}\left\{\frac{1}{n}\sum_{j=1}^{n} v_{ij}\right\}$$

9.2.2 最大最小（或最小最大）准则

最大最小（或最小最大）准则又称华尔德（Wald）准则，其基本思想是从最坏的结果着想，再从最坏的结果中选取其中最好的结果。因此这个决策准则又称保守（或悲观）准则。

对于离散型对策问题，当决策目标是求效益最大时，（最大最小准则）是在各策略（矩阵的行）所对应的各未来状态（矩阵的列）的结果中选出最小值，并列在矩阵的外右侧，再从这列中选出最大值（小中取大），该最大值所对应的策略就是最优策略。

例 3 用最大最小准则对例 1 进行决策。

重列利润矩阵,并在矩阵外右侧列出 $\min_{\theta_j}\{v_{ij}\}$,然后"小中取大"得

$$\begin{array}{c} \quad 1000 \quad 2000 \quad 3000 \quad \min_{\theta_j}\{v_{ij}\} \\ \begin{array}{c} 1000 \\ 2000 \\ 3000 \end{array}\!\! \left[\begin{array}{ccc} 20 & 20 & 20 \\ 10 & 40 & 40 \\ 0 & 30 & 60 \end{array}\right] \begin{array}{l} \boxed{20} \leftarrow \max \\ 10 \\ 0 \end{array} \end{array}$$

因此,$a_i^* = a_1$,即最优策略是每天进货 1000 个,每天稳获利润 20 元。

一般地,当结果 v_{ij} 表示收益时,对于策略 a_i,最小收益是 $\min_{\theta_j}\{v_{ij}\}$,再对各 a_i 求最大值(记为 $V(a_i^*)$),因此最大最小准则的计算公式为

$$V(a_i^*) = \max_{a_i} \min_{\theta_j}\{v_{ij}\}$$

a_i^* 为最大值 $V(a_i^*)$ 所对应的最优策略。

当 v_{ij} 表示费用或损失时,最小最大准则的计算公式为

$$V(a_i^*) = \min_{a_i} \max_{\theta_j}\{v_{ij}\}$$

a_i^* 为最优策略。

当决策者害怕承担风险,或者由于情况不明,一旦决策失误会造成严重后果时,决策人往往比较谨慎小心,态度趋于保守。在这种情况下可考虑用最大最小(或最小最大)决策准则。

9.2.3 折衷准则

与上述保守准则刚好相反的是乐观或冒险的决策。当决策目标是收益最大时,冒险的决策是"大中取大",即有表达式

$$V(a_i^*) = \max_{a_i} \max_{\theta_j}\{v_{ij}\}$$

当决策目标是费用或损失最小时,冒险的决策是"小中取小",即有表达式

$$V(a_i^*) = \min_{a_i} \min_{\theta_j}\{v_{ij}\}$$

这样决策显然过于乐观或冒险了。把保守和冒险两种极端情况进行某种程度的折衷,就是折衷准则。这个准则是由胡尔维茨(Hurwitz)提出的,因此又称胡尔维茨准则。

用折衷准则进行决策时,是保守程度多一点还是冒险程度多一点,取决于决策者的态度,而冒险(或保守)程度的定量表示可用权数 λ(或 $1-\lambda$),$0 < \lambda < 1$。

当 v_{ij} 是收益时,这个决策准则的计算公式为

$$V(a_i^*) = \max_{a_i}\left\{\lambda \max_{\theta_j} v_{\{ij\}} + (1-\lambda)\min_{\theta_j} v_{\{ij\}}\right\}$$

当 v_{ij} 是费用或损失时,这个决策准则的计算公式为

$$V(a_i^*) = \min_{a_i}\left\{\lambda \min_{\theta_j} v_{\{ij\}} + (1-\lambda)\max_{\theta_j} v_{\{ij\}}\right\}$$

其中 v_{ij} 为最优策略。

权数 λ 称为乐观系数或调整系数，λ 在区间（0，1）内取何值，取决于决策者的态度。当决策者很难确定是保守一点还是冒险一点时，取 $\lambda = \dfrac{1}{2}$ 似乎比较合理。因为当取 $\lambda = 1$ 或 $\lambda = 0$ 时就变为冒险或保守的决策了。

例 4 考虑例 1，设 $\lambda = 0.7$，用折衷准则进行决策。

为方便起见，先在利润矩阵外右侧列出 $\max\limits_{\theta_j}\{v_{ij}\}$ 和 $\min\limits_{\theta_j}\{v_{ij}\}$ 的数值：

$$\begin{array}{c} \quad\quad 1000\ \ 2000\ \ 3000 \quad \max\limits_{\theta_j}\{v_{ij}\} \quad \min\limits_{\theta_j}\{v_{ij}\} \\ \begin{array}{c}1000\\2000\\3000\end{array}\left[\begin{array}{ccc}20 & 20 & 20\\10 & 40 & 40\\0 & 30 & 60\end{array}\right] \quad \begin{array}{c}20\\40\\60\end{array} \quad\quad \begin{array}{c}20\\10\\0\end{array}\end{array}$$

然后计算 $V(a_i) = 0.7\max\limits_{\theta_j} v_{ij} + 0.3\min\limits_{\theta_j} v_{ij}$，如下：

$$V(a_1) = 0.7 \times 20 + 0.3 \times 20 = 20$$
$$V(a_2) = 0.7 \times 40 + 0.3 \times 10 = 31$$
$$V(a_3) = 0.7 \times 60 + 0.3 \times 0 = \boxed{42} \leftarrow \max$$

因此，$V(a_i^*) = V(a_3)$，即最优策略是每天进货 3000 个，每天获利润 42 元，这是决策者持比较乐观的态度，λ 取 0.7 的结果。

9.2.4 后悔值准则

后悔值准则是由经济学家塞维基（Savage）提出的，因此又称塞维基准则。它是对最大最小（或最小最大）准则的一种修正，为了使保守程度少一些。

"后悔值"是这样的：某一状态 θ_j 出现时，对应这一状态的最优策略就可知道，如果决策者当初没有采取这一策略，而是采取了其他策略，这时他会觉得后悔。该状态 θ_j 出现时的最优策略（记为 a_k）的结果 v_{kj} 与所采取策略 θ_i 的结果 v_{ij} 的差额称为后悔值（regret value），记为 r_{ij}。后悔值代表了决策者由于当初未采取对应某一状态出现时的最优策略，而是采取了其他策略所造成的损失值，所以后悔值又称为机会损失值。例如在例 1 的决策问题中，当状态 θ_1 出现（即销售量为 1000 个）时，最优策略为 a_1（即进货 1000 个），如果决策者当初未采取这一策略，而是采取了策略 a_2，则后悔值 $r_{21} = 20 - 10 = 10$；当采取策略 a_3 时，后悔值 $r_{23} = 20 - 0 = 20$。

一般地，当 v_{ij} 表示收益时，后悔值为

$$r_{ij} = \max\limits_{a_i}\{v_{ij}\} - v_{ij}$$

当 v_{ij} 表示费用或损失时，后悔值为

$$r_{ij} = v_{ij} - \min\limits_{a_i}\{v_{ij}\}$$

后悔值是一种"损失值"，对它们用最小最大准则就是后悔值准则，其计算公式为

$$V(a_i^*) = \min_{a_i} \max_{\theta_j} \{r_{ij}\}$$

对于离散型决策问题，后悔值可用如下矩阵表示：

$$\begin{array}{c} & \theta_1 & \theta_2 & \cdots & \theta_n \\ a_1 \\ a_2 \\ \vdots \\ a_m \end{array} \begin{bmatrix} r_{11} & r_{12} & \cdots & r_{1n} \\ r_{21} & r_{22} & \cdots & r_{2n} \\ \vdots & \vdots & & \vdots \\ r_{m1} & r_{m2} & \cdots & r_{mn} \end{bmatrix}$$

这个矩阵称为后悔值矩阵。

例5 用后悔值准则对例1的问题进行决策。

对例1问题的后悔值矩阵的求法，实际上是在前面所列的利润矩阵中，选出各列中的最大元素（分别为20、40和60），然后减去相应列的各元素，得如下后悔值矩阵：

$$\begin{array}{c} & \theta_1 & \theta_2 & \cdots & \theta_n & \max\{r_{ij}\} \\ a_1 \\ a_2 \\ a_3 \end{array} \begin{bmatrix} 0 & 20 & 40 \\ 10 & 0 & 20 \\ 20 & 10 & 0 \end{bmatrix} \begin{array}{l} 40 \\ \boxed{20} \leftarrow \max \\ \boxed{20} \leftarrow \max \end{array}$$

利用"大中取小"，可得最优策略 $a_i^* = a_2$ 或 a_3，即每天进货2000或3000个。

以上例子都是离散型的，对于连续型的决策问题，上述各个决策准则的计算公式仍然适用，只是求最大值和最小值的方法有所不同。

例6 某工厂有一个车间有四台不同型号的机床，它们都可生产某种交通设备。每一台机床生产这种设备的准备费和单位设备的生产费用均不同，设第 i 台机床的生产准备费为 K_i，单位生产费为 C_i，具体数据列于表9.1中。

表9.1

机床 i	1	2	3	4
K_i	100	40	150	90
C_i	5	12	3	8

该设备的生产批量 Q 是个未知数，但满足 $1000 \leq Q \leq 4000$。设第 i 台机床生产该设备的成本 z_i 是批量 Q 的线形函数：

$$z_i = K_i + C_i Q, \quad i = 1, 2, 3, 4$$

问选用哪一台机床最为经济？

显然，这里的状态是生产批量 Q，对于采用的策略 a_i（选用哪台机床），其结果值是生产成本 z_i，它是批量（状态）Q 的连续函数，不能像离散型决策问题那样采用矩阵形式表示。下面分别用四种决策准则确定最优策略。

1）等可能性准则

生产批量（状态）Q 是取值于在[1000，4000]的一个随机变量，根据等可能性准则，必须假设 Q 取[1000，4000]中任一值的可能性（概率）相同，因此 Q 应是在[1000，4000]上均匀分布的一个随机变量，其概率密度函数为

$$f(x) = \begin{cases} \dfrac{1}{3000}, & 1000 \leqslant Q \leqslant 4000 \\ 0, & 其他 \end{cases}$$

显然，第 i 台机床的生产成本 z_i 也是一个随机变量，选取策略 a_i（选用第 i 台机床）的生产成本 z_i 的平均值记为 $E(z_i)$，其值为

$$E(z_i) = \int_{1000}^{4000} (K_i + C_i Q) \cdot \frac{1}{3000} \mathrm{d}Q$$
$$= K_i + 2500 C_i,\ i = 1,2,3,4$$

最小平均值

$$E(z_i^*) = \min_{a_j} \{K_i + 2500 C_i\} = \min\{126\,000, 30\,040, 7\,650, 20\,090\} = 7650$$

它所对应的策略为最优策略，即 $a_i^* = a_3$。选第 3 台机床最好，费用为 7650 元。

2）最小最大准则

由于单位生产费 $C_i > 0$，生产成本 z_i 是生产批量 Q 的单调递增函数，因此 $Q=4000$ 时生产成本最大，即

$$\max_{1000 \leqslant Q \leqslant 4000} \{K_i + C_i Q\} = K_i + 4000 C_i,\ i = 1,2,3,4$$

根据最小最大准则的计算公式，有

$$V(a_i^*) = \min_{a_i} \max_{1000 \leqslant Q \leqslant 4000} \{K_i + C_i Q\}$$
$$= \min_{a_i} \{K_i + 4000 C_i\}$$
$$= \min\{20\,100, 48\,040, 12\,150, 32\,090\}$$
$$= 12\,150$$

因此，$a_i^* = a_3$，即选第 3 台机床最好，其费用为 12 150 元。

3）折衷准则

设乐观系数 $\lambda = 0.7$，作类似于上述最小最大准则的分析，可使用折衷准则，得最优决策值

$$V(a_i^*) = \min_{a_i} \left\{ 0.7 \min_{1000 \leqslant Q \leqslant 4000} (K_i + C_i Q) + 0.3 \max_{1000 \leqslant Q \leqslant 4000} (K_i + C_i Q) \right\}$$
$$= \min_{a_i} \{0.7(K_i + 1000 C_i) + 0.3(K_i + 4000 C_i)\}$$
$$= \min\{9600, 22\,840, 5850, 15\,290\}$$
$$= 5850$$

因此，$a_i^* = a_3$，即仍选第 3 台机床最好，其费用为 5850 元。

4）后悔值准则

用后悔值准则进行决策时，首先要确定的是后悔值，在连续型决策问题中，要确定后悔函数。对于批量为 Q，采取的策略为 a_i 的后悔函数记为 $r(a_i, Q)$，类似于后悔值的定义，后悔函数

$$r(a_i, Q) = K_i + C_i Q - \min_{a_i} \{K_i + C_i Q\},\ i = 1,2,3,4$$

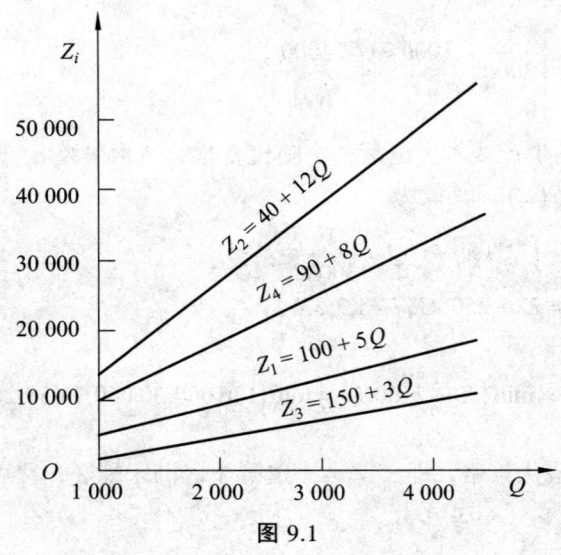

图 9.1

由图 9.1 知

$$\min_{a_i}\{K_i + C_iQ\} = K_3 + C_3Q = 150 + 3Q$$

因此

$$r(a_i, Q) = K_i + C_iQ - 150 - 3Q = (C_i - 3)Q + K_i - 150$$

由后悔值准则的计算公式，有

$$V(a_i^*) = \min_{a_i} \max_{1000 \leq Q \leq 4000} \{(C_i - 3)Q + K_i - 150\}$$

显然 $C_1 - 3 \geq 0$，$r(a_i, Q) = (C_i - 3)Q + K_i - 150$ 是单调递增函数，因为

$$\begin{aligned}V(a_i^*) &= \min_{a_j}\{(C_1 - 3)Q_2 + K_i - 150\} \\ &= \min\{7\,950, 35\,890, 0, 19\,940\} \\ &= 0\end{aligned}$$

可见 $a_i^* = a_3$，即最优策略仍为选第 3 台机床。

以上非确定型的四种决策准则究竟哪一种最为合理，现在理论上还不能证明。在实际工作中选用哪一种准则进行决策，要由决策者根据主观情况具体决定。

9.3 风险型决策

风险型决策是指在决策问题中，决策者除了知道未来可能出现的那些状态外，还知道出现这些状态的概率分布。换句话说，状态是一个随机变量，当它的概率分布已知时，决策是风险型的。当概率分布为离散型时，决策为离散型风险决策，否则为连续型风险决策。

与非确定型决策一样，风险型决策也有不同的决策准则，最常用的是期望值准则，此外还有期望值与标准值准则、最大可能性准则等。

9.3.1 期望值准则

期望值准则是把每个策略（方案或行动）的期望值求出来，然后根据期望值的大小确定最优策略。对于离散型决策问题，假定有 m 种策略，n 种状态，第 j 种状态 θ_j 出现的概率为 $P(\theta=\theta_j)=p_j$，对于策略 a_i 和状态 θ_j 的结果为 $v(a_i,\theta_j)$，并简记成 v_{ij}，这样就可把这些数据像非确定型离散决策那样，用一个矩阵来表示，但把概率 p_j 写在矩阵的上面一行。

表 9.2

v_{ij} $\begin{matrix}\theta_j\\p_j\end{matrix}$ a_i	θ_1 θ_2 $\cdots$ θ_n
	p_1 p_2 $\cdots$ p_n
a_1 a_2 $\vdots$ a_m	$\begin{bmatrix} v_{11} & v_{12} & \cdots & v_{1n} \\ v_{21} & v_{22} & \cdots & v_{2n} \\ \vdots & \vdots & & \vdots \\ v_{m1} & v_{m2} & \cdots & v_{mn} \end{bmatrix}_{m\times n}$

策略 a_i 的期望值 $E[v(a_i,\theta)]$ 简记为 $E(a_i)$，其值为

$$E(a_i)=\sum_{j=1}^{n}p_jv_{ij}, \quad i=1,2,\cdots,m$$

当决策目标为收益最大（即 v_{ij} 代表收益）时，最优策略为期望值最大所对应的策略，即

$$E(a_i^*)=\max_{a_i}\{E(a_i)\}=\max_{a_i}\left\{\sum_{j=1}^{n}p_jv_{ij}\right\}$$

当决策目标为费用（或损失）最小时，最优策略应为期望值最小所对应的策略，即

$$E(a_i^*)=\min_{a_i}\{E(a_i)\}=\min_{a_i}\left\{\sum_{j=1}^{n}p_jv_{ij}\right\}$$

具体确定最优策略时，可把求得的期望值 $E(a_i)$ 写在上述矩阵的外右侧，然后选其中最大值或最小值，它们所对应的策略为最优策略。

例 7 在例 1 中，假定根据已往的统计资料估计交通设施零部件每天销售 1000、2000 和 3000 个的概率分别为 0.3、0.5 和 0.2，有关数据列成矩阵如下：

$$\begin{array}{c}
\theta_j \to \quad 1000 \quad 2000 \quad 3000 \\
a_i \quad p_j \to \quad 0.3 \quad\;\; 0.5 \quad\;\; 0.2 \quad E(a_i) \\
\downarrow \\
\begin{matrix}1000\\2000\\3000\end{matrix} \begin{bmatrix} 20 & 20 & 20 \\ 10 & 40 & 40 \\ 0 & 30 & 60 \end{bmatrix} \begin{matrix}20\\\boxed{31}\leftarrow\max\\27\end{matrix}
\end{array}$$

用期望值准则决策，首先计算各策略（进货量）的期望值：

$$E(a_1)=0.3\times 20+0.5\times 20+0.2\times 20=20$$
$$E(a_2)=0.3\times 10+0.5\times 40+0.2\times 40=\boxed{31}$$
$$E(a_3)=0.3\times 0+0.5\times 30+0.2\times 60=27$$

最优策略 $a_i^*=a_2$，即每天进货 2000 个最好，每天利润期望值为 31 元。

对于连续型决策问题，设状态这个随机变量 θ 的概率密度函数为 $f(\theta)$，则对应于策略 a_i 的期望值为

$$E(a_i) = \int_{-\infty}^{+\infty} v(a_i, \theta) f(\theta) d\theta$$

当 $v(a_i, \theta)$ 表示收益时，最优策略为下式所对应的策略：

$$E(a_i^*) = \max_{a_i}\{E(a_i)\} = \max_{a_i}\left\{\int_{-\infty}^{+\infty} v(a_i, \theta) f(\theta) d\theta\right\}$$

当 $v(a_i, \theta)$ 表示费用或损失时，最优策略为下式所对应的策略：

$$E(a_i^*) = \min_{a_i}\{E(a_i)\} = \min_{a_i}\left\{\int_{-\infty}^{+\infty} v(a_i, \theta) f(\theta) d\theta\right\}$$

例 8 考虑例 6 的决策问题。如果状态——生产批量 Q 的概率密度函数为 [1000, 4000] 上的均匀分布，即

$$f(Q) = \begin{cases} \dfrac{1}{3000}, & 1000 \leqslant Q \leqslant 4000 \\ 0, & \text{其他} \end{cases}$$

那么其结论同非确定型按等可能性（拉普拉斯）准则决策时一样，即

$$E(a_i) = \int_{1000}^{4000} (K_i + C_i Q) \frac{1}{3000} dQ$$
$$= K_i + 2500 C_i, \quad i = 1,2,3,4$$
$$E(a_i^*) = \min_{a_i}\{K_i + 2500 C_i\}$$
$$= \min\{13\,500, 30\,040, 7650, 20\,090\}$$
$$= 7650$$

可见 $a_i^* = a_3$，选第 3 台机床最好。

9.3.2 期望值与标准差准则

应用期望值准则时，首先要求状态出现的概率估计或预测得较符合实际，只有这样算得的期望值才比较准确，据此作出的决策也才比较正确。然而要估计或预测的概率符合实际，重要的是必须对决策系统进行较长时间的观测和占有大量的统计资料，换句话说，必须使决策系统处于所谓"长期运行"之中，才能较准确地估计出状态的概率。如果决策系统由于各种因素的限制，只能或暂时只能处于"短期运行"，这就使得观察的时间不够长、收集的数据不够充分、估计出的状态概率不够准确，从而有可能导致决策错误。为了减少决策失误的可能性，希望找到一个期望值最大（或最小）、决策的结果值偏离期望值的程度又小的策略，即希望找到一个期望值达到最大（或最小）、标准差又达到最小的策略。综合考虑这两方面因素的便是期望值与标准差准则。

期望值与标准差准则可以用一个综合值表达。当决策目标是求收益最大时，对于决策 a_i，综合值为

$$ED(a_i) = E(a_i) - K\sigma(a_i), \quad i = 1,2,\cdots,m$$

式中：$E(a_i)$ 为策略 a_i 的期望值；$\sigma(a_i)$ 为策略 a_i 的标准差；K 是一个常数，通常称为"风险厌恶因子"，它表示标准差 $\sigma(a_i)$ 对期望值 $E(a_i)$ 的"重要程度"。如果决策者对低于 $E(a_i)$ 的收益十分敏感，可取大于 1 的 K 值。最优策略是综合值 $ED(a_i)$ 最大的策略，即 a_i^* 是对应于

$$\max_{a_i}\{ED(a_i)\} = \max_{a_i}\{E(a_i) - K\sigma(a_i)\}$$

的策略。

当决策目标是要求费用或损失最小时，最优策略是综合值

$$ED(a_i) = E(a_i) + K\sigma(a_i), \quad i = 1, 2, \cdots, m$$

达最小的策略，即 a_i^* 是对应于

$$\min_{a_i}\{ED(a_i)\} = \min_{a_i}\{E(a_i) + K\sigma(a_i)\}$$

的策略。

例 9 用期望值与标准差准则对例 7 进行决策（设 $K=1$）。

根据 $E(a_i) = \sum_{j=1}^{3} p_i v_{ij}$，$\sigma(a_i) = \sqrt{\sum_{j=1}^{3} p_i \left[v_{ij} - E(a_i)\right]^2}$ 和 $ED(a_i) = E(a_i) - K\sigma(a_i)$ 算得的数值，列于收益矩阵的外右侧：

$$\begin{array}{c c c c c c c}
 & 1000 & 2000 & 3000 & & & \\
 & 0.3 & 0.5 & 0.2 & E(a_i) & \sigma(a_i) & ED(a_i) \\
a_1 & \begin{bmatrix} 20 & 20 & 20 \\ 10 & 40 & 40 \\ 0 & 30 & 60 \end{bmatrix} & & & 20 & 0 & \boxed{20} \leftarrow \max \\
a_2 & & & & 31 & 12 & 19 \\
a_3 & & & & 27 & 16 & 11
\end{array}$$

由于 $\max_{a_i}\{ED(a_i)\} = 20$，故最优策略 $a_i^* = a_1$，即每天进货 1000 个。

如果决策者对获得的利润低于利润的期望值不太敏感，则可把 K 值取得小些。设 $K=0.8$，这时策略 a_1, a_2 和 a_3 的综合值 $ED(a_i)$ 分别为 20、21.4 和 14.2，最优策略变为 a_2，每天进货 2000 个最好。

对于连续型的决策问题可做类似的讨论，这里不予阐述。

9.3.3 最大可能性准则

最大可能性准则是按可能性最大的那种状态来选取最优策略，也就是说，挑选一个概率最大的状态进行决策，其他的状态不予考虑。这实际上是把一个风险型决策问题变为一个相应的确定型决策问题。这是一种简化，不仅是为了分析的方便，更主要地还是为了实用。在例 7 中把零件每天销售量的概率改为如表 9.3 所示。

表 9.3

销售量	1000	2000	3000
概率	0.04	0.93	0.03

显然，可以只考虑概率最大（0.93）的那个销售量（2000），并在这个状态下进行决策：

表 9.4

策略 a_i	a_1	a_2	a_3
状态 2000	20	40	30

利润最大值为 40（元/天），最优策略为 a_2，即每天进货 2000 个。

最大可能性准则用起来较简单，但要强调指出的是，只有在某种状态的概率比其他状态的概率大很多时才能使用。如果某种状态的概率虽然较大，但不是很大，或者状态数较多，除某一状态的概率较大外，其余状态的概率都很小且很接近时，都不宜采用最大可能性准则。譬如对于例 7 就不能用这个准则，这是因为销售量为 2000 个的概率为 0.5，与其他状态的概率相比虽然是最大的，但大得不是很多。

9.4 决策树

对于离散型风险决策，在用期望值准则决策时，前面已介绍如何用矩阵形式表达和分析。这虽是一种常用的方法，但对于较为复杂的离散型风险决策却很不方便，尤其是对需逐次进行决策的"多级决策问题"更是如此，甚至无法使用。利用决策树能弥补这个缺陷，而且形象直观，思路清晰。

决策树是一个按逻辑关系画出的树形图。图 9.2 是简单决策树的示意图。

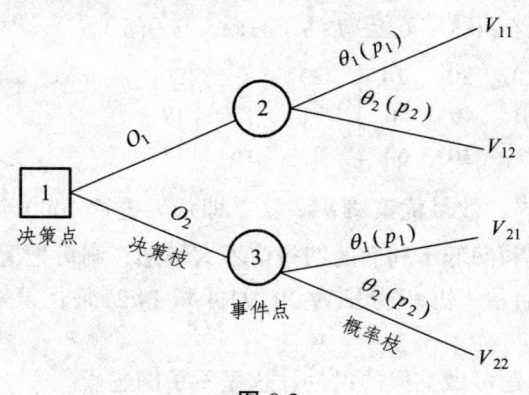

图 9.2

画决策树的方法一般是，在左端首先画一个方框作为出发点，叫作决策点。从决策点画出若干条直线，每一条直线代表一个策略，这些直线叫决策枝。在各个策略枝的末端画一个圆圈，它们叫事件点（或机会点）。从事件点引出若干条直线，每条直线代表一种状态，这些直线叫概率枝。把各个策略在各种状态下的结果（收益或费用）记在概率枝的末端，这样就构成了一个决策树。

计算各事件点的期望值和决策树时，顺序是从右往左。各事件点的期望值注在该点之上，然后从中选出最优策略，并把最优策略的期望值注在决策点上，不取的策略在其策略枝上打上双斜线"//"。

下面利用决策树这个决策分析工具，对单级决策问题、多级决策问题和有补充信息的决策问题进行分析和求解。

9.4.1 单级决策问题

单级决策问题是指只包含一项决策的问题,在决策树中只有一个决策点。决策的准则是期望值的准则。

例10 某公司为生产一种产品需要建设一个工厂。建厂有两个方案:一个是建大厂,投资 300 万元;一个是建小厂,投资 160 万元。大厂或小厂用于生产该产品的期限都是 10 年。根据市场预测,在该产品生产的 10 年期限内,前三年销路好的概率为 0.7,而如果前三年销路好,后七年销路好的概率为 0.9;如果前三年销路差,则后七年销路肯定差。在 10 年期限内两个方案每年回收的资金(万元)为:

$$\begin{matrix} & 销路好 & 销路差 \\ 大厂 & \begin{bmatrix} 100 & -20 \\ 40 & 10 \end{bmatrix} \\ 小厂 & \end{matrix}$$

根据要求使用决策树方法,根据 10 年获得总利润(期望值)的大小确定哪个方案较好。

画出决策树,如图 9.3 所示。

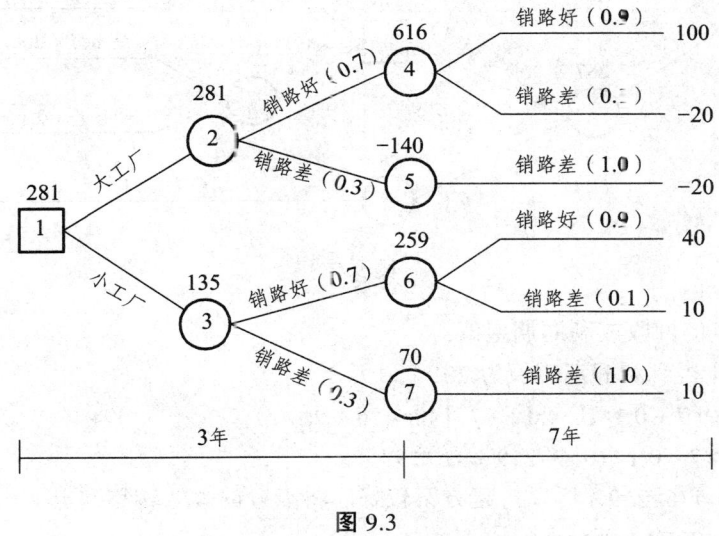

图9.3

计算各事件点的回收或利润的期望值:

点 4:0.9×100×7 + 0.1×(-20)×7=616(万元)

点 5:1.0×(-20)×7=-140(万元)

点 2:0.7×616 + 0.3×(-140) + 0.7×100×3 + 0.3×(-20)×3-300=281(万元)

即建大厂的期望利润为 281 万元。

点 6:0.9×40×7 + 0.1×10×7=259(万元)

点 7:1.0×10×7=70(万元)

点 3:0.7×259 + 0.3×70 + 0.7×40×3 + 0.3×10×3-160=135(万元)

即建小厂的期望利润为 135 万元。

比较事件点 2 和事件点 3 的期望值,点 2 的数值大,即建大厂的利润期望值大,最优策略为建大厂,把点 2 的期望值注在决策点 1 上。

9.4.2 多级决策问题

多级决策问题是指需从右往左依次作出两项或两项以上决策的问题,反映在决策树中有两个或两个以上的决策点。画多级决策问题的决策树和计算各事件点的期望值与单级决策问题没有本质的区别,只是比较复杂、计算量大些。

例 11 再考虑例 10 的问题,现在假定还有第三方案,即先建小厂,若销路好,则三年后扩建成大厂,扩建投资为 140 万元。扩建后该产品只生产七年,每年的回收资金与第一方案建大厂相同。这个方案与第一方案相比,哪个经济效益好?

第一和第二方案在例 11 中已比较过,第一方案(建大厂)好。在画本问题决策树时,略去第一方案(建大厂)的一部分"树枝",只保留建大厂方案的策略枝及其事件点 2。根据题意和有关数据,本题的决策树如图 9.4 所示。

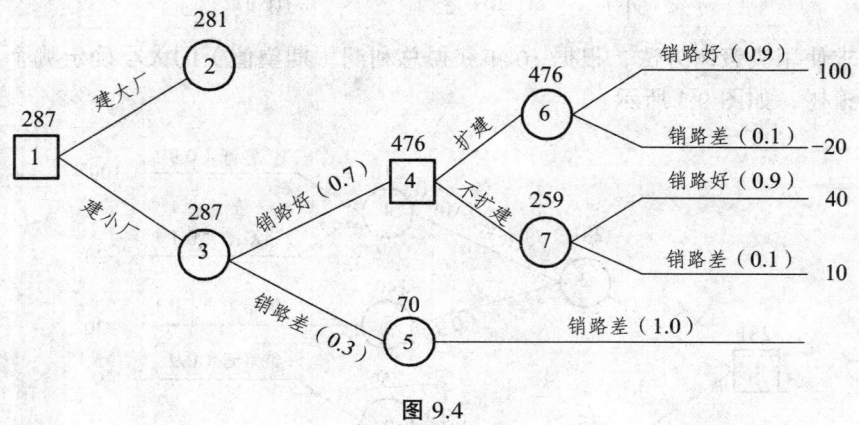

图 9.4

计算各事件点的回收或利润期望值:

点 2:由例 11 得到利润期望值为 281(万元)

点 6:0.9×100×7 + 0.1×(-20)×7-140=476(万元)

点 7:0.9×40×7 + 0.1×10×7=259(万元)

决策点 4:因 476>259,所以扩建方案较好。将点 6 的 476 转移到点 4。

点 5:1.0×10×7=70(万元)

点 3:0.7×476 + 0.3×70 + 0.7×40×3 + 0.3×10×3-160=287(万元)

决策点 1:因 287>182,所以第三方案比第一方案好,即最优策略是先建小厂,若销路好,三年后再扩建成大厂,十年的利润期望值为 287 万元。

例 12 某石油公司想在某地勘探石油,它有两个方案可供选择:一个是先勘探,然后决定钻井或不钻井;另一个是不勘探,只凭经验来决定钻井或不钻井。假定勘探的费用每次 1 万元,钻井费为 7 万元。直接钻井,出油的情况及其概率如表 9.5 所示。

表 9.5

出油情况	无油(θ_1)	油量少(θ_2)	油丰富(θ_3)
概率 $P(\theta_j)$	0.5	0.3	0.2

据估计,如油量少,可收入 12 万元;如油量丰富,收入可达 27 万元。

如果先进行勘探，它的结果可能有地质构造差、构造一般和构造良好三种情况。据分析，它们的概率分别是 0.41、0.35 和 0.24。对不同的地质构造条件，钻井后出油情况及其概率如下：

$$\begin{array}{c} & 差(s_1) & 一般(s_2) & 良好(s_3) \\ 无油(\theta_1) \\ 油少(\theta_2) \\ 油多(\theta_3) \end{array} \begin{bmatrix} 0.73 & 0.22 & 0.05 \\ 0.43 & 0.34 & 0.23 \\ 0.21 & 0.37 & 0.42 \end{bmatrix}$$

问题是如何决策可使公司的利润最大。

画决策树如图 9.5 所示，树右端的各数为利润值。

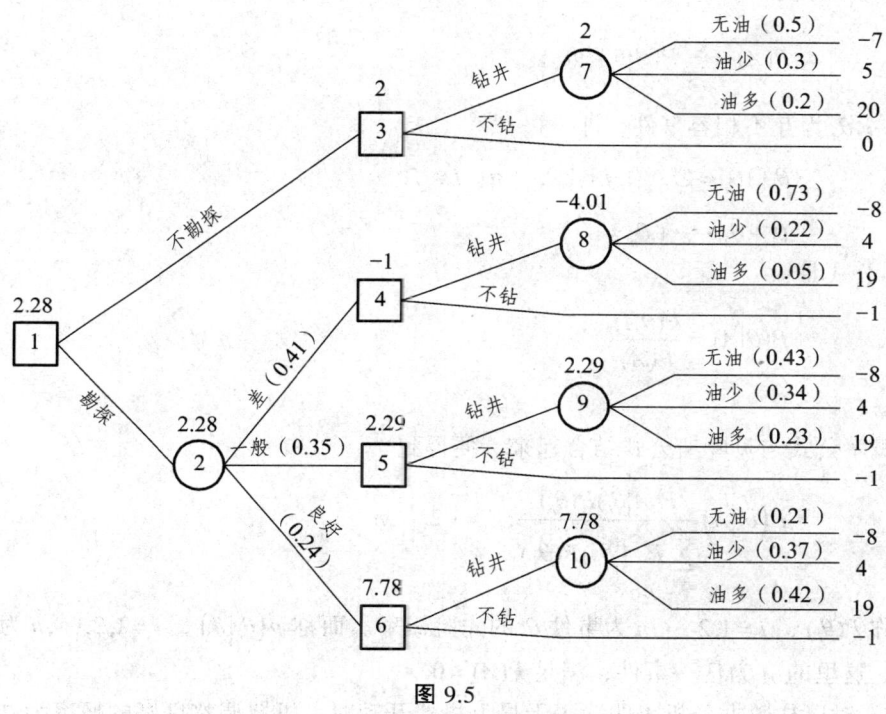

图 9.5

计算各事件点利润期望值和在各决策点进行决策：

点 7：$0.5 \times (-7) + 0.3 \times 5 + 0.2 \times 20 = 2$

点 8：$0.73 \times (-8) + 0.22 \times 4 + 0.05 \times 19 = -4.01$

点 9：$0.43 \times (-8) + 0.34 \times 4 + 0.23 \times 19 = 2.29$

点 10：$0.21 \times (-8) + 0.37 \times 4 + 0.42 \times 19 = 7.78$

决策点 3：max{2, 0}=2，选钻井方案。

决策点 4：max{-4.01, -1}=-1，选不钻井方案。

决策点 5：max{2.29, -1}=2.29，选钻井方案。

决策点 6：max{7.78, -1}=7.78，选钻井方案。

点 2：$0.41 \times (-1) + 0.35 \times 2.29 + 0.24 \times 7.78 = 2.28$

决策点 1：max{2, 2.28}=2.28。

由上可见，应选先进行地质勘探的方案，利润期望值为 22 800 元。

9.5 Bayes 决策

前面讨论的期望值决策方法，是根据自然状态 θ_j 及其概率 $P(\theta_j)$ 来计算期望值的，称 $P(\theta_j)$ 为先验概率。然而，先验概率是根据过去的经验所做的估计，为了更正确地进行决策，可采用有预报信息的贝叶斯（Bayes）决策方法。

所谓贝叶斯决策，就是根据调查研究所得到的信息，对先验概率进行修改，然后根据修改后的概率对应的期望值进行决策。

下面先复习概率论的两个基本公式。

全概率公式是：

$$P(A) = \sum_{i=1}^{n} P(A|\theta_i)P(\theta_i)$$

其中 $\theta_1, \theta_2, \cdots, \theta_n$ 为互不相容事件，即

$$\theta_i \bigcap \theta_j = \varnothing \quad (i, j = 1, 2, \cdots, n;\ i \neq j)$$

且

$$\theta_1 + \theta_2 + \cdots + \theta_n = U$$

Bayes 公式是：

$$P(\theta|A) = \frac{P(\theta A)}{P(A)}$$

这里 $P(A) \neq U$。

把全概率公式与贝叶斯公式结合起来，便得到

$$P(\theta_i|A) \frac{P(A|\theta_i)P(\theta_i)}{\sum_{j=1}^{n} P(A|\theta_j)P(\theta_j)},\ i = 1, 2, \cdots, n$$

我们称 $P(\theta_i)$，$i = 1, 2, \cdots, n$ 为事件 θ_i 的先验概率。而称 $p(\theta_i|A)$，$i = 1, 2, \cdots, n$ 为事件 θ_i 的后验概率。这里的 A 为任一事件，满足 $P(A) \neq 0$。

例 13 对以往数据分析表明，每天早上机器开动时，机器调整良好的概率为 75%，当机器调整得良好时，产品的合格率为 90%，而当机器发生故障时，产品的合格率为 30%。试求某日早上第一件产品是合格品时，机器调整得良好的概率是多少？

解 记 θ 为事件"机器调整良好"，A 为事件"产品合格"，由题意可知 $P(\theta) = 0.75$，$P(\overline{\theta}) = 0.25$，$P(A|\theta) = 0.9$，$P(A|\overline{\theta}) = 0.3$，所求概率为 $P(\theta|A)$。由贝叶斯公式

$$P(\theta|A) = \frac{P(A|\theta)P(\theta)}{P(A|\theta)P(\theta) + P(A|\overline{\theta})P(\overline{\theta})} = \frac{0.9 \times 0.75}{0.9 \times 0.75 + 0.3 \times 0.25} = 0.9$$

就是说，根据"生产出第一件产品是合格"这个信息，可以将机器调整良好的先验概率 $P(\theta) = 0.75$ 修改为后验概率 $P(\theta|A) = 0.9$。

决策是否正确与信息有密切的关系。决策者在决策过程中获得的信息越多，对未来状态出现概率的估计或预测就越准确，据此作出的决策也就越可靠。但为了获得较多的信息，需要进行调整、实验和咨询等。这往往要花费一笔费用，为了权衡这笔费用是否值得，有必要

对信息本身的价值进行计算。

一般地，设没有完全信息的期望值为 EV，全信息的期望值为 TIV，全信息的价值记为 V。当决策目标是收益最大时，

$$V = TIV - EV$$

当决策目标是费用最小时，

$$V = EV - TIV$$

实际上，在风险型决策中当然不可能取得完全的信息，只能取得一部分信息（补充信息）。取得补充信息后，会使原来的期望值发生变化。它的变化值，即取得补充信息后的收益（或费用）期望值（记为 IV）与原来期望值（EV）的差额代表了补充信息的价值（简称为信息价值，记为 V）。于是，当决策目标为收益最大时，信息价值为

$$V = IV - EV$$

当目标为费用最小时，信息价值

$$V = EV - IV$$

如果为取得补充信息而付出的费用超过它的价值 V，那么就没有必要收集这些信息了。

下面的例子说明补充信息及其价值的应用。

例 14 某工厂计划生产一种新型行车记录仪，该产品的销售情况有好（θ_1）、中（θ_2）和差（θ_3）三种，据以往的经验，估计三种情况的概率分布和利润如表 9.6 所示。

表 9.6

状态 θ_j	好 (θ_1)	中 (θ_2)	差 (θ_3)
概率 $P(\theta_j)$	0.25	0.30	0.45
利润/万元	15	1	-6

为进一步摸清市场对这种产品的需求情况，工厂通过调查和咨询等方式得到一份市场调查表。销售情况也有好（S_1）、中（S_2）和差（S_3）三种，其概率列于表 9.7 中。

表 9.7

$P(S_i|\theta_j)$	θ_1	θ_2	θ_3
好 (S_1)	0.65	0.25	0.10
中 (S_2)	0.25	0.45	0.15
差 (S_3)	0.10	0.30	0.75

假定得到市场调查表的费用为 0.6 万元。试问：

（1）补充信息（市场调查表）价值多少？

（2）如何决策可使利润期望值最大？

解 画决策树，如图 9.6 所示。

由图 9.6 知，要计算调查后的各个期望值，必须先计算概率 $P(S_i)$ 和后验概率 $P(\theta_j|S_i)$。计算概率 $P(S_i)$ 可把先验概率 $P(\theta_j)$ 和条件概率 $P(S_i|\theta_j)$ 代入如下全概率公式，求得

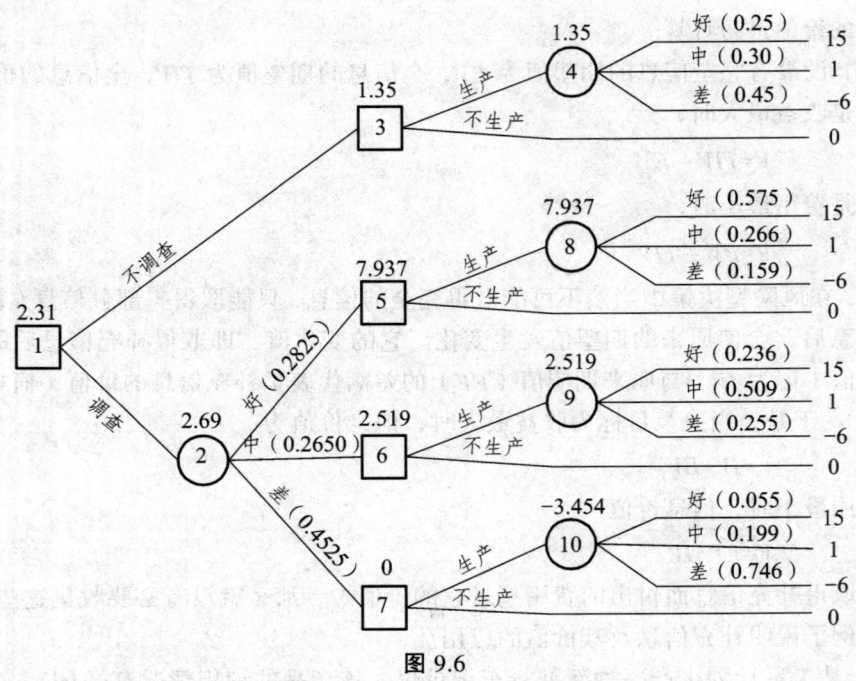

图 9.6

$$P(S_i) = P(\theta_1)P(S_i|\theta_1) + P(\theta_2)P(S_i|\theta_2) + P(\theta_3)P(S_i|\theta_3)$$

其结果见表 9.8。

使用贝叶斯公式计算后验概率 $P(\theta_j|S_i)$：

$$P(\theta_j|S_i) = \frac{P(S_i|\theta_j)P(\theta_j)}{P(S_i)}$$

将上述有关概率值代入贝叶斯公式，得表 9.9。

把 $P(S_i)$ 和 $P(\theta_j|S_i)$ 的数值写入决策树有关位置后，就可以计算各事件点的期望值和在各决策点上进行决策，其结果分别注在图 9.6 各点上，其中决策点 1 的期望值为 2.91-0.6（调查费）=2.31。

表 9.8

$P(\theta_j)P(S_i|\theta_j)$	θ_1	θ_2	θ_3	$P(S_i)$
S_1	0.1625	0.0750	0.0450	0.2825
S_2	0.0635	0.1350	0.0675	0.2650
S_3	0.0250	0.0900	0.3375	0.4525

表 9.9

$P(\theta_j|S_i)$	θ_1	θ_2	θ_3
S_1	0.575	0.266	0.159
S_2	0.236	0.509	0.255
S_3	0.055	0.199	0.746

由上表可知，补充信息的价值是 2.91-1.35=1.56（万元），取得市场调查表这个补充信息

的费用是 0.6 万元，因此取得补充信息是值得的。最优策略是进行市场调查，如果调查结果是新产品销路好或中，则进行生产，否则就不生产。这个策略获得的期望利润为 2.31 万元。

9.6 效用值及其应用

在风险型决策中，上述的几种决策准则中以期望值准则最为常用。但要注意的是，期望值准则只有在这样的情况下使用才是合理的：决策系统是"长期运行"的，状态的概率分布相当稳定，同一决策重复使用的次数较多，决策一旦失误造成的损失对决策者来说并不严重。然而现实问题并不总是这样，例如同一决策只使用一次，而且包含较大风险时，决策者往往并不采用期望值最大（或最小）的策略。在这里对决策者来说，存在一个效用（utility）问题。

9.6.1 效用与效用曲线

效用在决策分析中是一个较常用的概念，为了说明它的含义，先举一个例子。设有一个投资机会，两个方案可供选择。方案一是投资 10 万元，有 50% 的可能获得 20 万元利润，50% 的可能损失 10 万元；方案二是投资 10 万元，有 100% 的可能获得 2 万元利润。方案一、二的利润期望值分别为 5 万元和 2 万元，如用期望值准则，最优策略是方案一。如果投资者是甲和乙，甲投资者资本雄厚，一旦决策失误，损失掉投资的 10 万元，对他来说后果不算严重，他很可能采取方案一投资；乙投资者资金单薄，如采用方案一投资，风险很大，一旦损失掉投资的 10 万元，后果十分严重，他只能采取方案二投资。由此可见，不同的决策者由于所处的处境、条件等的不同，对于相同的期望值会有不同的反应和估价。随着处境和条件等变化，即使是同一个决策者，对同期望值的反应和估价也会变化。这种决策者对于利益或损失的反应和评价，称为效用，它对策略的选取有重大的影响。

效用的数量表示通常是效用值，它的大小可规定在 0 与 1 之间。为了叙述的方便，假定决策目标是求收益最大，这时确定效用值的方法是：把最大收益期望值的效用值定为 1，最小收益期望值的效用值定为 0，然后决策分析人员向决策者提出一系列的询问，根据决策者的回答确定不同收益的效用值。询问的方式可以这样：首先提出"以 0.5 的概率获得×××收益，以 0.5 的概率获得×××收益"的机会，然后问决策者，这个机会对他来说相当于收益多少；保持概率不变，改变收益值（注意：改变的收益值，应取在前面的机会中已求出其效用值的那些收益值），即提出另一机会，然后再请决策者对该机会作出判断。这样依次重复多次，就有算出决策者判断的收益的效用值。

下面用本节所举的投资例子方案一说明怎样具体计算效用值。假定被询问的决策者是投资者乙。设 $u(x)$ 代表利润为 x 万元的效用值，于是 $u(20)=1$，$u(-10)=0$。

机会一：以 0.5 的概率得 20 万元，0.5 的概率得 -10 万元。这个机会用树形图表示就是图 9.7，概率枝末端的数为利润，括号内的数为它们的效用值。

判断：该机会对他来说只相当于利润为 0。因此，$u(0)=0.5\times1 + 0.5\times0=0.5$。

机会二：以 0.5 的概率得 20 万元，0.5 的概率得 0 万元。

判断：该机会只相当于 8 万元利润。因此，$u(8)=0.5\times1 + 0.5\times0.5=0.75$。

机会三：以 0.5 的概率得 0 万元，0.5 的概率损失 10 万元。

判断：这个机会相当于损失 6 万元。因此，$u(-6)=0.5\times0.5 + 0.5\times0=0.25$。

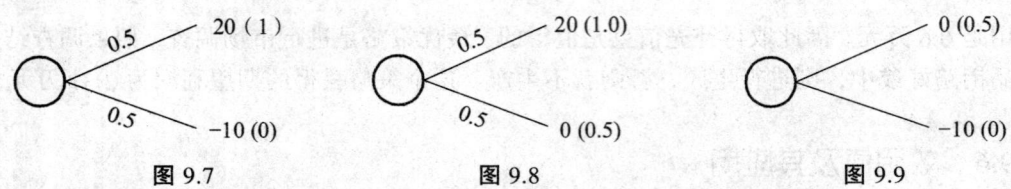

图9.7　　　　　　　图9.8　　　　　　　图9.9

为了求得其他没有作出判断的收益的效用值，可根据已算得的效用值画出效用曲线。以便做进一步的决策分析，该曲线以收益值为横坐标、效用值为纵坐标。对于本例，在坐标系中标出（-10，0）、（-6，0.25）、（0，0.5）、（8，0.75）和（20，1）各点，并连于光滑曲线，就得决策者乙的效用曲线（图9.10中的曲线乙）。这条效用曲线是向下凹的。

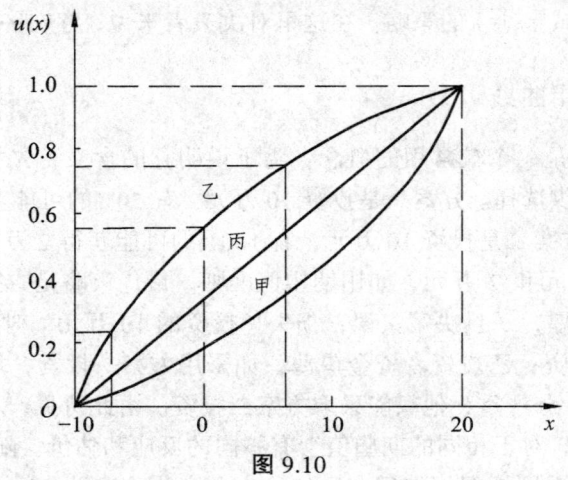

图9.10

效用曲线有三种基本类型：向下凹的、向上凹的和直线型的，如图9.10中的甲、乙、丙三条曲线。向下凹的曲线（曲线乙）表明，当收益值最大时，效用值增大较缓慢；当收益值减少时，效用值减少较快。这说明这种决策者对利益的反应较迟缓，而对损失较敏感，他是一个不求大利、避免风险的保守型决策者。向上凹的曲线（曲线甲）正好相反，这种决策者对利益的反应较敏感，对损失较迟缓，他是一个谋求大得、敢冒风险的冒险型决策者。介于两者之间的直线（直线丙）表明，收益的效用值与收益的期望值成正比。这类决策者是完全按照期望值大小来决策的人，他是一个介于保守型和冒险型之间的中间决策者。通过大量的调查，可以认为大多数决策者属于保守型，少数属于另外两种类型。

9.6.2　效用值准则

对于离散型风险决策问题，在用决策树方法进行决策时，采用的是期望值准则。如前所述，不同决策者对同一期望值，或同一决策者在不同时期和条件下，对同一期望值有着不同的效用。为了反映决策者对待风险的态度在决策中的影响，必须把各收益值用它的效用值代替，然后计算效用值的期望值，以它作为决策的准则。这就是效用值准则。

例15　考虑上述例14的新产品是否进行销售情况调查和生产的决策问题。用效用准则进行决策。

解　设15万元的效用值为1，-6万元的效用值为0。用上述求效用曲线的方法画出该厂决策者的效用曲线，如图9.11所示，这属于保守型效用曲线。从图上画出效值：

$u(-6)=0$,$u(0)=0.60$,$u(0.6)=0.62$,$u(1)=0.64$,$u(15)=1$

把图 9.6 中的各收益用相应效用值代替,然后算出各事件点的效用期望值,并在各决策点决策,可得图 9.12(各概率枝末端和各点上的括号内数值为效用值)。进行市场调查的期望效用值为 0.64-0.62=0.02,因此最优策略应为不进行市场调查和不生产新产品。这个结论与用期望值准则进行决策的结论正好相反。这是因为这里考虑了决策者对风险的态度,他是一个不愿冒风险的保守型决策者。

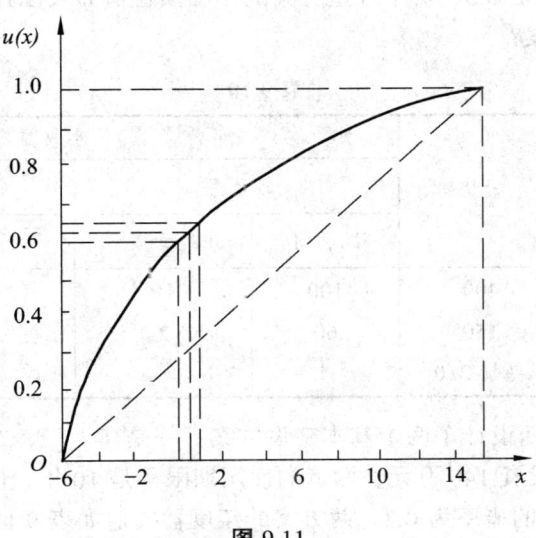

图 9.11

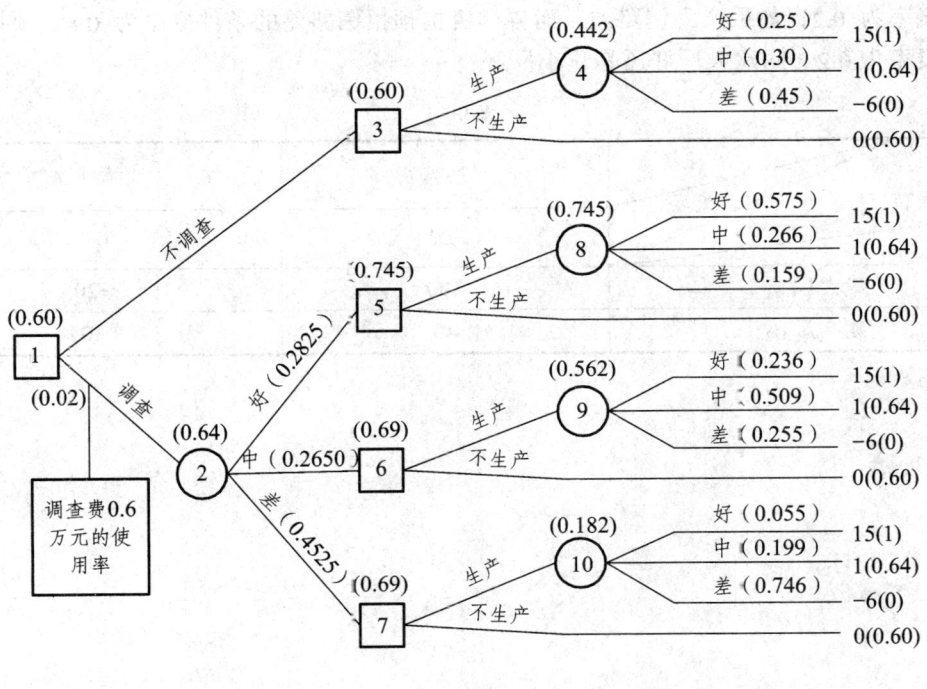

图 9.12

课后习题

1. 某企业为了生产某种新型激光雷达,决定对一条生产线的技术改造问题拟出两种方案,一是全部改造,二是部分改造。若采用全部改造方案,需投资 280 万元;若采用部分改造方案,只需投资 150 万元;两个方案的使用期都是 10 年。估计在此期间,新产品销路好的概率是 0.7,销路不好的概率是 0.3,两个改造方案的年度损益值如表 9.10 所示。请问该企业的管理者应如何决策改造方案?

表 9.10

方案	投资	年收益			
		前三年		后七年	
		经营好	经营差	经营好	经营差
甲:建中型店	400	100	10	150	10
乙:建小型店	150	60	2	60	2
经营好再扩建	再投 210			150	10

2. 为生产某种产品而设计了两个基本建设方案:一是建大厂,二是建小厂。建大厂需投资 300 万元,建小厂需投资 140 万元,两者的使用期限都是 10 年,估计在此期间,产品销路好的概率为 0.7,销路差的概率为 0.3,两方案的年度益损值如表 9.11 所示。若某咨询机构可以对 10 年内产品销路好坏提供进一步的情报,所提供情报的准确度为 80%。也就是说,如果产品销路好,而咨询机构预报销路好(记为 B_1)的条件概率为 0.8,预报销路差(记为 B_2)的条件概率为 0.2;如果产品销路差,而咨询机构预报销路差的条件概率为 0.8,预报销路好的条件概率为 0.2。问建大厂好还是建小厂好?

表 9.11

益损值 方案	状态 概率	销路好 θ_1	销路差 θ_2
		0.7	0.3
建大厂 a_1		100	−20
建小厂 a_2		40	10

10 对策论

10.1 对策现象及其要素

10.1.1 对策现象

一些具有竞争性质的现象无处不在，例如各种游戏、各种球赛、棋类比赛、在经济领域各公司企业为争夺国际国内市场、为取得某一项目的争斗，在军事领域的战争等。显然人们在竞赛或斗争中，总是希望自己一方能战胜对手，或取得尽可能好的结果。但竞争中是有对手的，所以每一方为取得尽可能好的结局所做的努力，会遭到对方的干扰，因此人们想获得尽可能好的结局，必须考虑对手可能怎样决策，从而找出自己的好的对付策略。这类竞赛或斗争性现象称为"对策现象"。对策论就是研究对策行为中斗争各方是否存在着最合理的行为方案，以及如何找到这个合理的行为方案的数学理论和方法。

在我国古代，"齐王赛马"就是一个典型的对策论研究的例子。

战国时期，齐王有一天提出与田忌进行赛马，双方约定：从各自的上、中、下三个等级的马中各选一匹参赛，每匹马均只能参赛一次，每一次比赛双方各出一匹马，负者要付给胜者千金。已经知道，在同等级的马中，田忌的马不如齐王的马，而如果田忌的马比齐王的马高一等级，则田忌的马可取胜。当时，田忌手下的一个谋士给田忌出了个主意：每次比赛时先让齐王牵出他要参赛的马，然后用下马对齐王的上马，用中马对齐王的下马，用上马对齐王的中马。比赛结果，田忌二胜一负，可得千金。由此看来，两个人各采取什么样的出马次序比赛对胜负是至关重要的。

10.1.2 对策对象的基本要素

对策模型可以千差万别，但本质上必须包括如下共同要素。

1）局中人

在一场竞争中有权决策的参加人叫局中人。为了研究问题清楚起见，把对策中利害完全一致的参加者看作一个局中人。我们称只有两个局中人的对策现象为"两人对策"，而多于两人的对策称为"多人对策"。此外，根据局中人之间是否合作，对策又有结盟对策和不结盟对策之分。

2）策略

在一局对策中，每个局中人都有供他选择的实际可行的由始至终的完整行动方案，我们把一个局中人的可行的由始至终的通盘筹划的行动方案称为这个局中人的一个策略，而把一个局中人所能选择的全体策略叫这个局中人的策略集。

例 "齐王赛马"中，齐王、田忌各有 6 个策略，即（上中下）、（上下中）、（中上下）、（中下上）、（下上中）和（下中上）。

在一局对策中,各个局中人都只有有限个策略,则称之为"有限对策",否则称之为无限对策。

3)一局对策的得失

在一局对策结束后,每个局中人的"得失"(胜或负,收入或支出……)显然是全体局中人取定的一组策略的函数,称之为支付函数或支付表。例"齐王赛马"中,齐王的支付如表 10.1 所示。

表 10.1

齐王支付＼田忌策略＼齐王策略	β_1 上中下	β_2 上下中	β_3 中上下	β_4 中下上	β_5 下中上	β_6 下上中
α_1(上中下)	3	1	1	1	1	-1
α_2(上下中)	1	3	1	1	-1	1
α_3(中上下)	1	-1	3	1	1	1
α_4(中下上)	-1	1	1	3	1	1
α_5(下中上)	1	1	-1	1	3	1
α_6(下上中)	1	1	1	-1	1	3

在一局对策中,每个局中人各取一个策略所形成的策略组叫作一个局势。这样,支付函数实际上是局势的函数。如果在任一局势中全体局中人得失之和总等于零,则称这个对策为零和对策,否则称非零和对策。显然,齐王赛马是零和对策。

以上讨论了局中人、策略集和支付函数这三个要素。一般当三个要素确定后,一个对策模型就给定了。

10.1.3 对策的分类

对策的种类很多,可以依据不同的原则进行分类,根据参加对策的局中人的数目,可分为二人对策和多人对策。在多人对策中,还有结盟对策与不结盟对策之分,结盟对策又包括联合对策和合作对策。根据局中人策略集中策略的有限或无限,可将对策分为有限对策和无限对策。还可根据各局中人赢得函数值的代数和(赢者为正,输者为负)是否为零,将对策分为零和对策与非零和对策。所谓零和对策,是指一方的所得值为他方的所失值,亦称为对抗对策。此外,根据策略与时间的关系可将对策分为静态对策与动态对策。根据对策的数学模型的类型可将对策分为矩阵对策、连续对策、微分对策、阵地对策、随机对策等。

在众多对策模型中,占有重要地位的是二人有限零和对策,这类对策又称为矩阵对策。矩阵对策是到目前为止在理论研究和求解方法方面都比较完善的一类对策,而且这类对策的研究思想和理论结果又是研究其他类型对策模型的基础。因此,本章主要介绍矩阵对策的基本理论和方法。

10.2 有限两人零和对策

有限两人零和对策是一种最简单最常见的对策现象,它只有两个局中人,每个局中人都有有限个可选择的策略,而且在任一局势中两个局中人得失之和总是等于零。

用 α 和 β 表示两个局中人,并设它们的策略集分别为 $S_\alpha = \{\alpha_1, \alpha_2, \cdots \alpha_m\}$,$S_\beta = \{\beta_1, \beta_2, \cdots, \beta_n\}$。

如果对于局势 (α_i, β_j),局中人 α 的收入为 a_{ij},则局中人 α 的支付表可列成下面形式(见表 10.2)。

表 10.2

α支付 \ S_β S_α	β_1	β_2	$\cdots$	β_n
α_1	a_{11}	a_{12}	$\cdots$	a_{1n}
$\vdots$	$\vdots$	$\vdots$		$\vdots$
α_m	a_{m1}	a_{m2}	$\cdots$	a_{mn}

而局中人 β 的支付表中元素恰好是 $\{-a_{ij}\}$,所以只要给出局中人 α 的支付表,就相当于给出了有限两人零和对策。α 的支付表所形成的矩阵,可记作

$$A = \begin{pmatrix} a_{11} & \cdots & a_{1n} \\ \vdots & & \vdots \\ a_{m1} & \cdots & a_{mn} \end{pmatrix}$$

称 A 为局中人 α 的支付矩阵。两人零和对策也称矩阵对策,用 $G = \{S_\alpha, S_\beta, A\}$ 表示矩阵对策。

10.3 最优纯策略

10.3.1 鞍点概念

例 1 设有矩阵对策 $G = \{S_\alpha, S_\beta, A\}$,其中局中人 α 的支付表如表 10.3 所示。

表 10.3

	β_1	β_2	β_3	β_4
α_1	0	2	1	0
α_2	−5	8	−3	−2
α_3	3	5	4	1

从上表看,α 的最大收入是 8,于是 α 想出策略 α_2,但 β 分析到 α 的心理就会出策略 β_1,结果 α 非但得不到 8 反而会付出 5;同理 β 的最大收入是 5,如果出 β_1,则 α 会出 α_3,结果 β 反而支出了 3,所以局中人如果不想冒险,必须考虑对方会出策略使他得到最坏收入。那么为了得到最好结局,双方都会从最坏的可能出发去争取最好的结果。对局中人 α 来讲,各个策略 $\begin{pmatrix} \alpha_1 \\ \alpha_2 \\ \alpha_3 \end{pmatrix}$ 对应的最坏收入分别是 $\begin{pmatrix} 0 \\ -5 \\ 1 \end{pmatrix}$,这些最坏收入中最好收入是 1,即如果 α 出策略 α_3,不

论 β 出什么策略，局中人 α 所得收入都不会少于 1。

同理，对于局中人 β 最坏的结果就是每列中最大元素（3，8，4，1），其中最小元素是 1，即 β 如果采取策略 β_4，就能保证自己的支出不会超过 1。

对这局对策，两个局中人最坏情况下最好结果的绝对值相等，α_3，β_4 分别为 α，β 的最优纯策略，称局势 (α_3,β_4) 为对策 $G=\{S_\alpha,S_\beta,A\}$ 的鞍点或最优局势。

定义 10.1 设有矩阵对策 $G=\{S_\alpha,S_\beta,A\}$，其中

$$S_\alpha=\{\alpha_1,\alpha_2,\cdots,\alpha_m\},\quad S_\beta=\{\beta_1,\beta_2,\cdots,\beta_n\}$$

如果

$$\max_i\min_j\{a_{ij}\}=\min_j\max_i\{a_{ij}\}=a_{i^*j^*}=v$$

则称 α_{i^*}，β_{j^*} 分别为局中人 α 和 β 的最优纯策略，称局势 $(\alpha_{i^*},\beta_{j^*})$ 为对策 G 的鞍点，v 称为对策 G 的对策值。

当 $v>0$ 时，局中人 α 有立于不败之地的策略。所以，他一定不愿冒险而选取他的最优策略 α_i^*，这时另一局中人 β 即使知道 α 的最优策略也无法使 α 收入小于 v。

例 2 某单位采购员在秋天要决定冬季取暖用煤的贮量问题。已知在正常的冬季气温条件下要消耗 15 t 煤，在较暖与较冷的气温条件下要消耗 10 t 和 20 t。假定冬季时的煤价随天气寒冷程度而有所变化，在较暖、正常、较冷的气候条件下每吨煤价分别为 10 元、15 元和 20 元，又设秋季时煤价为每吨 10 元，在没有关于当年冬季准确的气象预报的条件下，秋季贮煤多少吨能使单位的支出最少？

这一贮量问题可以看成是一个对策问题，把采购员当作局中人Ⅰ，他有三种策略：在秋天时买 10 t、15 t 与 20 t，分别记为 $\alpha_1,\alpha_2,\alpha_3$。

把大自然看作局中人Ⅱ（可以当作理智的局中人来处理），大自然（冬季气温）有三种策略：出现较暖的、正常的与较冷的冬季，分别记为 β_1,β_2,β_3。

现在把该单位冬季取暖用煤实际费用（即秋季购煤时的费用、与冬季不够时再补购的费用总和）作为局中人Ⅰ的赢得，得矩阵如下：

$$\begin{array}{c}\alpha_1(10\text{ t})\\ \alpha_2(15\text{ t})\\ \alpha_3(20\text{ t})\end{array}\begin{pmatrix}-100 & -175 & -300\\ -150 & -150 & -250\\ -200 & -200 & -200\end{pmatrix}$$

$$\max_i\min_j a_{ij}=\min_j\max_i a_{ij}=a_{33}=-200$$

故对策的解为 (α_3,β_3)，即秋季贮煤 20 吨合理。

10.3.2 鞍点存在准则

是否所有矩阵对策都有鞍点呢？当然不是，比如"齐王赛马"问题就没有鞍点。下面给出鞍点存在准则。

定理 10.1 矩阵对策 $G=\{S_\alpha,S_\beta,A\}$ 存在鞍点 $\Leftrightarrow$ 存在某纯局势 (α_i^*,β_j^*) 使对一切 $i=1,2,\cdots,m$ 及 $j=1,2,\cdots,n$ 总有

$$a_{ij^*}\leqslant a_{i^*j^*}\leqslant a_{i^*j}$$

定理 10.1 说明：对于矩阵对策 G，若能在支付矩阵 A 中找到一元素 $a_{i^*j^*}$，它既是所在行最小元素又是所在列最大元素，则 $(\alpha_{i^*},\beta_{j^*})$ 就是对策 G 的鞍点。

例 3 矩阵对策 $G=\{S_\alpha,S_\beta,A\}$ 中，$A=\begin{pmatrix} 5 & 2 & -3 \\ 6 & 5 & 7 \\ -7 & 4 & 0 \end{pmatrix}$，由于 $a_{22}=5$ 既是所在行最小元素又是所在列最大元素，因此对策鞍点为 (α_2,β_2)，对策值为 5。

10.4 最优混合策略

10.4.1 引例

例 4 对策 $G=\{S_\alpha,S_\beta,A\}$ 中，$A=\begin{pmatrix} 13 & -4 \\ -3 & 1 \end{pmatrix}$。

显然该对策没有鞍点，因此双方没有最优纯策略。事实上，若 α 为获最大利益而出 α_1 时，β 可能会出 β_2，若 α 取 α_2 时则 β 亦会出 β_1……双方都没有稳定的纯策略可选取。值得注意的是，如果一方出某种策略被对方所知，则对方就会选取适当策略而稳操胜算，因此双方都必须严格保密。

在这种对策中，各局中人策略必须不被对方猜出，最好是随机选取纯策略，于是引进了"混合策略"的概念，即每个局中人决策时，不是决定用哪个纯策略，而是决定用多大概率选取每个纯策略。

假设上例中 α 以概率 x 选纯策略 α_1，以概率 $1-x$ 选 α_2；β 以概率 y 和 $1-y$ 分别选取策略 β_1 和 β_2，则局中人 α 的期望收入

$$E(x,y)=13xy-4x(1-y)-3(1-x)y+(1-x)(1-y)$$
$$=21xy-5x-4y+1$$
$$=21\left[\left(\frac{4}{21}-x\right)\left(\frac{5}{21}-y\right)\right]+\frac{1}{21}$$

由上式可知，当 $x=\frac{4}{21}$ 时，$E=(x,y)=\frac{1}{21}$，即 α 取混合策略 $\left[\frac{4}{21},\frac{17}{21}\right]$ 时，α 的期望赢得为 $\frac{1}{21}$。只要 α 取这个混合策略，β 则无法改变这个期望值；并且只 β 取 $\left[\frac{5}{21},\frac{16}{21}\right]$ 策略，α 也无法使自己的期望收入大于 $\frac{1}{21}$，所以双方都有一个稳定的混合策略，我们将这种策略叫最优混合策略。

10.4.2 最优混合策略

设矩阵对策

$$G=\{S_\alpha,S_\beta,A\},\quad S_\alpha=\{\alpha_1,\cdots,\alpha_m\},\quad S_\beta=\{\beta_1,\cdots,\beta_n\}$$

称 $x=(x_1,\cdots,x_m)$，$\sum_{i=1}^{m}x_i=1$ 且 $x_i\geqslant 0$

$$y=(y_1,\cdots,y_n),\ \sum_{i=1}^{n}y_i=1\text{ 且 }y_i\geqslant 0$$

分别为局中人 α, β 的一个混合策略。称 $E(xy) = \sum_{i=1}^{m}\sum_{j=1}^{n} a_{ij}x_i y_j = xAy^{\mathrm{T}}$ 为局中人 α 的期望获得，$-E(x,y)$ 为 β 的期望获得，而 (x,y) 为 G 的混合局势。

又记

$$S_m = \left\{ x \mid x_i \geqslant 0, i=1,2,\cdots,m, \sum_{i=1}^{m} x_i = 1 \right\}$$

$$S_n = \left\{ y \mid y_i \geqslant 0, j=1,2,\cdots,n, \sum_{j=1}^{n} y_i = 1 \right\}$$

分别为局中人 α, β 的混合策略集合。

事实上每个纯策略都可看作一个特殊混合策略，混合策略是纯策略的推广。

定义 10.2 如果 $\max_{x \in S_m} \min_{y \in S_n} E(xy) = \min_{y \in S_n} \max_{x \in S_m} E(xy) = E(x^*, y^*) = v$

则称 x^*, y^* 分别为局中人 α 及 β 的最优混合策略，称 (x^*, y^*) 为 G 的最优混合局势，称 v 为对策期望值。

10.4.3 矩阵对策基本原理

定理 10.2（最小最大定理） 对任意矩阵对策 G，其中 $A = \{a_{ij}\}_{m \times n}$，总有 $\max_{x \in S_m} \min_{y \in S_n} E(xy) = \min_{y \in S_n} \max_{x \in S_m} E(xy)$（证明略）。

定理 10.3 矩阵对策 $G = \{S_\alpha, S_\beta, A\}$ 有混合意义下的解的充要条件是：存在 $x^* \in S_m$, $y^* \in S_n$ 及数 v，满足下列两个不等式组

$$xA._j = \sum_{i=1}^{m} a_{ij} x_i \geqslant v, \; x \in S_m, \; j=1,2,\cdots,n$$

$$A_i.y^{\mathrm{T}} = \sum_{j=1}^{n} a_{ij} y_j \leqslant v, \; y \in S_n, \; i=1,2,\cdots,m$$

这里，$A._j = (a_{1j},\cdots,a_{mj})^{\mathrm{T}}$，$A_i. = (a_{i1},\cdots,a_{in})$

证明 记 $\varphi_i = A_i.y^{\mathrm{T}}$，则

$$\max_{x} E(x,y) = \max_{x} Ay^{\mathrm{T}} = \max_{x} \sum_{i=1}^{m} \varphi_i x_i$$

于是对任意 $x \in S_m$ 有

$$\sum_{i=1}^{m} \varphi_i x_i \leqslant \max \varphi_k = \varphi_k = \sum_{i=1}^{m} \varphi_i x_i^0$$

其中 $x_i^0 = \begin{cases} 1, & i=k \\ 0, & i \neq k \end{cases}$, $x^0 = (x_1^0 \cdots x_m^0) \in S_m$

即 $\max_{x} \sum_{i=1}^{m} \varphi_i x_i = \sum_{i=1}^{m} \varphi_i x_i^0 = \max_{i} \varphi_i$

即 $\max_{x} E(x,y) = \max_{i} A_i.y^{\mathrm{T}}$

同理
$$\min_y E(xy) = \min_j xA_{\cdot j}$$

（必要性）记 G 有最优值 v，则必有 $x^* \in S_m$，$y^* \in S_n$，使
$$\max_x E(x, y^*) = v = \min_y E(x^*, y)$$

即
$$\max_i A_{i\cdot} y^* = \max_x E(x, y^*) = \min_y E(x^*, y) = \min_j x^* A_{\cdot j} = v$$

所以
$$x^* A_{\cdot j} = \sum_i a_{ij} x_i^* \geqslant v, \quad A_{i\cdot} y^* = \sum_j a_{ij} y_j^* \leqslant v$$

故必要性成立。

（充分性）对任意 $x \in S_m$，总有 $\max_x E(x,y) \geqslant E(x,y)$。所以
$$\min_y \max_x E(x,y) \geqslant \min_y E(x,y), \quad \min_y \max_x E(x,y) \geqslant \max_x \min_y E(x,y)$$

又因为
$$\max_x E(x, y^*) = \max_i A_{i\cdot} y^{*T} \leqslant v, \quad \min_y E(x^*, y) = \min_j x^* A_{\cdot j} \geqslant v$$

所以
$$\min_y \max_x E(x,y) \leqslant \max_x E(x, y^*) \leqslant v, \quad \max_x \min_y E(x,y) \geqslant \min_y E(x^*, y) \geqslant v$$

即
$$\min_y \max_x E(x,y) \leqslant \max_x \min_y E(x,y)$$

故充分性成立。

定理 10.4 如果 (x^*, y^*) 是矩阵对策 G 的最优混合局势，则对某一个 i 或 j 来说，有

（1）若 $x_i^* \neq 0$，则 $\sum_{j=1}^n a_{ij}^* y_j = v$。

（2）若 $y_j^* \neq 0$，则 $\sum_{i=1}^m a_{ij}^* x_i > v$。

（3）若 $\sum_{j=1}^n a_{ij}^* y_j < v$，则 $x_i^* = 0$。

（4）若 $\sum_{i=1}^m a_{ij}^* x_i > v$，则 $y_j^* = 0$（反之不一定）。

证明
$$\max_x E(x, y^*) = \min_y E(x^*, y) = v$$

令 $I_i = (0 \cdots 1, 0 \cdots 0)$，则 $I_i \in S_m$，于是
$$\begin{cases} v - \sum_{j=1}^n a_{ij} y_j^* = \max_x E(x, y^*) - E(I_i, y^*) \geqslant 0 \\ x_i^* \geqslant 0, \quad i = 1, 2, \cdots, m \end{cases}$$

所以
$$\sum_{i=1}^m x_i^* (v - \sum_{j=1}^n a_{ij} y_j^*) = v \sum_{i=1}^m x_i^* - \sum a_{ij} x_i^* y_j^* = 0$$

因此，若 $x_i^* \neq 0$，则必有 $\sum_{j=1}^{n} a_{ij} y_j = v$；若 $\sum a_{ij} y_j < v$，则必有 $x_i^* = 0$。

类似可证（2）（3）。

根据这个定理，若已知对策的最优混合局势 (x^*, y^*)，则可把支付矩阵 A 的行和列分成三类：

（第一类行） $x_i^* \neq 0$, $\sum_{j=1}^{n} a_{ij} y_j^* = v$ ； （第一类列） $y_j^* \neq 0$, $\sum_{i=1}^{m} a_{ij} x_i^* = v$

（第二类行） $x_i^* = 0$, $\sum_{j=1}^{n} a_{ij} y_j^* = v$ ； （第二类列） $y_j^* = 0$, $\sum_{i=1}^{m} a_{ij} x_i^* = v$

（第三类行） $x_i^* = 0$, $\sum_{j=1}^{n} a_{ij} y_j^* < v$ ； （第三类列） $y_j^* = 0$, $\sum_{i=1}^{m} a_{ij} x_i^* > v$

定理 10.5 设有两个矩阵对策 $G_1 = \{S_\alpha, S_\beta, A_1\}$，$G_2 = \{S_\alpha, S_\beta, A_2\}$。若 $A_1 = \{a_{ij}\}_{m \times n}$，$A_2 = \{a_{ij} + d\}_{m \times n}$，$d$ 为常数，则 G_1 与 G_2 的最优解集相同且 G_1 的 v 值与 G_2 的 v 值相差一个常数 d。

10.5 矩阵对策的解法

对于给定的矩阵对策，首先检查其是否有鞍点，如果不存在鞍点，则应求混合策略解。下面介绍几种解法。

10.5.1 2×2 对策解法

如果 $S_\alpha = \{\alpha_1, \alpha_2\}$，$S_\beta = \{\beta_1, \beta_2\}$，$A = \begin{pmatrix} a_{11} & a_{12} \\ a_{21} & a_{22} \end{pmatrix}$，则称 $G = \{S_\alpha, S_\beta, A\}$ 为 2×2 对策。对 2×2 对策，当它没有鞍点时显然 x_1, x_2, y_1, y_2 均不为零。于是

$$\begin{cases} a_{11} x_1 + a_{21} x_2 = v \\ a_{12} x_1 + a_{22} x_2 = v \\ x_1 + x_2 = 1 \end{cases}, \quad \begin{cases} a_{11} y_1 + a_{12} y_2 = v \\ a_{21} y_1 + a_{22} y_2 = v \\ y_1 + y_2 = 1 \end{cases}$$

解之得

$$\begin{cases} x_1 = \dfrac{a_{22} - a_{21}}{(a_{11} + a_{22}) - (a_{12} + a_{21})}, \quad x_2 = 1 - x_1 \\ y_1 = \dfrac{a_{22} - a_{12}}{(a_{11} + a_{22}) - (a_{12} + a_{21})}, \quad y_2 = 1 - y_1 \end{cases}$$

例5 求解矩阵对策 $G = \{S_\alpha, S_\beta, A\}$，其中 $A = \begin{pmatrix} 1 & 0 \\ -1 & 2 \end{pmatrix}$。

解 对策 $A = \begin{pmatrix} 1 & 0 \\ -1 & 2 \end{pmatrix}$ 无鞍点。解方程组

$$\begin{cases} x_1 - x_2 = v \\ 2x_2 = v \\ x_1 + x_2 = 1 \end{cases}, \quad \begin{cases} y_1 = v \\ -y_1 + 2y_2 = v \\ y_1 + y_2 = 1 \end{cases}$$

得 $$x_1 = \frac{3}{3+1} = \frac{3}{4}, \quad x_2 = \frac{1}{4}, \quad y_1 = \frac{1}{2}, \quad y_2 = \frac{1}{2}, \quad v = \frac{1}{2}.$$

故 $$x^* = \left(\frac{3}{4}, \frac{1}{4}\right), \quad y^* = \left(\frac{1}{2}, \frac{1}{2}\right).$$

10.5.2 等式试算法

将定理 10.3 中不等式改为等式并与 $\sum x_i = 1$，$\sum y_j = 1$ 联立，得

$$\begin{cases} \sum_{i=1}^{m} a_{ij} x_i = v, & j = 1, 2, \cdots, n \\ x_1 + \cdots + x_m = 1 \end{cases}, \quad \begin{cases} \sum_{j=1}^{n} a_{ij} y_j = v, & i = 1, 2, \cdots, m \\ y_1 + y_2 + \cdots + y_n = 1 \end{cases}$$

对于 $m \times m$ 对策，上述方程组有唯一解（系数行列式不等于零）。当方程组的解满足 $x_i \geq 0 \, (i = 1, 2, \cdots, m)$，$y_j \geq 0 \, (j = 1, 2, \cdots, n)$ 时试算成功，反之试算失败，另选其他方法进行计算。

例 6 用试算法求解 $G = \{S_\alpha, S_\beta, A\}$，其中 $A = \begin{pmatrix} 1 & 0 & -1 \\ 0 & -4 & 3 \\ 0 & 2 & 0 \end{pmatrix}$。

解 支付矩阵 $A = \begin{pmatrix} 1 & 0 & -1 \\ 0 & -4 & 3 \\ 0 & 2 & 0 \end{pmatrix}$ 无鞍点。解方程组

$$\begin{cases} x_1 = v \\ -4x_2 + 2x_3 = v \\ -x_1 + 3x_2 = v \\ x_1 + x_2 + x_3 = 1 \end{cases}, \quad \begin{cases} y_1 - y_3 = v \\ -4y_2 + 3y_3 = v \\ 2y_2 = v \\ y_1 + y_2 + y_3 = 1 \end{cases}$$

得 $$\begin{cases} x_1 = \frac{6}{21} \\ x_2 = \frac{4}{21} \\ x_3 = \frac{11}{21} \end{cases}, \quad \begin{cases} y_1 = \frac{12}{21} \\ y_2 = \frac{3}{21} \\ y_3 = \frac{6}{21} \end{cases}, \quad v = \frac{6}{21}$$

故最优策略：$x^* = \left(\frac{6}{21}, \frac{4}{21}, \frac{11}{21}\right)$，$y^* = \left(\frac{12}{21}, \frac{3}{21}, \frac{6}{21}\right)$；对策值：$v = \frac{6}{21}$。运用试算法时，$A$ 中零越多，则计算越方便，为此可利用定理 10.5 将 A 中元素尽量转变出一些零。

例 7 求解 $G = \{S_\alpha, S_\beta, A\}$，其中支付矩阵

$$A = \begin{pmatrix} 1 & -1 & -1 & -1 \\ -1 & -1 & -1 & 2 \\ -1 & -1 & 3 & -1 \\ -1 & 4 & -1 & -1 \end{pmatrix} \Rightarrow \begin{pmatrix} 2 & 0 & 0 & 0 \\ 0 & 0 & 0 & 3 \\ 0 & 0 & 4 & 0 \\ 0 & 5 & 0 & 0 \end{pmatrix}$$

解 试算得

$$x^* = \left(\frac{30}{77}, \frac{20}{77}, \frac{15}{77}, \frac{12}{77}\right), \quad y^* = \left(\frac{30}{77}, \frac{12}{77}, \frac{15}{77}, \frac{20}{77}\right), \quad v_1 = v - 1 = -\frac{17}{77}$$

10.5.3 优超降价法

对于策略 $G = \{S_\alpha, S_\beta, A\}$，如果 α 的支付矩阵 A 存在某两行 k 和 i，使 k 行元素都不超过 i 行元素即 $a_{kj} \leq a_{ij}$，$j = 1, 2, \cdots, n$；则称策略 α_i 优超于 α_k。

类似地，若 $a_{ij} \leq a_{iL}$，$i = 1, 2, \cdots, m$，则称 β_j 优超于 β_L。

如果 A 中出现优超的行或列，可删去差行或差列，从而简化 A。

例 8 求解 $G = \{S_\alpha, S_\beta, A\}$，其中 $A = \begin{pmatrix} 3 & 4 & 0 & 3 & 0 \\ 5 & 0 & 2 & 5 & 9 \\ 7 & 3 & 9 & 5 & 9 \\ 4 & 6 & 8 & 7 & 4 \\ 6 & 0 & 8 & 8 & 3 \end{pmatrix}$。

解 $A = \begin{pmatrix} 3 & 4 & 0 & 3 & 0 \\ 5 & 0 & 2 & 5 & 9 \\ 7 & 3 & 9 & 5 & 9 \\ 4 & 6 & 8 & 7 & 4 \\ 6 & 0 & 8 & 8 & 3 \end{pmatrix} \Rightarrow \begin{pmatrix} 7 & 3 \\ 4 & 6 \end{pmatrix}$

α_4 优于 α_1，α_3 优于 α_2

β_1 优于 β_3，β_2 优于 β_4

解方程组

$$\begin{cases} 7y_1 + 3y_2 = v \\ 4y_1 + 6y_2 = v \\ y_1 + y_2 = 1 \end{cases}, \quad \begin{cases} 7x_3 + 4x_4 = v \\ 3x_3 + 6x_4 = v \\ x_3 + x_4 = 0 \end{cases}$$

得

$$x^* = \left(0, 0, \frac{1}{3}, \frac{2}{3}, 0\right), y^* = \left(\frac{1}{2}, \frac{1}{2}, 0, 0, 0\right), v = 5$$

10.5.4 线性规划解法

前述方法只能求解特殊的对策问题，现介绍一般解法——线性规划法。

根据定理 10.3，为求解 $G = \{S_\alpha, S_\beta, A\}$ 只须求解

$$\begin{cases} \sum_{i=1}^m a_{ij} x_i \geq v, \ j = 1, 2, \cdots, n \\ \sum x_i = 1 \\ x_i \geq 0, \ i = 1, 2, \cdots, m \end{cases}, \quad \begin{cases} \sum_{j=1}^n a_{ij} y_j \leq v, \ i = 1, 2, \cdots, m \\ \sum y_j = 1 \\ y_j \geq 0, \ j = 1, 2, \cdots, n \end{cases}$$

不妨设 $v > 0$（否则令 $A' = \{a_{ij} + d\}$，则 v 一定可大于零）。

令 $x_i^* = \dfrac{x_i}{v}$，则

$$\begin{cases} \sum_{i=1}^m a_{ij} x_i' \geq 1, \ j = 1, 2, \cdots, n \\ \sum x_i' = \dfrac{1}{V} \\ x_i' \geq 0, \ i = 1, 2, \cdots, m \end{cases}$$

于是问题变为

$$\min S = \sum_{i=1}^{m} x_i'$$

$$\text{s.t.} \begin{cases} \sum_{i=1}^{m} a_{ij} x_i' \geq 1, & j=1,2,\cdots,n \\ x_i' \geq 0, & i=1,2,\cdots,m \end{cases}$$

同样，对局中人 β，令 $y_j' = \dfrac{y_j}{v}$，$j=1,2,\cdots,m$。则有

$$\max S' = \sum_{j=1}^{n} y_j'$$

$$\text{s.t.} \begin{cases} \sum_{j=1}^{n} a_{ij} y_j' \leq 1, & i=1,2,\cdots,m \\ y_j' \geq 0, & j=1,2,\cdots,n \end{cases}$$

例 9 试用线性规划方法求解 $G = \{S_\alpha, S_\beta, A\}$，其中

$$A = \begin{pmatrix} 6 & -4 & -14 \\ -9 & 6 & -4 \\ 1 & -9 & 1 \end{pmatrix}$$

解 将 A 的所有元素都加 14，得

$$B = \begin{pmatrix} 20 & 10 & 0 \\ 5 & 20 & 10 \\ 15 & 5 & 15 \end{pmatrix}$$

对局中人 α 来说，有

$$\min S(x') = x_1' + x_2' + x_3'$$

$$\text{s.t.} \begin{cases} 20x_1' + 5x_2' + 15x_3' \geq 1 \\ 10x_1' + 20x_2' + 5x_3' \geq 1 \\ 10x_2' + 15x_3' \geq 1 \\ x_1', x_2', x_3' \geq 0 \end{cases}$$

解此线性规划，得

$$x_1' = \frac{1}{115},\ x_2' = \frac{4}{115},\ x_3' = \frac{5}{115}$$

因为 $\dfrac{1}{v'} = x_1' + x_2' + x_3' = \dfrac{10}{115}$，故 $v' = \dfrac{115}{10}$，从而

$$x_1 = v' x_1' = \frac{1}{10},\ x_2 = v' x_2' = \frac{4}{10},\ x_3 = v' x_3' = \frac{5}{10}$$

对局中人 β 来说，有

$$\max S'(y') = y_1' + y_2' + y_3'$$

$$\text{s.t.} \begin{cases} 20y_1' + 10y_2' \leq 1 \\ 5y_1' + 20y_2' + 10y_3' \leq 1 \\ 15y_1' + 5y_2' + 15y_3' \leq 1 \\ y_1', y_2', y_3' \geq 0 \end{cases}$$

解此线性规划，得

$$y_1' = \frac{8}{230}, \quad y_2' = \frac{7}{230}, \quad y_3' = \frac{5}{230}$$

再由 $\frac{1}{v'} = y_1' + y_2' + y_3' = \frac{20}{230}$，同样得 $v' = 11.5$，从而有

$$y_1 = \frac{8}{20}, \quad y_2 = \frac{7}{20}, \quad y_3 = \frac{5}{20}$$

最后得

$$x^* = \left(\frac{1}{10}, \frac{4}{10}, \frac{5}{10}\right), \quad y^* = \left(\frac{8}{20}, \frac{7}{20}, \frac{5}{20}\right), \quad v = v' - 14 = -2.5$$

10.6 建立对策模型举例

用矩阵对策决策实际问题中，首先遇到的问题是如何建立对策模型。为此，先要弄清谁是局中人，接着要找出各局中人的策略集，最后是确定支付矩阵。

例 10 假设甲、乙双方交战。甲方派两架轰炸机 H_1 和 H_2 去轰炸乙方阵地，H_1 飞行在前面，H_2 飞行在后面，其中一架携带炸弹，另一架保护；乙方派一架驱逐机 q 进行阻截。如果 q 攻击 H_1，将遭到 H_1 和 H_2 的还击；如果 q 攻击 H_2，则只遭到 H_2 的还击，H_1 无能为力。H_1 和 H_2 的炮火装置一样，它们击毁 q 的概率都是 $p_1=0.4$；而 q 在未被击中的条件下，击毁 H_1 和 H_2 的概率均为 $p_2=0.9$。试求双方的最优策略。

解 我们先建立对策模型。显然局中人为交战双方，双方的策略集分别为

$$S_甲 = \{\alpha_1(H_1\text{带炸弹}), \ \alpha_2(H_2\text{带炸弹})\}$$
$$S_乙 = \{\beta_1(q\text{攻击}H_1), \ \beta_2(q\text{攻击}H_2)\}$$

下面求甲方的支付矩阵。根据题意，只要甲方的带炸弹的轰炸机不被乙方击中就可实现甲方的目的。所以，我们以甲方的带炸弹的轰炸机不被击中的概率为甲方的赢得矩阵 $A = (a_{ij})_{2\times 2}$。下面分别计算：

1. a_{11} 这时甲方 H_1 带弹，乙方攻击 H_1。由于 H_1 未被击中的概率等于 q 被击毁的概率与 q 虽未被击毁但也未击中 H_1 的概率之和，而 $1-p_1$ 表示一架轰炸机未击中 q 的概率，$(1-p_1)^2$ 表示两架轰炸机均未击中 q 的概率，所以

$$\begin{aligned} a_{11} &= [1-(1-p_1)^2] + (1-p_1)^2(1-p_2) \\ &= [1-(1-0.4)^2] + (1-0.4)^2(1-0.9) \\ &= 0.676 \end{aligned}$$

2. a_{12} 这时甲方 H_1 带弹，乙方攻击 H_2。所以 H_1 肯定不会被击中，从而 $a_{12}=1$。
3. a_{21} 这时甲方 H_2 带弹，乙方攻击 H_1。所以 H_2 肯定不会被击中，从而 $a_{21}=1$。
4. a_{22} 这时甲方 H_2 带弹，乙方攻击 H_2，H_2 未被击中的概率等于 q 被击毁的概率与 q 虽未被击毁但也未击中 H_2 的概率之和，所以

$$\begin{aligned} a_{22} &= p_1 + (1-p_1)(1-p_2) \\ &= 0.4 + (1-0.4)(1-0.9) \\ &= 0.46 \end{aligned}$$

于是此问题的对策模型为

$$G = \{S_甲, S_乙, A\}$$
$$A = \begin{bmatrix} 0.676 & 1 \\ 1 & 0.46 \end{bmatrix}$$

这是 2×2 矩阵对策，解之得

$$x^* = (0.625, 0.375), y^* = (0.625, 0.375), v = 0.798$$

结果表明，当这一对策多次重复进行时，甲方应以 62.5% 的次数让 H_1 带弹、37.5% 的次数让 H_2 带弹，这时甲方将有 79.8% 的次数能击毁乙方的阵地。而乙方为了不遭到更大损失，应分别以 62.5% 和 37.5% 的次数攻击甲方 H_1 和 H_2。

课后习题

1. 三河城由汇合的三条河分割为三个区，如图 10.1 所示。城市居民 40% 住在 A 区、30% 住在 B 区、30% 住在 C 区。目前，三河城内的交通设备资源相对短缺，两个公司甲和乙都计划要在城中修建交通设备加工厂，公司甲打算修建两个，公司乙只打算修建一个。每个公司都知道，如果在城市的某一个区内设有两个交通设备加工厂，那么这两个交通设备加工厂将把该区的业务平分；如果某区只有一个交通设备加工厂，则该场将独揽该区的全部业务；如果在一个区内没有修建交通设备加二厂，则该区的业务将平均分散在城市的三个交通设备加工厂中。每个公司都想把交通设备加工厂设在营业额最多的地方。

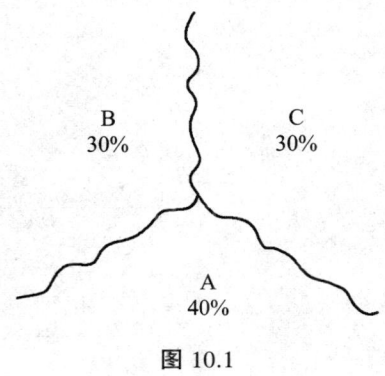

图 10.1

（1）把这个问题表达成一个两人零和对策，写出公司甲的损益矩阵。
（2）这个对策有鞍点吗？如果有，将有几个鞍点？甲、乙两公司的最优策略各是什么？

在双方都取最优策略时两家公司各占有多大的市场份额?

2. 某城市有两家交通公司相互竞争,公司 A 有三个广告策略,公司 B 也有三个广告策略。已经算出当双方采取不同的广告策略时,A 方所占市场份额增加的百分数如表 10.4 所示。

表 10.4

策略		B		
		1	2	3
A	1	3	0	2
	2	0	2	0
	3	2	−1	4

把此问题表示为一个线性规划模型,并用单纯形法求解。

3. 设有红、黄两支游泳队,拟举行包括蝶泳、仰泳和蛙泳三个项目的对抗赛。每队出三个运动员,其中各队有一名健将(红队为李,黄队为王),规定健将只能参加两项比赛,其他运动员三项都参加。各运动员的平时成绩如表 10.5 所示。

表 10.5　　　　　　　　　　　　　　　　　　　　　　　　　　　　　单位:秒

	红队			黄队		
	A_1	A_2	李	王	B_1	B_2
100 m 蝶泳	59.7	63.2	57.1	58.6	61.4	64.8
100 m 仰泳	67.2	68.4	63.4	61.5	64.7	66.5
100 m 蛙泳	74.1	75.5	70.3	72.6	73.4	76.9

比赛时取前三名,分别得 5 分、3 分和 1 分。问教练员应派自己队的健将参加哪两项比赛,才能使本队得分最多。这里我们假设运动员在比赛中水平发挥正常,各队参加比赛的名单互相保密,并且确定后不准再变动。

第3篇 变分法及其应用

11 变分法

11.1 泛函与变分的数学基础

11.1.1 泛函与变分的定义

以下给出泛函与变分的相关定义。

定义 11.1 （泛函的定义）如果对某一类函数 $\{X(t)\}$ 中的每一个函数 $X(t)$，有一个实数值 J 与之相对应，则 J 称为依赖于函数 $X(t)$ 的泛函，记为

$$J = J[X(t)]$$

可以认为，泛函是以函数为自变量的函数。

定义 11.2 （泛函的连续性）若 $\forall \varepsilon > 0$，$\exists \delta > 0$，当 $\|X(T) - \hat{X}(t)\| < \delta$ 时，$|J(X) - J(\hat{X})| < \varepsilon$ 成立，则称 $J(X)$ 在 $\hat{X}$ 处是连续的。

定义 11.3 （线性泛函）满足如下条件的泛函称为线性泛函：

$$J[\alpha X] = \alpha J[X]$$

$$J(X+Y) = J(X) + J(Y)$$

式中，α 是实数，X 和 Y 是函数空间中的函数。

定义 11.4 （自变量函数的变分）自变量函数 $X(t)$ 的变分 δX 是指同属于函数类 $\{X(t)\}$ 中两个函数 $X_1(t)$ 与 $X_2(t)$ 之差，即

$$\delta X = X_1(t) - X_2(t)$$

定义 11.5 （泛函的变分）当自变量函数有变分时，泛函的增量为

$$\Delta J = J[X + \delta X] - J[X] = \delta J[X, \delta X] + \varepsilon \|\delta X\|$$

式中，$\delta J[X, \delta X]$ 是 δX 的线性泛函，若 $\|\delta X\| \to 0$ 时，有 $\varepsilon \to 0$，则称 $\delta J[X, \delta X]$ 是泛函 $J[X]$ 的变分。δJ 是 ΔJ 的线性主部。

11.1.2 泛函极值存在的必要条件

首先给出泛函极值的定义，而后不加证明地给出泛函极值存在的必要条件。

若存在 $\varepsilon > 0$，对满足 $\|X - X^*\| < \varepsilon$ 的所有 X，$J(X) - J(X^*)$ 具有同一符号，则称 $J(X)$ 在 $X = X^*$ 处取得极值。

定理 泛函 $J(X)$ 在 $X = X^*$ 处取得极值的必要条件是对于所有容许的增量函数 δX（自变量的变分），泛函 $J(X)$ 在 X^* 处的变分为零，即

$$\delta J(X^*, \delta X) = 0$$

为了判别是极大还是极小，要计算二阶变分 $\delta^2 J$。但在实际中，根据问题的性质很容易判别是极大还是极小，故一般不计算 $\delta^2 J$。

11.2 无条件泛函极值的变分原理

不失一般性，首先讨论自变量函数为标量函数的情况，目标是确定极值曲线 $x(t) = x^*(t)$，使得如下性能泛函取得极值：

$$J = \int_{t_0}^{t_f} F[x(t), \dot{x}(t), t] dt \tag{11.1}$$

由此，考虑 $x(t)$，$\dot{x}(t)$ 在极值曲线 $x^*(t)$，$\dot{x}^*(t)$ 附近发生微小变分 δx，$\delta \dot{x}$，即

$$x(t) = x^*(t) + \delta x(t), \quad \dot{x}(t) = \dot{x}^*(t) + \delta \dot{x}(t)$$

这种情况下，泛函 J 的增量 ΔJ 可计算如下（以下将 * 省去）：

$$\Delta J = \int_{t_0}^{t_f} \{F[x+\delta x, \dot{x}+\delta \dot{x}, t] - F[x, \dot{x}, t]\} dt = \int_{t_0}^{t_f} \left\{ \frac{\partial F}{\partial x}\delta x + \frac{\partial F}{\partial \dot{x}}\delta \dot{x} + o\left[(\delta x)^2, (\delta \dot{x})^2\right] \right\} dt$$

式中，$o\left[(\delta x)^2, (\delta \dot{x})^2\right]$ 是高阶项。

考虑到泛函的变分 δJ 是 ΔJ 的线性主部，即

$$\delta J = \int_{t_0}^{t_f} \left[\frac{\partial F}{\partial x}\delta x + \frac{\partial F}{\partial \dot{x}}\delta \dot{x} \right] dt$$

对上式第二项作分部积分，有

$$\int_{t_0}^{t_f} u dv = uv \Big|_{t_0}^{t_f} - \int_{t_0}^{t_f} v du$$

进一步得到

$$\delta J = \int_{t_0}^{t_f} \left[\frac{\partial F}{\partial x} - \frac{d}{dt}\left(\frac{\partial F}{\partial \dot{x}}\right) \right] \delta x dt + \frac{\partial F}{\partial \dot{x}} \delta x \Big|_{t_0}^{t_f} \tag{11.2}$$

J 取极值的必要条件是 δJ 等于 0，又因为 δx 是任意的，所以要使式（11.2）中第一项（积分项）为零，必然有

$$\frac{\partial F}{\partial x} - \frac{d}{dt}\left(\frac{\partial F}{\partial \dot{x}}\right) = 0 \tag{11.3}$$

式（11.3）即欧拉-拉格朗日方程。下面讨论式（11.2）中第二项为 0 的条件，共有如下两种情况。

1）固定端点的情况

此时有 $x(t_0) = x_0$，$x(t_f) = x_f$，故 $\delta x(t_0) = \delta x(t_f) = 0$。而式（11.2）中第二项可写成

$$\frac{\partial F}{\partial \dot{x}} \delta x \Big|_{t_0}^{t_f} = \left(\frac{\partial F}{\partial \dot{x}}\right)_{t=t_f} \cdot \delta x(t_f) - \left(\frac{\partial F}{\partial \dot{X}}\right)_{t=t_0} \cdot \delta x(t_0) \tag{11.4}$$

当 $\delta x(t_0) = \delta x(t_f) = 0$ 时，式（11.4）为 0。

2）自由端点的情况

此时 $x(t_0)$ 和 $x(t_f)$ 可发生变化，$\delta x(t_0) \neq 0$，$\delta x(t_f) \neq 0$，且可独立变化。于是，要使式（11.2）中第二项为 0，由式（11.4）可得

$$\left(\frac{\partial F}{\partial \dot{x}}\right)_{t=t_f} \cdot \delta x(t_f) = 0 \tag{11.5}$$

$$\left(\frac{\partial F}{\partial \dot{x}}\right)_{t=t_0} \cdot \delta x(t_0) = 0 \tag{11.6}$$

考虑到 $x(t)$ 为标量函数，$\delta x(t_0)$ 和 $\delta x(t_f)$ 也是标量，而是任意的，故式（11.5）、（11.6）可变化为

$$\left(\frac{\partial F}{\partial \dot{x}}\right)_{t=t_f} = 0 \tag{11.7}$$

$$\left(\frac{\partial F}{\partial \dot{x}}\right)_{t=t_0} = 0 \tag{11.8}$$

式（11.7）、式（11.8）称为横截条件。需要指出，当边界条件全部给定（即固定端点）时，不需要横截条件。当 $x(t_0)$ 给定时，不需要式（11.8）。当 $x(t_f)$ 给定时，不需要式（11.7）。

下面将 $x(t)$ 为标量函数时得到的结果推广到 $X(t)$ 为 n 维向量函数的情况。此时，性能泛函为

$$J = \int_{t_0}^{t_f} F((X, \dot{X}, t) \mathrm{d}t \tag{11.9}$$

式中：$X = \begin{bmatrix} x_1(t) \\ x_2(t) \\ \vdots \\ x_n(t) \end{bmatrix}, \dot{X} = \begin{bmatrix} \dot{x}_1(t) \\ \dot{x}_2(t) \\ \vdots \\ \dot{x}_n(t) \end{bmatrix}$ (11.10)

泛函变分由式（11.2）改为

$$\delta J = \int_{t_0}^{t_f} \delta X^{\mathrm{T}} \left[\frac{\partial F}{\partial x} - \frac{\mathrm{d}}{\mathrm{d}t}\left(\frac{\partial F}{\partial \dot{X}}\right)\right] \mathrm{d}t + \delta X^{\mathrm{T}} \frac{\partial F}{\partial \dot{X}} \bigg|_{t_0}^{t_f}$$

向量的欧拉-拉格朗日方程为

$$\frac{\partial F}{\partial X} - \frac{\mathrm{d}}{\mathrm{d}t}\left(\frac{\partial F}{\partial \dot{X}}\right) = 0 \tag{11.11}$$

式中：$\dfrac{\partial F}{\partial X} = \begin{bmatrix} \dfrac{\partial F}{\partial x_1} \\ \dfrac{\partial F}{\partial x_2} \\ \vdots \\ \dfrac{\partial F}{\partial x_n} \end{bmatrix}, \dfrac{\partial F}{\partial \dot{X}} = \begin{bmatrix} \dfrac{\partial F}{\partial \dot{x}_1} \\ \dfrac{\partial F}{\partial \dot{x}_2} \\ \vdots \\ \dfrac{\partial F}{\partial \dot{x}_n} \end{bmatrix}$ (11.12)

横截条件为（自由端点情况）$\frac{\partial F}{\partial \dot{X}} = 0$，当 $t = t_0$ 和 $t = t_f$ 时。

例1 求通过点（0，0）和（1，1）且使性能指标 $J = \int_0^1 (x^2 + \dot{x}^2) dt$ 去极值的最优轨迹 $x^*(t)$。

解 这是固定端点问题，相应的欧拉-拉格朗日方程为

$$2x - \frac{d}{dt}(2\dot{x}) = 0$$

即

$$\ddot{x} - x = 0$$

它的通解形式为

$$x(t) = A\text{ch}\, t + B\text{sh}\, t$$

式中：$\text{ch}\, t = \frac{e^t + e^{-t}}{2}$，$\text{sh}\, t = \frac{e^t - e^{-t}}{2}$

由初始条件 $x(0) = 0$，可得 $A = 0$。再由终端条件 $x(1) = 1$，可得 $B = 1/\text{sh}\, 1$，因此极值轨迹为

$$x^*(t) = \text{sh}\, t/\text{sh}\, 1$$

11.3 等式约束泛函极值的变分原理

前面讨论泛函极值问题时，并未对极值轨迹 $x^*(t)$ 附加任何约束条件。然而，在动态系统最优控制问题中，极值轨迹必须满足系统的状态方程，换句话说，它受到系统状态方程的约束。考虑如下系统：

$$\dot{X} = f[X(t), U(t), t] \tag{11.13}$$

式中：$X(t)$ 为 n 维状态向量，$U(t)$ 为 m 维控制向量，$f[X(t), U(t), t]$ 是 n 维连续可微向量函数。需要指出，此处 $U(t)$ 不受限制，以便采用变分法求解，若 $U(t)$ 受限，应采用极小值原理或动态规划求解，详细内容将在后续章节陈述。

设定的性能指标如下：

$$J = \Phi[X(t_f), t_f] + \int_{t_0}^{t_f} F[X(t), U(t), t] dt \tag{11.14}$$

最优控制的目的是求出最优控制 $U^*(t)$ 和满足系统状态方程的极值轨迹 $X^*(t)$，使得性能指标取得极值。

在以下各节中，将先后讨论如下三种情况下的最优控制求解问题：终端时刻固定，终端状态自由；终端时刻自由，终端状态受约束；终端时刻固定，终端状态受约束。

1）终端时刻固定，终端状态自由

将状态方程（11.13）写成约束方程形式

$$f(X, U, t) - \dot{X}(t) = 0 \tag{11.15}$$

与有约束条件的函数极值情况类似，引入 n 维拉格朗日乘子向量函数

$$\lambda^T(t) = [\lambda_1(t), \lambda_2(t), \cdots, \lambda_n(t)] \tag{11.16}$$

需要指出，在动态问题中拉格朗日乘子向量为时间函数。最优控制中经常将称为伴随变

量，协态（协状态向量）或共轭状态。引入后得到如下的增广泛函

$$J_a = \Phi[X(t_f), t_f] + \int_{t_0}^{t_f} \{F[X,U,t] + \lambda^T(t)[f(X,U,t) - \dot{X}]\}dt \quad (11.17)$$

进而，有约束条件泛函的极值问题转化为无约束条件增广泛函 J_a 的极值问题。

考虑引入一个标量函数

$$H(X,U,\lambda,t) = F(X,U,t) + \lambda^T f(X,U,t) \quad (11.18)$$

称为哈密顿（Hamilton）函数，其在最优控制中起着重要的作用。J_a 可写成

$$J_a = \Phi[X(t_f), t_f] + \int_{t_0}^{t_f} [H(X,U,\lambda,t) - \lambda^T \dot{X}]dt$$

对上式积分号内第二项作分部积分后，可得

$$J_a = \Phi[X(t_f), t_f] - \lambda^T(t_f)X(t_f) + \lambda^T(t_0)X(t_0) + \int_{t_0}^{t_f}[H(X,U,\lambda,t) + \dot{\lambda}^T X]dt \quad (11.19)$$

设 $X(t)$，$U(t)$ 相对于最优值 $X^*(t)$，$U^*(t)$ 的变分分别为 $\delta X(t)$ 和 $\delta U(t)$，由于 $X(t_f)$ 自由，故需考虑变分 $\delta X(t_f)$。

计算变分引起的泛函的变分如下：

$$\delta J_a = \delta X^T(t_f)\frac{\partial \Phi}{\partial X(t_f)} - \delta X^T(t_f)\lambda(t_f) + \int_{t_0}^{t_f}\left[\delta X^T\left(\frac{\partial H}{\partial X} + \dot{\lambda}\right) + \delta U^T \frac{\partial H}{\partial U}\right]dt \quad (11.20)$$

J_a 取得极小值的必要条件是：对任意的 δX，δU 和 $\delta X(t_f)$，有 δJ_a 等于 0。由式（11.18）及式（11.20），可得如下一组关系式：

协态方程 $\quad \dot{\lambda} = -\dfrac{\partial H}{\partial X} \quad$ （11.21）

状态方程 $\quad \dot{X} = \dfrac{\partial H}{\partial \lambda} \quad$ （11.22）

控制方程 $\quad \dfrac{\partial H}{\partial U} = 0 \quad$ （11.23）

横截条件 $\quad \lambda(t_f) = \dfrac{\partial \Phi}{\partial X(t_f)} \quad$ （11.24）

式（11.21）~（11.24）即取极值的必要条件，由此可求得 $U^*(t)$，$X^*(t)$ 和 $\lambda^*(t)$。

式（11.22）为状态方程，这可由 H 的定义式（11.18）看出，实际解题时无需求 $\dfrac{\partial H}{\partial \lambda}$，只需要直接采用状态方程即可。式（11.21）与式（11.22）统称为哈密顿正则方程。

式（11.23）为控制方程，表示 H 在最优控制处取极值。注意，这是在 δU 任意时得出的方程，当 $U(t)$ 有界且在边界上取得最优值时，不能用此方程，而应采用极小值原理求解。

式（11.24）为在 t_f 固定、$X(t_f)$ 自由时得出的横截条件。当 $X(t_f)$ 固定时，$\delta X(t_f) = 0$，就不需要这个横截条件了。横截条件表示协态终端所满足的条件。

在求解式（11.21）~（11.24）时，只知道初值 $X(t_0)$ 和由横截条件（11.24）求得的协态终端 $\lambda(t_f)$，这类问题称为两点边值问题，一般情况下很难求解。由于 $\lambda(t_0)$ 未知，若假定某个 $\lambda(t_0)$，然后正向积分式（11.21）~（11.24），则在 $t = t_f$ 时的 λ 值一般与给定的 $\lambda(t_f)$ 不同，

于是要反复修改 $\lambda(t_0)$ 的值,直至 $\lambda(t_f)$ 与给定的区别可忽略不计为止。

非线性系统最优控制两点边值问题的数值求解是一个重要的研究领域。对于线性系统两点边值问题求解,可寻找缺少的边界问题并仅进行一次积分,下面的例 2 给出了求解过程。

例 2 设系统状态方程为 $\dot{x}=-x(t)+u(t)$,$x(t)$ 的边界条件为 $x(0)=1$,$x(t_f)=0$,求最优控制 $u(t)$,使性能指标 $J=\dfrac{1}{2}\int_0^{t_f}(x^2+u^2)\mathrm{d}t$ 最小。

解 式中,$x(0)$,$x(t_f)$ 均给定,故不需要横截条件(11.24)。作哈密顿函数

$$H=\frac{1}{2}(x^2+u^2)+\lambda(-x+u)$$

则协态方程和控制方程为

$$\dot{\lambda}=-\frac{\partial H}{\partial x}=-x+\lambda$$

$$\frac{\partial H}{\partial u}=u+\lambda=0$$

即 $u=-\lambda$

故可得正则方程

$$\dot{x}(t)=-x(t)-\lambda(t)$$

$$\dot{\lambda}(t)=-x(t)+\lambda(t)$$

对正则方程进行拉普拉斯变换,可得

$$sX(s)-x(0)=-X(s)-\lambda(s) \tag{11.25}$$

$$s\lambda(s)-\lambda(0)=-X(s)+\lambda(s) \tag{11.26}$$

由式(11.25)可求得

$$X(s)=\frac{x(0)-\lambda(s)}{s+1} \tag{11.27}$$

代入式(11.26),即得

$$(s^2-2)\lambda(s)=(s+1)\lambda(0)-x(0)$$

于是,解出 $\lambda(s)$ 为

$$\lambda(s)=\frac{(s+1)\lambda(0)-x(0)}{s^2-2}=\frac{s+1}{(s+\sqrt{2})(s-\sqrt{2})}\lambda(0)-\frac{1}{(s+\sqrt{2})(s-\sqrt{2})} \tag{11.28}$$

反变换可求得

$$\lambda(t)=\frac{1}{2\sqrt{2}}\left(\mathrm{e}^{-\sqrt{2}t}-\mathrm{e}^{\sqrt{2}t}\right)x(0)+\frac{1}{2\sqrt{2}}\left[(\sqrt{2}-1)\mathrm{e}^{-\sqrt{2}t}+(\sqrt{2}+1)\mathrm{e}^{\sqrt{2}t}\right]\lambda(0) \tag{11.29}$$

将式(11.28)代入式(11.26)可得

$$X(s)=\frac{s-1}{(s+\sqrt{2})(s-\sqrt{2})}x(0)-\frac{1}{(s+\sqrt{2})(s-\sqrt{2})}\lambda(0)$$

故 $x(t)=\dfrac{1}{2\sqrt{2}}\left[(\sqrt{2}+1)\mathrm{e}^{-\sqrt{2}t}+(\sqrt{2}-1)\mathrm{e}^{\sqrt{2}t}\right]x(0)+\dfrac{1}{2\sqrt{2}}\left[\mathrm{e}^{-\sqrt{2}t}-\mathrm{e}^{\sqrt{2}t}\right]\lambda(0)$

由 $x(0)=1$,$x(t_f)=0$,从上式可得

$$\lambda(0)=\frac{(\sqrt{2}+1)e^{-\sqrt{2}t_f}+(\sqrt{2}-1)e^{\sqrt{2}t_f}}{e^{\sqrt{2}t_f}-e^{-\sqrt{2}t_f}}$$

将 $\lambda(0)$ 代入式（11.29），可得 $\lambda(t)$,而最优控制为

$$u^*(t)=-\lambda(t)=-\frac{1}{2\sqrt{2}}\left\{e^{-\sqrt{2}t}-e^{\sqrt{2}t}+\frac{(\sqrt{2}+1)e^{-\sqrt{2}t_f}+(\sqrt{2}-1)e^{\sqrt{2}t_f}}{e^{\sqrt{2}t_f}-e^{-\sqrt{2}t_f}}\cdot\left[(\sqrt{2}-1)e^{-\sqrt{2}t}+(\sqrt{2}+1)e^{\sqrt{2}t}\right]\right\}$$

2）终端时刻自由，终端状态受约束

设终端状态 $X(t_f)$ 满足如下约束方程：

$$G[X(t_f),t_f]=0 \tag{11.30}$$

式中：

$$G=\begin{bmatrix}G_1[X(t_f),t_f]\\G_2[X(t_f),t_f]\\\vdots\\G_q[X(t_f),t_f]\end{bmatrix} \tag{11.31}$$

取性能指标为

$$J=\Phi[X(t_f),t_f]+\int_{t_0}^{t_f}F[X(t),U(t),t]\mathrm{d}t \tag{11.32}$$

引入拉格朗日乘子向量函数 $\lambda(t)$ 和 q 维拉格朗日乘子向量 v，及增广性能泛函

$$J_a=\Phi[X(t_f),t_f]+v^{\mathrm{T}}G[X(t),t_f]+\int_{t_0}^{t_f}\left\{F(X,U,t)+\lambda^{\mathrm{T}}(t)[f(X,U,t)-\dot{X}]\right\}\mathrm{d}t \tag{11.33}$$

引入哈密顿函数

$$H(X,U,\lambda,t)=F[X,U,t]+\lambda^{\mathrm{T}}f(X,U,t) \tag{11.34}$$

将代入式（11.33），可得

$$J_a=\Phi[X(t_f),t_f]+v^{\mathrm{T}}G[X(t_f),t_f]+\int_{t_0}^{t_f}\left[H(X,U,\lambda,t)-\lambda^{\mathrm{T}}\dot{X}\right]\mathrm{d}t \tag{11.35}$$

令

$$\theta[X(t_f),t_f]=\Phi[X(t_f),t_f]+v^{\mathrm{T}}G[X(t_f),t_f] \tag{11.36}$$

则有

$$J_a=\theta[X(t_f),t_f]+\int_{t_0}^{t_f}\left[H(X,U,\lambda,t)-\lambda^{\mathrm{T}}\dot{X}\right]\mathrm{d}t \tag{11.37}$$

与 t_f 固定时不同，t_f 自由时 δJ_A 为 δU，δX，$\delta X(t_f)$ 和 δt_f 的函数，式中 δt_f 不再为 0，$\delta X(t_f)$ 可按如下方式计算：

令 $t_f=t_f^*+\delta t_f$，则

$$\delta X(t_f)=X(t_f)-X^*(t_f^*)=X(t_f^*+\delta t_f)+\delta X(t_f^*)-X(t_f^*)\approx\delta X(t_f^*)+\dot{X}(t_f^*)\delta t_f \tag{11.38}$$

需要指出，$\delta X(t_f)$ 和 $\delta X(t_f^*)$ 不同，故*号不能省去。式（11.38）表明 $\delta X(t_f)$ 由两部分组成，一部分是 t_f^* 时函数 $X(t_f)$ 相对 $X^*(t_f)$ 的变化量 $\delta X(t_f^*)$，另一部分 t_f 是变化引起的函数变化量 $[X(t_f^*+\delta t_f)-X(t_f^*)]$，后者可用其线性主部 $\dot{X}(t_f^*)\delta t_f$ 近似。

δJ_a（只计算到一阶小量）计算如下：

$$\Delta J_a = \theta[X(t_f)+\delta X(t_f), t_f+\delta t_f]_* + \int_{t_0}^{t_f^*+\delta t_f}[H(X+\delta X, U+\delta U, \lambda, t)-\lambda^T(\dot{X}+\delta\dot{X})]_* dt$$
$$-\theta[X(t_f), t_f] - \int_{t_0}^{t_f^*}[H(X, U, \lambda, t)-\lambda^T\dot{X}]dt$$

上式中方括号外的下标*表示 X，U 和 t_f 是最优值。δJ_a 是上式的线性主部，故

$$\delta J_a = \left[\frac{\partial\theta}{\partial X(t_f)}\right]_*^T \delta X(t_f) + \left[\frac{\partial\theta}{\partial t_f}\right]_* \delta t_f + \int_{t_0}^{t_f^*}\left[\left(\frac{\partial H}{\partial X}\right)^T\delta X+\left(\frac{\partial H}{\partial U}\right)^T\delta U-\lambda^T\delta\dot{X}\right]dt +$$
$$\int_{t_f^*}^{t_f^*+\delta t_f}[H(X+\delta X, U+\delta U, \lambda, t)-\lambda^T(\dot{X}+\delta\dot{X})]_* dt$$

对第三部分作分部积分，可得

$$\int_{t_0}^{t_f^*}\left[\left(\frac{\partial H}{\partial X}+\dot{\lambda}\right)^T\delta X+\left(\frac{\partial H}{\partial U}\right)^T\delta U\right]dt - \lambda^T(t_f^*)\delta X(t_f^*)$$

第四项可表示为（忽略二阶小量）

$$\int_{t_f^*}^{t_f^*+\delta t_f}\left[H(X,U,\lambda,t)+\left(\frac{\partial H}{\partial X}\right)^T\delta X+\left(\frac{\partial H}{\partial U}\right)^T\delta U-\lambda^T\dot{X}-\lambda^T\delta\dot{X}\right]_* dt$$
$$\approx H^*(X,U,\lambda,t)\delta t_f - \lambda^T(t_f^*)\dot{X}(t_f^*)\delta t_f$$
$$= H^*\delta t_f - \lambda^T(t_f^*)[\delta X(t_f)-\delta X(t_f^*)]$$

上式最后用到了式（11.38），H^* 表示 H 的自变量取得最优值时 H 的值。

根据上面的结果，可得

$$\delta J_a = \left[\frac{\partial\theta}{\partial X(t_f)}\right]_*^T\delta X(t_f) + \left[\frac{\partial\theta}{\partial t_f}\right]_*\delta t_f + \int_{t_0}^{t_f^*}\left[\left(\frac{\partial H}{\partial X}+\dot{\lambda}\right)^T\delta X+\left(\frac{\partial H}{\partial U}\right)^T\delta U\right]dt + H^*\delta t_f - \lambda^T(t_f^*)\delta X(t_f)$$

考虑到 J_a 取极值的必要条件为 $\delta J_a=0$，因为 $\delta X(t_f)$，δt_f，δX 和 δU 任意，故得（为表达简洁，省去*号）

协态方程　　$\dot{\lambda}=-\dfrac{\partial H}{\partial X}$ （11.39）

状态方程　　$\dot{X}=\dfrac{\partial H}{\partial \lambda}$ （11.40）

控制方程　　$\dfrac{\partial H}{\partial U}=0$ （11.41）

横截条件　　$\lambda(t_f)=\dfrac{\partial\theta}{\partial X(t_f)}=\dfrac{\partial\Phi}{\partial X(t_f)}+\dfrac{\partial G^T}{\partial X(t_f)}\nu$

$$H(t_f) = -\frac{\partial \theta}{\partial t_f} = -\frac{\partial \Phi}{\partial t_f} - \frac{\partial G^T}{\partial t_f} v \qquad (11.42)$$

与 t_f 固定情况相比，此处多了一个方程，$H(t_f) = -\frac{\partial \theta}{\partial t_f}$，用该方程可求出最优终端时间 $t_f = t_f^*$。

例 3 设系统状态方程为 $\dot{x} = u$，边界条件为：$x(0) = 1$，$x(t_f) = 0$；t_f 自由性能指标为：$J = t_f + \frac{1}{2}\int_0^{t_f} u^2 dt$。要求确定最优控制 u^*，使 J 最小。

解 这里 t_f 自由问题，终端状态固定，是满足约束集的特殊情况，即

$$G[X(t_f), t_f] = x(t_f) = 0$$

作哈密顿函数

$$H = \frac{1}{2}u^2 + \lambda u$$

正则方程

$$\dot{x} = \frac{\partial H}{\partial \lambda} = u, \quad \dot{\lambda} = -\frac{\partial H}{\partial x} = 0$$

控制方程

$$\frac{\partial H}{\partial u} = u + \lambda = 0, \quad u = -\lambda$$

因边界条件全部给定，故不用横截条件。确定最优终端时刻的条件式（11.42）为

$$H(t_f) = -\frac{\partial \theta}{\partial t_f} = -\frac{\partial \Phi}{\partial t_f} = -\frac{\partial t_f}{\partial t_f} = -1$$

$$\frac{1}{2}u^2(t_f) + \lambda(t_f)u(t_f) = -1$$

将 $u(t) = -\lambda(t)$ 代入，可得

$$\frac{1}{2}\lambda^2(t_f) - \lambda^2(t_f) + 1 = 0$$

求得 $\lambda(t_f) = \sqrt{2}$。

因为由正则方程 $\dot{\lambda} = 0$，所以 $\lambda(t) = \lambda(t_f) = \sqrt{2}$，于是最优控制

$$u^*(t) = -\sqrt{2}$$

再由正则方程 $\dot{x} = u = -\lambda$，可得

$$x(t) = -\sqrt{2}t + c$$

由初始条件 $x(0) = 1$，求得 $c = 1$，故最优轨迹为

$$x^*(t) = -\sqrt{2}t + 1$$

以终端条件 $x^*(t_f^*) = 0$ 代入上式，即求得最优终端时刻 $t_f^* = \frac{\sqrt{2}}{2}$。

3）终端时刻固定，终端状态受约束

设终端状态 $X(t_f)$ 满足如下约束方程：

$$G_1[X(t_f),t_f]=0 \tag{11.43}$$

式中：

$$G=\begin{bmatrix} G_1[X(t_f),t_f] \\ G_2[X(t_f),t_f] \\ \vdots \\ G_q[X(t_f),t_f] \end{bmatrix} \tag{11.44}$$

本节讨论的最优控制问题是在约束 $\dot{X}(t)=f(X,U,t)$ 和式（11.43）的条件下确定使性能指标 $J=\Phi[X(T_f),t_f]+\int_{t_0}^{t_f}F[X(t),U(t),t]\mathrm{d}t$ 最小的最优控制问题。如前所述，引入 n 维拉格朗日乘子向量函数 $\lambda(t)$ 和 q 维拉格朗日乘子向量 v，并设定增广性能函数

$$J_a=\Phi[X(t_f),t_f]+v^{\mathrm{T}}G[X(t_f),t_f]+\int_{t_0}^{t_f}\{F(X,U,t)+\lambda^{\mathrm{T}}(t)[f(X,U,t)-\dot{X}]\}\mathrm{d}t \tag{11.45}$$

引入哈密顿函数

$$H(X,U,\lambda)=F[X,U,t]+\lambda^{\mathrm{T}}f(X,U,t) \tag{11.46}$$

采用类似的推导办法，根据取极值的必要条件可得如下关系式：

协态方程 $\quad \dot{\lambda}=-\dfrac{\partial H}{\partial X} \tag{11.47}$

状态方程 $\quad \dot{X}=\dfrac{\partial H}{\partial \lambda} \tag{11.48}$

控制方程 $\quad \dfrac{\partial H}{\partial U}=0 \tag{11.49}$

横截条件 $\quad \lambda(t_f)=\dfrac{\partial \theta}{\partial X(t_f)}=\dfrac{\partial \Phi}{\partial X(t_f)}+\dfrac{\partial G^{\mathrm{T}}}{\partial X(t_f)}v \tag{11.50}$

下面讨论几种特殊的横截条件：

（1）若 $X(t_f)$ 为 n 维状态空间中的某一个固定点，即 $X(t_f)=X_f$，则由于 t_f 固定，可以得到

$$\Phi[X(t_f),t_f]=\Phi[X_f,t_f]=\text{常数},\quad G[X(t_f),t_f]=X(t_f)-X_f=0 \tag{11.51}$$

进而

$$\dfrac{\partial \Phi[X(t_f),t_f]}{\partial X}=0,\quad \dfrac{\partial G[X(t_f),t_f]}{\partial X}=0 \tag{11.52}$$

因此 $\lambda^{\mathrm{T}}(t_f)=v^{\mathrm{T}}$（$v^{\mathrm{T}}$ 待定）。

（2）设 $\Phi[X(t_f),t_f]=0$，$X(t_f)$ 的某些分量取固定值而其他分量自由。不失一般性，设 $X(t_0)$ 的前 m 个分量固定，即

$$X_i(t_f)=X_{if}\quad i=1,2,\cdots,m(1\leqslant m\leqslant n) \tag{11.53}$$

而其他分量自由，有

$$\lambda^{\mathrm{T}}(t_f) = [v_1, v_2, \cdots, v_m, \overbrace{0, 0, \cdots, 0}^{n-m\text{个}}] \quad (11.54)$$

（3）设 $\Phi[X(t_f), t_f] = 0$，且 $X(t_f)$ 的所有分量均自由，则有

$$\lambda^{\mathrm{T}}(T_f) = 0 \quad (11.55)$$

课后习题

1. 设系统的状态方程为：$\dot{x}_1(t) = x_2(t)$，$\dot{x}_2(t) = u(t)$；初始条件为：$x_1(0) = 1$，$x_2(0) = 1$；终端条件为：$x_1(1) = 0$，$x_2(1)$ 自由。确定最优控制 $u^*(t)$，使指标泛函 $J(u) = \frac{1}{2}\int_0^1 u^2(t)\mathrm{d}t$ 取得极小值。

2. （火箭发射最优程序问题） 设火箭在垂直平面内运动，加速度 $a(t)$ 与水平面夹角为 $\theta(t)$，$\theta(t)$ 是控制作用。令水平速度 $x_1 = V_L(t)$，垂直速度 $x_2 = V_h(t)$，水平距离 $x_3 = L(t)$，垂直高度 $x_4 = h(t)$。忽略重力和空气阻力时，系统的状态方程和初始条件为：

$$\dot{x}_1 = a\cos\theta, \quad x_1(0) = 0$$
$$\dot{x}_2 = a\sin\theta, \quad x_2(0) = 0$$
$$\dot{x}_3 = x_1, \quad x_3(0) = 0$$
$$\dot{x}_4 = x_2, \quad x_4(0) = 0$$

终端状态为：

$$x_1(t_f) = U, \quad x_2(t_f) = 0, \quad x_3(t_f) \text{ 自由}, \quad x_4(t_f) = h_f$$

要求选择最优控制 $u(t) = \theta(t)$，使性能指标 $J = \int_0^{t_f} \mathrm{d}t = t_f$ 最小。

12　交通网络平衡配流理论

交通量分配就是将已经预测出的 O-D 需求量按照一定的准则分配到路网中的各条路段上，求出各条路段上的交通流量。人们早就认识到，所需出行时间、距离及费用等是选择路线的重要基准，但在早期由于缺乏系统理论和计算手段，不得不依靠实际作业者的个人经验和判断。进入 20 世纪 50 年代后，美国 BPR（Bureau of Public Roads）和 HRB（Highway Research Board）开始研究高速道路交通转移率曲线方法，这可以说是交通量分配理论系统发展的最初尝试。1957 年摩尔（Moore）和丹齐克（Dantzing）发表了"寻找网络中两点间最短路方法"的论文，这一成果对交通量分配理论的发展产生了很大的影响。经过 Carroll、Schneider 等学者的努力，20 世纪 50 年代后期建立在最短路方法的基础上的"全有全无"法在交通量分配中得到了实际应用。

"全有全无"法实际上是一种以规划者意愿为中心的交通量分配方法，根据这一原则设计的网络加载机制就是将每一个 O-D 需求量全部分配到连接 O-D 对的最小费用的路径上，显然其结果与实际交通状态相差甚大。为了改进这一不足，在此后的研究中又有多种新的分配模型被提出，其中具有代表性的是 Mclanghlin 方法和概率分配法。Mclanghlin 方法由 Dial 等在 20 世纪 60 年代后期至 70 年代初期提出，该方法以个人选择概率为基础，以确定各条路线的选择比率。

在实际研究过程中人们逐渐认识到，正确的交通量分配方法应能较好地再现实际交通状态，而这种实际的交通状态是交通网络用户路线选择的结果。基于这种认识，以使用者路线选择行为分析为基础的交通平衡配流理论逐步发展起来。1952 年，Wardrop 提出平衡分匹配原则；1956 年，Beckmann 建立了平衡配流理论的数学极值模型；1979 年 Smith 在对平衡配流问题原理进一步细致分析的基础上提出了变分不等式模型，他们的研究工作使得平衡配流模型理论形成了比较完整的体系。随着计算机技术的飞速发展，平衡配流模型已在交通分配理论研究中占据主导地位。

Wardrop 平衡配流原则描述如下：

在起、终点之间所有可供选择的路线中，使用者所利用的各条路线上的出行费用全部相等，而且不大于未被利用路线上的出行费用。这里的出行费用可以理解为包括所有影响出行的因素，如时间、运行费用、方便舒适等，一般可按其重要性加权求和。

满足这一原则的交通状态被定义为 Wardrop 平衡状态，即系统达到稳定，此时任何一个使用者（用户）在起、终点之间都不能找到一条费用更少的线路，换句话说，任何一个用户都不能单方面改变路径并能降低其费用。Beckmann 采用以下数学形式描述 Wardrop 平衡状态：

$$\mu_{ij}-c_k^{ij}\begin{cases}=0, if\ h_k^{ij}>0\\ \leqslant 0, f\ h_k^{ij}>0\end{cases}, \forall i\in I, j\in J, k\in K_{ij} \qquad (12.1)$$

其中，μ_{ij} 为平衡状态下 O-D 对 $i-j$ 之间的出行费用，其他符号表示见 12.1 节。

12.1 优化模型

一般地，如不特别说明，在本书的后续章节所用到的符号定义均与本章节相同。常用的符号定义如下：

W——交通网络中起讫点对的集合；
A——交通网络中路段的集合；
I——产生交通量的起始节点的集合；
J——吸引交通量的终讫节点的集合；
i——表示一个起始节点，$i \in I$；
j——表示一个终讫节点，$j \in J$；
K_{ij}——连接 O-D 对 $i-j$ 的所有路径的集合；
q_{ij}——在所研究的时段内从 i 到 j 的交通需求量；
q——O-D 需求量列向量 $(\cdots, q_{ij}, \cdots)^T$，$i \in I, j \in J$；
h_k^{ij}——O-D 对 $i-j$ 之间的第 k 条路径上的流量，$k \in K_{ij}$；
h^{ij}——列向量 $\left(\cdots, (h_k^{ij})^T, \cdots\right)$，$k \in K_{ij}$；
h——列向量 $\left(\cdots, (h^{ij})^T, \cdots\right)^T$，$i \in I, j \in J$；
c_k^{ij}——O-D 对 $i-j$ 之间的第 k 条路径上的费用，$k \in K_{ij}$；
c^{ij}——列向量 $(\cdots, c_k^{ij}, \cdots)^T$，$k \in K_{ij}$；
c'——向量 $\left(\cdots, (c^{ij})^T, \cdots\right)^T$，$i \in I, j \in J$；
x_a——路段 a 上的交通流量，$a \in A$；
x——列向量 $(\cdots, x_a, \cdots)^T$，$a \in A$
c_a——路段 a 上的费用，$a \in A$；
c——列向量 $(\cdots, c_a, \cdots)^T$，$a \in A$；
$\delta_{a,k}^{ij}$——如果路段 a 在连接 O-D 对 $i-j$ 的第 k 条路径上，其值为 1，否则为 0；
Δ^{ij}——矩阵 $[\delta_{a,k}^{ij}]$，$a \in A, k \in K_{ij}$；
Δ——矩阵向量 $(\cdots, \Delta^{ij}, \cdots)$，$i \in I, j \in J$。

关于路段与路径之间的流量和费用，有如下关系：

$$x_a = \sum_i \sum_j \sum_k h_k^{ij} \delta_{a,k}^{ij}, \quad \forall a$$
$$c_k^{ij} = \sum_a c_a \delta_{a,k}^{ij}, \quad \forall k, i, j$$

这两个方程描述了路径/路段的关联关系，而称 Δ^{ij} 为对 $i-j$ 的关联矩阵。简明起见，可以用矩阵来表达上面的关联关系：

$$c' = \Delta^T \cdot c, \quad x = \Delta \cdot h$$

注：出行费用有时也称为道路阻抗，交通网络中的路段也可以称为弧。

通常 UE 配流被归纳为一个凸规划问题。Beckmann 提出的具有固定需求的用户平衡配流模型（记为 P12.1）如下[①]：

$$\min Z(x) = \sum_a \int_0^{x_a} c_a(x)\mathrm{d}x \tag{12.2a}$$

$$\text{s.t.} \begin{cases} \sum_k h_k^{ij} = q_{ij}, & \forall i \in I,\ j \in J \\ h_k^{ij} \geq 0, & \forall i \in I,\ j \in J,\ k \in k_{ij} \\ x_a = \sum_i \sum_j \sum_k h_k^{ij} \delta_{a,k}^{ij}, & \forall a \in A \end{cases} \begin{matrix}(12.2b)\\(12.2c)\\(12.2d)\end{matrix}$$

方程（12.2b）代表路径流量与 O-D 需求量之间的守恒关系，（12.2c）保证所有的路径流量一定是正值，而方程（12.2d）是路段流量与路径流量之间的关联关系，则有

$$\frac{\partial x_a(h)}{\partial h_l^{mn}} = \frac{\partial}{\partial h_l^{mn}} \sum_i \sum_j \sum_k h_k^{ij} \delta_{a,k}^{ij} = \delta_{a,l}^{mn}$$

值得注意的是：在这个模型中有两个假定条件，一是假定路段费用仅仅是该路段流量的函数，与其他路段上的流量没有关系；二是假定路段费用是流量的严格增函数，这就是拥挤效应。这两个假设用数学形式表达为：

$$\frac{\partial c_a(x_a)}{\partial x_b} = 0,\ \forall a \neq b \tag{12.3}$$

$$\frac{\partial c_a(x_a)}{\partial x_a} > 0,\ \forall a \tag{12.4}$$

UE 模型（P12.1）是非线性凸规划问题，其中目标函数是所有网络中的路段费用函数积分的和，目标函数本身并没有什么直观的经济意义。但很容易证明，模型（P12.1）的解与用户平衡条件是等价的以及其解是唯一的。

12.2 系统最优模型

在问题（P12.1）中，网络使用者只从自身利益出发去寻找最小费用路径，使用者之间互不协调，经过系统不断地内部调整后，达到了一个平衡状态，这就是 UE 问题，符合 Wardrop 用户最优原则。而系统最优原则描述了另外一种网络用户的路径选择问题，即假定网络的使用者能接受统一的调度，大家共同的目标是使系统的费用最小，这就是系统最优问题。此时，可用如下数学规划模型（记为 P12.2）来进行描述：

$$\min Z(x) = \sum_a x_a c_a(x_a)$$

$$\text{s.t.} \begin{cases} \sum_k h_k^{ij} = q_{ij}, & \forall i \in I,\ j \in J \\ h_K^{ij} \geq 0, & \forall i \in I,\ j \in J,\ k \in K_{ij} \\ x_a = \sum_i \sum_j \sum_k h_k^{ij} \delta_{a,k}^{ij}, & \forall a \in A \end{cases} \tag{12.5}$$

（P12.2）被称为系统最优模型（System Optimization，简称 SO）。通常情况下，SO 的解不

[①] 固定，是指 O-D 需求量在分配过程中是固定不变的。

是一个 UE 解。但可以证明，如果在网络中忽略拥挤效应时，SO 与 UE 是等价的。

需要说明的是，由于 SO 模型与 UE 模型的结构十分相似，事实上两者的差别只体现在路段费用函数的构造上。如果在 UE 模型（P12.1）中，令目标函数为

$$\sum_a \int_0^{x_a} M_a(x) \mathrm{d}x \tag{12.6}$$

其中：

$$M_a(x) = c_a(x) + x_a \frac{\mathrm{d}c_a(x)}{\mathrm{d}x} \tag{12.7}$$

则容易证明问题（P12.1）的解与问题（P12.2）的解完全相同。$M_a(x)$ 通常被称为路段 a 对网络总费用的边际中，一维极值问题的目标函数用来代替（12.6）。显然，在 SO 原则下的解会使的每一 O-D 对之间的路径上的边际费用相等且最小。

也很容易证明模型（P12.2）的解与系统最优是等价的以及其解是唯一的。

12.3 具有路段通过能力限制的 UE 配流问题

在一般的 UE 配流模型中，我们都假定路段的通过能力是无限制的，即每一个路段能容纳所有分配在该路径上的流量。但是在实际问题中，每一条路段的通过能力总是有限的。一般情况下，当路段流量达到或超过路段能力时，我们可以将该路段的费用函数设为随着流量增加而不断增加以满足路段能力限制的约束（如著名的 BPR 公式或 Davidson 公式）。在模型中如能明确表示路段的能力约束，则有利于分析交通网络中的排队问题。因此在本节中，我们考虑具有路段通过能力限制的 UE 配流问题。为了分析方便，这里我们只考虑固定需求路段能力有约束时的 UE 平衡配流问题。

12.3.1 具有路段通过能力限制的 UE 配流模型

在具有路段通过能力限制的交通网络中，Wardrop 平衡原则仍然适用。只是这时的路径费用有可能包含在限制能力路段前的排队等待费用中。

为了说明问题，我们先定义与路段通过能力相关的符号如下：
$\overline{A}$——具有能力限制的路段的集合，$\overline{A} \subseteq A$；
u_b——路段 b 的能力，$b \in \overline{A}$；
d_b——在路段 b 前的等待时间，$b \in \overline{A}$；
Q_b——路段 b 前排队等待的车辆数，$b \in \overline{A}$。

其他符号同前面章节相同。显然，只有在带能力限制的路段前才可能出现排队现象，又因为我们考虑的是一个稳定的平衡配流问题，对于任一路段 $b(b \in \overline{A})$，如果 $x_b > u_b$，则等待的车辆数 Q_b 会一直增多，或者说等待时间 d_b 会一直增大，显然不符合稳定条件，如果 $x_b < u_b$，则排队现象不会发生，所以只有在 $x_b = u_b$ 时，排队现象才有可能发生，并且对于给定的条件，这时的 $d_b(\geq 0)$ 是个固定值。这就是是否会产生排队现象的条件，可以用关系式表示如下：

$$x_b \leq u_b, \quad b \in \overline{A} \tag{12.8}$$

$$\begin{cases} d_b = 0, & \text{如果} x_b < u_b \\ d_b \geqslant 0, & \text{如果} x_b = u_b \end{cases}, \quad b \in \overline{A} \tag{12.9}$$

同时，我们还可以用关系式来具体表示在带有路段限制条件下的 Wardrop 平衡原则，只是这时的费用包含，可能存在的排队等待费用。其关系表示如下：

$$\begin{cases} c_k^{ij} + \sum_l d_l \delta_{l,k}^{ij} = \mu_{ij}, & \text{如果} h_k^{ij} \geqslant 0 \\ c_k^{ij} + \sum_l d_l \delta_{l,k}^{ij} \geqslant \mu_{ij}, & \text{如果} h_k^{ij} = 0 \end{cases} \quad \forall i \in I, j \in J, k \in K_{ij} \tag{12.10}$$

式中：μ_{ij} 为平衡状态下 O-D 对 $i-j$ 之间的出行费用。

满足条件（12.8）~（12.10）的问题就是具有能力约束带排队现象的固定需求配流问题，该问题可以用如下的数学规划（记为 P12.3）来进行描述：

$$\min Z(x) = \sum_a \int_0^{x_a} c_a(x) \mathrm{d}x \tag{12.11a}$$

$$\text{s.t.} \begin{cases} \sum_k h_k^{ij} = q_{ij}, & \forall i \in I, j \in J \\ h_k^{ij} \geqslant 0, & \forall i \in I, j \in J, k \in K_{ij} \\ x_b \leqslant u_b, & \forall b \in \overline{A} \\ x_a = \sum\sum\sum h_k^{ij} \delta_{a,k}^{ij}, & \forall a \in A \end{cases} \begin{array}{r}(12.11b)\\(12.11c)\\(12.11d)\\(12.11e)\end{array}$$

模型（P12.3）与前述模型的区别为增加的路段能力约束条件（12.11d）。

12.3.2 求解算法

通常所用的 F-W 算法不能直接求解带有能力约束的模型（P12.3），求解该问题一般有两种算法，一种是 Hearn 和 Lawphongpanich 在 1990 年提出的对偶上升法，这种方法允许路径流量带有约束（Patriksson，1994）；另一种就是内部惩罚函数法（Inouye，1987），这种方法包含一个 F-W 算法，而且可以得到进行灵敏分析所需的最小费用路径集。但是罚函数法存在故有的缺点，就是随着罚因子趋向其极限，罚函数的 Hessian 矩阵的条件数无限增大，因而变得越来越病态，罚函数的这种性态约束给无约束极小化带来很大困难。为了克服这个缺点，Hestenes 和 Powell 于 1969 年各自独立地提出了乘子法（Patriksson，1994）。本节介绍我们独立提出的使用改进的增广乘子法来求解带有路段能力约束的 UE 配流模型。

为了给出增广的乘子法在 UE 配流模型中应用的理论依据，根据本节的需要，首先考虑如下问题：

$$\begin{aligned}&\min f(x)\\&\text{s.t.} \begin{cases} g(x) \geqslant 0 \\ h(x) = 0 \end{cases}\end{aligned} \tag{12.12}$$

式中：$f(x):E^n \to E$，$g(x):E^n \to E^m$，$h(x):E^n \to E^l$ 是二次连续可微函数，$x \in E^n$。

由于 UE 问题具有特殊结构，所以本节我们仅需考虑不等式约束的性能。运用增广的乘子法事先定义增广拉格朗日函数（乘子罚函数）：

$$\varphi(x,v,\sigma) = f(x) + \frac{1}{2\sigma}\sum\left\{\left[\max\left(0, v_j - \sigma g_j(x)\right)\right]^2 - v_j^2\right\} \tag{12.13}$$

其中，v是m维向量，$\sigma>0$为罚因子。增广拉格朗日函数与拉格朗日罚函数具有不同的性态，令$\bar{v}$为式（12.12）不等式约束的最优乘子，如果已知$\bar{v}$，对于$(x,\bar{v},\sigma)$，只需取足够大的罚因子σ，不必趋向无穷大，就可以通过下面问题

$$\min \varphi(x,\bar{v},\sigma)$$
$$\text{s.t. } h(x)=0$$

求得问题（12.12）的最优解。

但是最优乘子$\bar{v}$事先未知，因此需要研究怎样确定$\bar{v}$和σ，特别是$\bar{v}$。一般方法是，先给定充分大的σ和拉格朗日的初始估计v，然后在迭代过程中修正v，力图使v趋向$\bar{v}$。修正v的公式不难给出。设在第k次迭代中，拉格朗日乘子向量的估计为$v^{(k)}$，罚因子取σ，得到$\varphi(x^{(k)},v^{(k)},\sigma)$的极小点$v^{(k)}$，通过修正第$k$次迭代中的乘子$v^{(k)}$，得到第$k+1$次迭代中的乘子$v^{(k+1)}$。修正公式如下：

$$v_j^{(k+1)} = \max\left(0, v_j^{(k)} - \sigma g_j(x^k)\right), \quad j=1,\cdots,m \tag{12.14}$$

根据有关理论，很容易证明式（12.14）收敛。

在本节中，定义增广拉格朗日函数为

$$\begin{aligned}\varphi(x,v,\sigma) &= Z(x) + \frac{1}{2\sigma}\sum\left\{\left[\max\left(0, v_b - \sigma(u_b - x_b)\right)\right]^2 - v_b^2\right\} \\ &= \sum \int c_a(x)\mathrm{d}x + \frac{1}{2\sigma}\sum\left\{\left[\max\left(0, u_b - x_b\right)\right]^2 - v_b^2\right\}\end{aligned} \tag{12.15}$$

将模型（P12.3）转化为求解下面的问题

$$\min \varphi(x,v,\sigma)$$
$$\text{s.t.} \begin{cases} \sum_i h_k^{ij} = q_{ij}, & \forall i \in I, j \in J \\ h_k^{ij} \geqslant 0, & \forall i \in I, j \in J, k \in K_{ij} \\ x_a = \sum_i\sum_j\sum_k h_k^{ij}\delta_{a,k}^{ij}, & \forall a \in A \end{cases} \tag{12.16}$$

对于此问题，我们可以使用固定需求 UE 配流问题的求解算法，即下降方向法求解，所不同的是目标函数有所变化。其具体的求解步骤如下：

1° 给定初始点$x^{(0)}$，乘子向量初始估计$v^{(1)}$，参数$\sigma>0$，允许误差$\varepsilon>0$，常数$\beta\in(0,1)$，置$k=1$。

2° 以$x^{(k-1)}$为初点，解下述优化问题（可用 F-W 算法）

$$\min \varphi(x,v^{(k)},\sigma)$$
$$\text{s.t. } h(x)=0$$

得解$x^{(k)}$。

3° 若$\left\|u_b - x_b^{(k)} - \frac{1}{\sigma}\max\left(0, \sigma(u_b - x_b^{(k)}) - v_b^{(k)}\right)\right\| < \varepsilon, b \in \bar{A}$，则停止计算．得到点$x^{(k)}$；否则，进行 4°。

4° 若

$$\frac{\left\|u_b - x_b^{(k)} - \frac{1}{\sigma}\max(0, \sigma(u_b - x_b^{(k)}) - v_b^{(k)})\right\|}{\left\|u_b - x_b^{(k-1)} - \frac{1}{\sigma}\max(0, \sigma(u_b - x_b^{(k-1)}) - v_b^{(k-1)})\right\|} \geqslant \beta, \ b \in \overline{A}$$

则置 $\sigma = \alpha\sigma$，转 5°；否则，进行 5°。

5° 用下述公式计算 $v^{(k+1)}$，置 $k = k+1$，转 2°。

$$v_b^{(k+1)} = \max\left\{0, v_b^{(k)} - \sigma\left(u_b - x_b^{(k)}\right)\right\}, \ b \in \overline{A}$$

12.4 边约束配流模型

在实际中，一般的交通配流问题有许多种约束条件，如某一结点上车辆的互相作用、双向交叉路口能力及交通控制策略等，可将此类约束称为边约束。尽管带有这些约束的问题更能反映实际情况，但不能简单地应用 F-W 算法，这就给求解带来了很大的麻烦。本节我们介绍求解含有此类约束的一般性方法。

令 $g_a: E_+^{|A|} \mapsto E, a \in A$，为凸函数，并连续可微，定义边约束（Side Constraints）：

$$g_a(x) \leqslant 0, \ \forall a \in A \tag{12.17}$$

式中：A 可定义为路段集合、结点集合、路线集合或 O-D 对集合等。不失一般性，此类约束可定义为不等式约束。

考虑一般边约束交通配流问题（记为 P12.4）：

$$\min Z(x) = \sum_a \int_0^{x_a} c_a(x) \mathrm{d}x$$
$$\text{s.t.} \begin{cases} \sum_k h_k^{ij} = q_{ij}, \ \forall i \in I, j \in J \\ h_k^{ij} \geqslant 0, \ \forall i \in I, j \in J, k \in K_{ij} \\ x_a = \sum_i \sum_j \sum_k h_k^{ij} \delta_{a,k}^{ij}, \ \forall a \in A \\ g_a(x) \leqslant 0, \ \forall a \in A \end{cases} \tag{12.18}$$

模型（P12.4）由于增加了约束不能直接采用 F-W 算法进行求解，但可通过变换将其化为如下标准的广义 UE 问题（记为 P12.5）进行求解：

$$\min Z(x) = \sum_a \int_0^{x_a} c_a(x) \mathrm{d}x + \sum_a \int_0^{x_a} \left(\beta_a^* \cdot \frac{\partial g_a(x)}{\partial x_a}\right) \mathrm{d}x$$
$$\text{s.t.} \begin{cases} \sum_k h_k^{ij} = q_{ij}, \ \forall i \in I, j \in J \\ h_k^{ij} \geqslant 0, \ \forall i \in I, j \in J, k \in K_{ij} \\ x_a = \sum_i \sum_j \sum_k h_k^{ij} \delta_{a,k}^{ij}, \ \forall a \in A \end{cases} \tag{12.19}$$

式中：β_a^* 为边约束的最优拉格朗日乘子。

可以看出，第三节中的路段通过能力限制是最基本的一类边约束。很容易得出，模型（P12.5）满足 UE 条件，只不过这是目标函数中的费用函数可看作广义费用形式：

$$c_a(x_a) + \beta_a^* \cdot \frac{\partial g_a(x)}{\partial x_a}, \ \forall a \in A$$

模型（P12.5）可用 F-W 算法进行求解，这样含任何边约束的配流问题按上述模型进行变换都可以化为标准的广义 UE 问题，从而大大简化计算。

12.5 随机用户均衡配流问题

对于前面介绍的确定性用户均衡配流，有两个假定条件，一是假定出行者能够随时掌握交通网络的状态，也就是说，能够准确得到每条路径上的费用从而能够完全正确地选择路径；二是假定出行者的计算能力和水平都是相同的。显然，这两个假设条件是不符合现实问题的。一般来说，出行者对道路上的费用只能做出估计，对于同一路段，不同的出行者所做出的估计值也是不同的。因此，在配流问题中，应该将路段费用看作一个随机变量，这就是随机配流问题。

如果有一组出行者从起点到终点之间有多条路径，由于出行者对路网状况、交通现状并不完全了解，且存在着一些难以量化的因素，如天气变化、考虑道路沿线风景等，有理由将出行者对路径费用的估计视为分布于出行者群上的随机变量。如果仍沿用 Wardrop 用户最优原则所定义的出行者路径选择原则，即选择最短路径出行，但与确定性均衡配流模型不同的是，这里的最短路径是估计最短路径，即在 O-D 对 i-j 之间存在着多条路径，同一出行者对这些路径存在着不同的费用估计。对于某一个特定的出行者来说，他（她）总是选择具有最小估计费用的路径出行。由于每条路径的估计费用是随机变量，有相应的概率密度函数，对于某一特定出行者，每条路径均有一个被选择的概率。随机均衡配流模型（Stochastic User Equilibrium，简称 SUE）就是在研究路径估计费用分布函数的基础上，计算有多少出行者选择每一条路径。一般来说，随机均衡配流模型分为两大类：第一类模型不考虑拥挤效应，即假定路段上的费用与其上的流量无关的随机用户均衡配流模型；第二类模型则是在数学规划的基础上，考虑路段上的费用与其上的流量相关的随机用户均衡配流模型。

Dial 模型虽然能够进行随机均衡配流，但其路段实际费用是与交通流量无关的，也就是说没有考虑拥挤因素。这显然与实际交通状况不符合。在本书中，主要介绍考虑拥挤因素的随机用户均衡配流问题。所谓随机用户均衡就是指这样一种交通流分布形式，任何一个出行者都不可能通过单方面改变出行路径来减少自己的估计形式费用；也可以这样描述：在起终点之间所有可供选择的路线中，使用者所利用的各条线路的出行费用的期望值全都相等，而且不大于未被利用线路的出行费用的期望值。随机用户均衡分配中出行者的路径选择行为仍然遵循 Wardrop 用户最优原则，只不过用户选择的是自己估计费用最小的路径而已。

假定估计路段费用的期望值是路段流量的函数，一般 C_a 可表示为如下形式：

$$C_a = c_a + \xi_a$$

式中：C_a 表示路段 a 的估计费用，$c_a = c_a(x_a)$，ξ_a 为相应路段的随机误差项，且 $E[\xi_a] = 0$，从而有 $E[C_a] = c_a$。

连接 O-D 对 i-j 之间的路径 k 被选择的概率 P_k^{ij}，就是其估计费用在该 O-D 对之间所有可能路径的费用中最小的概率，即

$$P_k^{ij} = \Pr\left(C_k^{ij} \leqslant C_l^{ij}, \ \forall l \neq k\right) \tag{12.20}$$

式中：C_k^{ij} 表示 O-D 对之间的路径 k 上的估计费用值，$C_k^{ij} = \sum C_a \delta_{a,k}^{ij}$，$\forall k,i,j$。

应该注意到，上述选择概率是一个条件概率，即它是在均衡状态的路段费用期望值的条件下确定的概率，如果路段费用是常数，问题就可以用 Dial 算法解决了。

由随机均衡配流的定义可知，在这种均衡状态下，某个 O-D 对之间所有已被选用的路径上，并不一定有相同的实际费用值，而只满足下述条件

$$h_k^{ij} = q_{ij} P_k^{ij}, \quad \forall k,i,j \tag{12.21}$$

式中，路径流量 h_k^{ij} 与 P_k^{ij} 有关，而 P_k^{ij} 与估计路径费用大小有关，估计路径费用大小与估计路段费用有关且是随机变量，实际路段费用又是流量的函数，如此循环，达到 SUE 的条件。SUE 问题更具有普遍性，UE 仅是 SUE 的一种特例，如果估计费用的方差为 0，SUE 就变成 UE。

Fisk 于 1980 年提出了一个最优化问题，该问题中 O-D 矩阵已知，路径流量被直接视为变量。可以证明最优化问题的解对应于 Logit 形式的路径选择公式，故它也是一个 SUE 解（记为 P12.6）：

$$\min Z(h) = \frac{1}{\theta} \sum_i \sum_j \sum_k h_k^{ij} \ln h_k^{ij} + \sum_a \int_0^{x_a} c_a(w) \mathrm{d}w$$

$$\text{s.t.} \begin{cases} \sum_k h_k^{ij} = q_{ij}, & \forall i,j \\ h_k^{ij} \geq 0, & \forall k,i,j \\ x_a = \sum_i \sum_j \sum_k h_k^{ij} \delta_{a,k}^{ij} \end{cases} \tag{12.22}$$

式中：θ 是一个非负的校正参数，它反映了整个模型的随机特征。当 $\theta \to \infty$ 时，目标函数的第二项就会控制整个函数，模型就变为一个标准的 UE 问题。当 $\theta \to 0$ 时，O-D 矩阵 (q_{ij}) 将均匀地分布到网络上，相当于令所有路径的阻抗都相等。事实上，它说明 θ 增大时，路段方差减小，整个模型向确定性的 UE 逼近。但是，模型从外表上看，不是一个随机配流模型，却含有 Logit 形式随机配流问题的全部特征。

显然，模型（P12.6）的一阶条件为

$$\frac{1}{\theta}(\ln h_k^{ij} + 1) + \sum \delta_{a,k}^{ij} c_a(x_a) - \lambda_{ij} - \gamma_k^{ij} = 0 \tag{12.23}$$

$$-\gamma_k^{ij} h_k^{ij} = 0, \quad \forall i,j,k \tag{12.24}$$

式中：λ_{ij} 和 γ_k^{ij} 分别为对应于（P12.6）相关约束的拉格朗日乘子。

定义从 i 到 j 的有效路径集合（由 Dial 算法可以得到）为 ER_{ij}，在之内的所有路径，如 $k \in ER_{ij}$，应有 $h_k^{ij} > 0$。显然，若 $k \in ER_{ij}$，则 $\gamma_k^{ij} = 0$。注意到 $c_k^{ij} = \sum_a \delta_{a,k}^{ij} c_a(x_a)$，从而有

$$\frac{1}{\theta}(\ln h_k^{ij} + 1) + c_k^{ij} - \lambda_{ij} = 0 \tag{12.25}$$

将此式代入到路径流量与 O-D 流量之间的守恒方程（P12.26）中，可求出 λ_{ij}，然后代入到上式中，可得到著名的 Logit 公式：

$$h_k^{ij} = q_{ij} \frac{\exp(-\theta c_k^{ij})}{\sum_{l \in ER_{ij}} \exp(-\theta c_l^{ij})}, \quad \forall k \in ER_{ij} \tag{12.26}$$

Fisk 模型的可塑性很强，它用值代表用户们对网络费用的认识程度，显然，用户的认识越深，估计的路段费用方差就越小，值就应该越高。

由于 Fisk 随机用户均衡模型中用到路径变量，而在城市交通网络中，路径数目远远大于路段数目，所以求解 Fisk 模型的难点在于如何列出 O-D 对之间的路径。在 Dial 算法中，有一种路径列出原则，可以用于求解 Fisk 模型的过程中。在这里介绍一种算法，这种算法是由 Powell 和 Sheffi（1982）基于 MSA 算法提出的，具体步骤如下：

1. 确定有效路径的集合。
2. 初始化。令 $x_a^1 = 0$, $\forall a$，置迭代次数 $n=1$。
3. 计算 $c_a(x_a^n)$，$\forall a$，然后根据 Logit 随机配流算法计算路段流量 y_a^n，$\forall a$。
4. 迭代，计算 $x_a^{n+1} = x_a^n + \frac{1}{n+1}(y_a^n - x_a^n)$，$\forall a$。
5. 收敛性检查。若满足收敛条件，则停止迭代；否则，令 $n=n+1$，转 4。

由于上述算法是基于 MSA 算法提出的，所以在一定条件下，该算法是收敛的。

12.6 变分不等式表示的城市交通网络均衡问题

Dafermos（1980）将城市交通网络均衡流问题改写为变分不等式问题，最一般的形式就是：寻找均衡路段流量 $x^* \in D$，使得对所有的 $x \in D$，有

$$c(x^*)^{\mathrm{T}}(x - x^*) \geqslant 0 \tag{12.27a}$$

其中：$D = \{x \mid x = \Delta h,\ \Lambda h = q,\ h \geqslant 0\}$。 （12.27b）

式中：$c(x)$ 为路段阻抗向量函数，h 为路径流量，q 为 O-D 需求量，Δ 代表路段/路径关联矩阵，Λ 代表 O-D 对/路径关联矩阵。如果 $c(x)$ 严格单调，则均衡路段流向量 x^* 是唯一的，而均衡路径流量向量不一定是唯一的，它包含于如下的一个凸的多面体（Polytope）集合中：

$$\tau^* = \{h \mid \Delta h = x^*,\ \Lambda h = q,\ h \geqslant 0\}$$

式中：x^* 是由式（12.27a）和（12.27b）中求出的均衡路段流量。

当然，也可以用路段阻抗函数 $c'(h)$ 将均衡问题写成一个等同的变分不等式问题，即：寻找均衡路径流量 $h^* \in D'$，使得对所有的 $h \in D'$，有

$$c'(h^*)^{\mathrm{T}}(h - h^*) \geqslant 0 \tag{12.28a}$$

其中：$D' = \{h \mid \Lambda h = q,\ h \geqslant 0\}$。 （12.28b）

按式（12.1），易知城市交通网络（N，A）中，一个路径流量 h^* 被称为均衡流，如果满足

$$\mu_{ij} - c_k^{ij} \begin{cases} = 0, & \text{如果 } h_k^{ij} > 0 \\ \leqslant 0, & \text{如果 } h_k^{ij} = 0 \end{cases},\ i \in I,\ j \in J,\ k \in K_{ij}$$

也就是说，连接 O-D 对 i-j 的所有路径流量可被分为两大类，一类是路径上有流量，其阻抗值总是等于最小路径阻抗；另一类是路径上没有流量，其阻抗值总是大于或等于最小路径阻抗。

定理 城市交通网络中均衡流存在的充分必要条件是：变分不等式问题（12.27）或（12.28）

有解。

证明见参考文献[5]。

显然，由上述定理的结论可知，扰动均衡网络问题也可以改写为扰动变分不等式问题，即：寻找均衡路段流量 $x^* \in D(\varepsilon)$，使得所有的 $x \in D(\varepsilon)$，有

$$c(x^*,\varepsilon)^T (x-x^*) \geq 0 \tag{12.29}$$

其中：$D(\varepsilon) = \{x | x = \Delta h, \ \Delta h = q(\varepsilon), \ h \geq 0\}$。 （12.30）

式中：ε 为扰动参数向量，并且假设 $c(x,\varepsilon)$ 对 (x,ε) 是一次连续可微的，$q(\varepsilon)$ 对 ε 也是一次连续可微的。

均衡路径流量向量不一定是唯一的，它包含于如下的一个凸的多面体集合中：

$$\tau^*(\varepsilon) = \{h | \Delta h = x^*, \ \Delta h = q(\varepsilon), \ h \geq 0\}$$

式中：x^* 是由（12.29）中求出的均衡路段流量。

对于任何向量 ε，在 $\tau^*(\varepsilon)$ 中的路径流量解集都是凸的，因此即使路段流量是唯一的，即路段流量对扰动参数的导数存在，而路径流量解对扰动参数的偏导数都不存在。由于没有任何能不使用路径流量的变换方法来构造城市交通均衡问题的变分不等式，因此不能直接应用标准的变分不等式的灵敏度分析方法，原因是路段流量是由路径流量约束定义的，而路径流量解不是唯一的，从而导致有关定理所要求的条件不满足。

当然，完全可以用路径流量组成变分不等式来表示扰动均衡网络问题，即：寻找均衡路径流量 $h^* \in D'(\varepsilon)$，使得对所有的 $h \in D'(\varepsilon)$，有

$$c'(h^*,\varepsilon)^T (h-h^*) \geq 0 \tag{12.31}$$

其中： $D'(\varepsilon) = \{h | \Delta h = q(\varepsilon), \ h \geq 0\}$ （12.32）

13 空间价格平衡分配问题

13.1 空间价格平衡分配问题的概念

空间价格平衡问题（SPE-Spatial Price Equilibrium），就是要求满足平衡条件（即需求价格等于供给价格加上运输费用）的商品供给价格、需求价格和商品流量。如果某个供需市场对上有商品流，则需求价格等于供给价格加上运输费用；若需求价格小于供给价格加上运输费用，则该对供应市场没有商品流。空间价格平衡问题是大跨度的对象区域（省、国或跨匡经济区）交通网络上商品出行普遍遵循的运输价格规律。

Enke（1951）建立了空间价格平衡问题和电路网络问题之间的内在联系，并指出利用这种类似关系可以计算空间价格和商品流。后来，Samuelson（1952）和 Judge（1964，1971）指出满足空间价格平衡条件的价格及商品流可以通过求解一个数学规划问题来确定。这一理论进展不仅能定量分析平衡模式，而且为发展有效的求解算法提供了可能。到目前为止，空间价格平衡模型已经广泛应用于农业生产、能源市场、矿产经济以及金融等领域（Judge 和 Takayana，1973；Nagurney，1992）。

设有一个大跨度对象区域存在多个点，每个点关于某种商品都具有一定的需求量和供应量，存在若干点与点之间直接的运输线路，这就构成了关于该商品的物流网络。这里我们假定物流网络是连通的，即网络上任意两点之间都可以找到可达的路径。

空间价格平衡模型的本质特征在于，它认识到空间和把一种商品从供应市场运到需方市场相应运输费用的重要性，由于假设有许多生产者和消费者分别生产和消费一种或多种商品，所以这些模型是完全竞争局部平衡模型。

13.2 空间价格平衡分配问题的定量描述

本节给出了多种空间价格平衡模型的描述，在这些模型中，假设供给价格函数和需求价格函数是给定的，它们分别是供给量和需求量的函数。首先，我们给出一个简单的模型，并且得到了用变分不等式描述的平衡条件，然后说明如何将这个模型推广到多种商品的情形。

考虑生产—消费一种商品的 m 个供方市场和 n 个需方市场，用 i 表示供方市场，j 表示需方市场。令 s_i，π_i 分别表示第 i 个供方市场的商品供给量、商品供给价格，令 d_j，ρ_j 分别表示第 j 个需方市场的商品需求量、商品需求价格。将供给量和供给价格分别写为列向量 $s \in E^m$ 和行向量 $\pi \in E^m$。类似地，把需求量和需求价格分别写成列向量 $d \in E^n$ 和行向量 $\rho \in E^n$。

令 Q_{ij} 表示供需市场对 (i,j) 之间的商品运量，c_{ij} 表示市场对 (i,j) 之间相应商品交易的单位商品，假设交易费用包括运输费用，根据实际问题，它也包括税费、关税补助金等费用。把商品的运量写成列向量的形式 $Q \in E^{mn}$，把交易费用写成行向量的形式 $c \in E^{mn}$。

完全竞争条件下，对所有供需市场对 $(i,j)(i=1,\cdots,m;\ j=1,\cdots,n)$，市场平衡条件有下述形式：

$$\pi_i + c_{ij} \begin{cases} = \rho_j, & \text{若 } Q_{ij}^* > 0 \\ \geqslant \rho_j, & \text{若 } Q_{ij}^* = 0 \end{cases} \tag{13.1}$$

式中：Q_{ij}^* 为平衡条件下从 i 地到 j 地的货物运量。

条件（13.1）表明在市场对 (i,j) 之间有交易发生，那么在平衡时供方市场 i 的供给价格加上市场之间的交易费用一定等于需求市场 j 的需求价格；若供方价格加上交易价格超过了需求价格，那么该供需市场对之间将没有货物运量。并且下述可行性条件对每个 i 和 j 都应当成立：

$$s_i = \sum_{j=1}^{n} Q_{ij} \tag{13.2}$$

$$d_j = \sum_{i=1}^{m} Q_{ij} \tag{13.3}$$

式（13.2）和（13.3）表明市场需求在每个供方市场的供给量等于流向所有需求市场的商品流量之和，并且对每个需求市场的需求量一定等于从所有供方流向该市场的商品运量。令 K 表示可行集，其中 $K \equiv \{(s,Q,d) |$ 式 (13.2) 和 (13.3) 成立$\}$，显然 K 为闭凸集。

现在讨论供给价格、需求价格和交易费用函数的结构。假设任何一个供方市场的供给价格依赖于每个市场的商品供给量，即

$$\pi = \pi(s) \tag{13.4}$$

式中：π 是已知的连续可微函数。

类似地，需求市场的需求价格依赖于每个需求市场商品的需求量，即

$$\rho = \rho(d) \tag{13.5}$$

式中：ρ 是已知的连续可微函数。

一般地，供需市场对之间的交易费用函数依赖于每个需求市场的运量，即

$$c = c(Q) \tag{13.6}$$

式中：c 是已知的连续可微函数。

对于供方市场 m 和需求市场 n 相等（$m=n$）的情形，假设交易费用函数是固定的，供方价格函数和需求价格函数是对称的，即

$$\frac{\partial \pi_i}{\partial s_k} = \frac{\partial \pi_k}{\partial s_i}(i=1,\cdots,m;\ k=1,\cdots,m),\ 且\ \frac{\partial \rho_j}{\partial d_l} = \frac{\partial \rho_l}{\partial d_j}(j=1,\cdots,n;\ l=1,\cdots,n)$$

那么供给价格函数是式（13.4），需求价格函数是式（13.5）。上述模型变为一类单商品模型，该模型存在等价的优化模型。

现在给出平衡条件（13.1）的变分不等式表示（Nagurney，1999）。

定理 13.1 （定量模型的变分不等式描述）单一商品的生产、运输和消费模式

$(s^*, Q^*, d^*) \in K$ 是平衡的，当且仅当它满足变分不等式

$$\pi(s^*)^T(s-s^*) + c(Q^*)^T(Q-Q^*) - \rho(d^*)^T(d-d^*) \geq 0, \quad \forall (s,Q,d) \in K \tag{13.7}$$

证明见参考文献（Nagurney，1999）。

通过定义向量 $x \equiv (s,Q,d) \in E^{m+mn+n}$ 和 $E^{m+mn+n} \mapsto E^{m+mn+n}$ 的映射 $F(x)^T \equiv (\pi(s), c(Q), \rho(d))$，可以把变分不等式（13.7）变为标准形式。

为了便于定性分析，容易看出 $F(x)$ 是 3 阶可降解函数。由于可行集 K 不是紧的（实际中可以认为是紧的），因此不能得到平衡解 (s^*, Q^*, d^*) 的存在性定理。但是，如果 $\pi(s)$，$c(Q)$ 和 $\rho(d)$ 是强单调的，那么平衡产量、运量和销售量的唯一性是能够得出的。

下面给出用双向网络描述市场供需状况。

分别用 m 个节点 $i(i=1,\cdots,m)$ 表示相应的 m 个供方市场，n 个节点 $j(j=1,\cdots,n)$ 表示相应的 n 个需方市场。从每个节点 i 引出 n 条弧，弧 (i,j) 连接节点 i 和节点 j。让供给价格 π_i 和供给量 s_i 与每个供方节点 i 相对应，让需求价格 ρ_j 和需求量 d_j 与每个需求节点 j 相对应。注意，在此网络中约束（13.2）和（13.3）一定满足，即每个供给市场节点的供给量一定等于流向该节点的弧流量之和。类似地，每个需方市场节点的需求量一定等于流向该节点的弧流量之和。该模型表明在用弧 (i,j) 表示的供方市场 i 和需方市场 j 之间存在一条最有效的交易路径。

现在考虑在一般网络上发生的空间价格平衡问题，用 i,j 表示节点处的市场；用 a 表示路段，用 p 表示市场对的路径。网络节点集用 Z 表示，路段集用 H 表示，路径集用 P 表示，P_{ij} 表示连接市场 i 和 j 的路径的集合。

供给价格、供给量和需求量同前面的空间价格平衡模型中的定义相同。

商品在路段 a 上运输所产生的相应运输费用用 c_a 表示，把这些费用写成行向量的形式 $c \in R^H$；用 x_a 表示路段 a 上的货运量，把它写成列向量的形式 $x \in R^H$。

考虑一般性，其中路段上的费用依赖于其上的流量模式，即：

$$c = c(x) \tag{13.8}$$

式中：c 是已知的连续可微函数。

进而，货物在路径 p 上的运输将产生运输费用

$$C_p = \sum_{a \in H} c_a \delta_{ap} \tag{13.9}$$

式中：若路段 a 包含在路径 p 上，则 $\delta_{ap}=1$；否则 $\delta_{ap}=0$，即路径上的费用等于构成这些路径的所有路段上的运输费用之和。

不失一般性，用 Q 表示路径流量向量，则可通过式（13.10）得到路段流量：

$$x_a = \sum_{p \in P} Q_p \delta_{ap} \tag{13.10}$$

条件（13.2）和（13.3）相应变为

$$s_i = \sum_{j \in Z, p \in P_{ij}} Q_p, \quad \forall i \tag{13.11}$$

$$d_j = \sum_{i \in Z, p \in P_{ij}} Q_p, \quad \forall j \tag{13.12}$$

令 K 等于闭凸集，其中 $K \equiv \{(s,Q,d) |$ 使得对 $Q \geq 0$，式（13.11）和式（13.12）成立$\}$。显然，若任何 $Q \geq 0$，且满足式（13.11）和式（13.12），则称 Q 为可行流量模式。

对每个市场对 (i,j) 和每条路径 $p \in P_{ij}$，平衡条件（13.1）在该模型中变为：

$$\pi_i + C_p(x^*) \begin{cases} = \rho_j, & \text{若 } Q_{ij}^* > 0 \\ \geq \rho_j, & \text{若 } Q_{ij}^* = 0 \end{cases}$$

换句话说，如果市场对之间有流量发生，那么供方市场的供给价格加上运输费用就等于需方市场的需求价格；若供给价格加上运输费用超过了需求价格，则这个市场对不会有商品交易发生，此时就达到了空间价值平衡。在该模型中，路径代表一次交易或运输路段，也可以在网络中添加路段来反映生产过程。

现在我们建立平衡条件的变分不等式描述，具体如下：

定理 13.2 （一般网络上定量模型的变分不等式描述）由可行流量模型 Q^* 得出，商品产量、运输和销量模式 $(s^*, x^*, d^*) \in K$ 是空间价格平衡模式，当且仅当它满足变分不等式

$$\pi(s^*)^{\mathrm{T}}(s-s^*) + c(x^*)^{\mathrm{T}}(x-x^*) - \rho(d^*)^{\mathrm{T}}(d-d^*) \geq 0, \quad \forall (s,x,d) \in K \quad (13.13)$$

注意到，如果连接市场对 (i,j) 只有一条路径，并且网络中各路径没有共同路段，那么此时的模型就变为双向网络上的空间价格模型。

上述两种模型都可以推广到多种商品流的情形。假设共有 J 种商品，用 k 表示一种商品，则对每种商品 $k(k=1,\cdots,J)$，每个市场对 $(i,j)(i=1,\cdots,m;\ j=1,\cdots,n)$，平衡条件（13.1）将有如下形式：

$$\pi_i^k + c_{ij}^k \begin{cases} = \rho_j^k, & \text{若 } Q_{ij}^{k*} > 0 \\ \geq \rho_j^k, & \text{若 } Q_{ij}^{k*} = 0 \end{cases} \quad (13.14)$$

式中：π_i^k——供方市场 i 中第 k 类商品的供给价格；c_{ij}^k——市场对 (i,j) 之间第 k 种商品的交易费用；ρ_j^k——需方市场 j 中第 k 类商品的需求价格；Q_{ij}^{k*}——市场 i 和市场 j 之间的第 k 类商品的平衡商品流。

此时，流量的守恒方程（13.2）和（13.3）相应变为

$$s_i^k = \sum_{j=1}^n Q_{ij}^k \quad (13.15)$$

$$d_j^k = \sum_{i=1}^m Q_{ij}^k \quad (13.16)$$

式中：s_i^k——供方市场 i 对第 k 类商品的供给量；d_j^k——需方市场 j 对第 k 类商品的需求量，并且所有的 Q_{ij}^k 是非负的。

通过引入每种商品的成本、价格、流量、供给量和需求量，可以将由（13.14）定义的一般网络上的单一商品模型推广到多种商品的情形。在这种情况下，变分不等式（13.13）的结构保持不变，而向量的维数增大，以反映所有商品。但是此类网络与双向网络的不同之是，于我们要得到市场对之间主要的运输模式、在运输过程中可用的不同路径和运转点等。

注意到在上述模型中，并没有假设控制函数是对称的，在对称性假设条件下，能够得到

描述平衡条件的优化极值问题模型。事实上，若供给价格函数（13.4）、需求价格函数（13.5）和交易费用函数（13.6）有对称的雅可比矩阵，并且供给价格函数是单调不降的，而需求价格函数是单调不增的，那么空间价格平衡供给量、流量和需求量能够通过以下凸优化问题而得到：

$$\min Z = \sum_{i=1}^{m}\int_0^{s_i}\pi_i(x)dx + \sum_{i=1}^{m}\sum_{j=1}^{n}\int_0^{Q_{ij}}c_{ij}(y)dy - \sum_{j=1}^{n}\int_0^{d_j}\rho_j(z)dz \quad (13.17)$$

s.t. 约束（13.2）和（13.3）成立，$\forall i,j, Q_{ij} \geq 0$

读者可以采用类似前面 UE 问题的证明方法来证明上述结论，这里不再赘述。

13.3 空间价格平衡分配问题的价格描述

在本节，我们考虑供需函数是能够得到的，而且分别是供给价格函数和需求价格函数的空间价格平衡模型。

首先考虑双向网络模型，假设有 m 个供方市场和 n 个需方市场，生产和消费同一种商品。其他符号与前面相同。

考虑供给市场的供给函数依赖于所有供方市场的供给价格的情形，即

$$s = s(\pi) \quad (13.18)$$

式中：s 是已知的连续可微函数。

需求市场的需求依赖于所有市场相应商品的需求价格，即

$$d = d(\rho) \quad (13.19)$$

其中，d 是已知的连续可微函数。

交易费用函数（13.6），平衡条件（13.1）依然成立。但是由于价格不像以前是函数，而是变量，所以现在需要计算最佳价格。为了强调这一点，对所有市场对 $(i,j)(i=1,\cdots,m; j=1,\cdots,n)$，我们可以把平衡条件写为：

$$\pi_i^* + c_{ij} \begin{cases} = \rho_j^*, & \text{若} Q_{ij}^* > 0 \\ \geq \rho_j^*, & \text{若} Q_{ij}^* = 0 \end{cases} \quad (13.20)$$

根据供给和需求函数，在平衡时，约束条件（13.2）和（13.3）变为

$$s_i(\pi^*) \begin{cases} = \sum_{j=1}^{n} Q_{ij}^*, & \text{若} \pi_i^* > 0 \\ \geq \sum Q_{ij}^*, & \text{若} \pi_i^* = 0 \end{cases} \quad (13.21)$$

$$d_j(\rho^*) \begin{cases} = \sum_{i=1}^{m} Q_{ij}^*, & \text{若} \rho_j^* > 0 \\ \leq \sum_{i=1}^{m} Q_{ij}^*, & \text{若} \rho_j^* = 0 \end{cases} \quad (13.22)$$

注意到在式（13.21）和（13.22）中，当价格为零时，允许在市场上存在过剩供给或过剩需求的可能。而式（13.2）和式（13.3），隐含着价格是正的。

下述定理给出了有平衡条件（13.20）~（13.22）控制的价格模型的变分不等式描述。

定理 13.3（价格模型的变分不等式描述）向量 $x^* \equiv (\pi^*, Q^*, \rho^*) \in E_+^m \times E_+^{mn} \times E_+^n$ 是平衡价格和运量向量，当且仅当它满足变分不等式

$$F(x^*)^T (x - x^*) \geq 0, \quad \forall x \in E_+^m \times E_+^{mn} \times E_+^n \tag{13.23}$$

式中，$F: E_+^{mn+m+n} \mapsto E^{mn+m+n}$ 是定义的行向量函数

$$F(x) = (S(x), \ D(x), \ T(x)) \tag{13.24}$$

而 $S: E_+^{mn+m+n} \mapsto E^m$，$T: E_+^{mn+m+n} \mapsto E^{mn}$，$D: E_+^{mn+m+n} \mapsto E^n$ 中，各元素定义如下：

$$S_i = s_i(\pi) - \sum_{j=1}^n Q_{ij}, \quad T_{ij} = \pi_i + c_{ij}(Q) - \rho_j, \quad D_j = \sum_{i=1}^m Q_{ij} - d_j(\rho) \tag{13.25}$$

应该强调一点，和定量模型不同，由于价格模型的雅可比矩阵 $\left(\dfrac{\partial F}{\partial x}\right)$ 不可能是对称的，因此式（13.20）~（13.22）不能转化为等价的凸最优化问题。

注意到上述定义的函数 $F(x)$ 是 3 阶可分解的，即

$$\begin{aligned}&\left(F(x^1) - F(x^2)\right)^T (x^1 - x^2) \\ &= \left(s(\pi^1) - s(\pi^2)\right)^T (\pi^1 - \pi^2) + \left(c(Q^1) - c(Q^2)\right)^T - \left(d(\rho^1) - d(\rho^2)\right)^T (\rho^1 - \rho^2)\end{aligned} \tag{13.26}$$

因此，F 是强制的（单调的、严格单调的、强单调的）的充分必要条件是 $s(\pi)$，$c(Q)$，$d(p)$ 也是强制的（单调的、严格单调的、强单调的）。

附录1 随机数与随机变量

本附录以仿真模块知识库的一个重要组成部分——发车模型为例,对随机数与随机变量的产生过程进行介绍。发车模型可以包括两种方式:一是利用实测交通流数据作为输入数据,产生与实际情况完全相同的交通流,这种方式主要用于仿真模型的验证;二是根据用户设定的仿真参数,如驾驶员类型组成、车辆类型组成、车道分布、车头时距分布、车速分布、以及不同车型期望速度分布等参数,随机生成符合特定分布的交通流。发车模型中常用的分布形式有离散型经验分布、均匀分布、正态分布、指数分布以及厄尔兰分布等。

1)随机数的产生

来自任何分布的随机变量,都可以由(0,1)区间上的均匀分布随机数,通过函数变换、逆变、组合、取舍、近似等方法得到。由于(0,1)区间上的均匀分布随机数是一种最简单、最容易产生的随机数,所以仿真过程中所用到的各种分布,都由(0,1)区间上均匀分布随机数生成。

仿真过程利用混合线性同余法产生随机数。其通式为:

$$\begin{aligned} x_{i+1} &= (ax_i + c) \bmod m \\ u_{i+1} &= \frac{x_{i+1}}{m} \end{aligned} \quad (1)$$

式中:a为乘子(常数),c为增量(常数),x_0为种子,m为模。上式意味着:

$$x_i = (ax_{i-1} + c) - \left[\frac{ax_{i-1} + c}{m}\right] \cdot m \quad (2)$$

式中:[]表示取整数,a,c,m均是整数。a,c,m和x_0的选取对随机数的周期及其统计特性有很大影响,模拟程序中采用IBM360/370计算机上使用的一组数据:$a = 7^5 = 16\,807$,$m = 2^{31}-1 = 2\,147\,483\,647$,$c = 0$,$x_0 = 123\,457$,周期可达$m-1$。

2)随机变量的产生

(1)离散型经验分布。

仿真过程用到的某些分布,如驾驶员类型组成、车辆类型组成以及车道分布转弯方向分布等都符合离散型经验分布。根据直接抽样法公式(3)可产生这类分布的随机变量:

$$x = x_n, \quad 当 p^{(n-1)} < r \leqslant p^{(n)} \quad (3)$$

式中:x_n为经验分布随机变量的第n个取值,$n = 0, 1, \cdots$;r为(0,1)区间上的均匀分布随机数;$p^{(n)} = \sum_{i=0}^{n} p_i$,其中$p_i = p(x=x_i)$,$p^{(-1)}=0$。

(2)均匀分布。

发车模型中的车头时距和车速可用均匀分布生成。(a, b)区间上均匀分布的概率密度函数为：

$$f(x)=\begin{cases} \dfrac{1}{b-a}, & a \leqslant x \leqslant b \\ 0, & \text{其他} \end{cases} \tag{4}$$

利用逆变换法和（0，1）区间上均匀分布随机数可以产生均匀分布随机变量。其公式为：

$$x = a + (b-a)r \tag{5}$$

其中：r是（0，1）区间上均匀分布随机数。

3）正态分布

仿真过程中，各车辆类型的速度分布和期望速度分布符合正态分布 $N(\mu,\sigma^2)$。其概率密度函数为

$$f(x) = \dfrac{1}{\sigma\sqrt{2\pi}} \exp\left[-\dfrac{1}{2}\left(\dfrac{x-\mu}{\sigma}\right)^2\right], -\infty < x < \infty \tag{6}$$

其中：μ为正态分布随机变量的均值；σ为正态分布随机变量的标准方差。

利用函数变换法和（0，1）区间上均匀分布随机数可以产生正态分布随机变量。其公式为：

$$x = \mu + \sigma \cdot (-2\ln r_1)^{\frac{1}{2}} \cos(2\pi r_2) \tag{7}$$

其中：r_1，r_2是（0，1）区间上均匀分布随机数。

4）指数分布

发车模型中的车头时距也可由指数分布来近似描述。其概率密度函数为：

$$f(x) = \begin{cases} \lambda e^{-\lambda x}, & x \geqslant 0 \\ 0, & \text{其他} \end{cases} \tag{8}$$

指数分布随机变量可按公式（9）产生：

$$x = -\dfrac{1}{\lambda}\ln r \tag{9}$$

其中：r是（0，1）区间上均匀分布随机数；λ是指数分布随机变量均值的倒数。

5）k阶厄尔兰分布

可以利用一组容易得到的、服从某一分布的随机变量组合成我们所需要的、服从另一分布的随机变量。利用这一方法和k个独立同指数分布的随机变量，可以组合得到k阶厄尔兰分布，其概率密度函数为：

$$f(x) = \begin{cases} \dfrac{(\lambda k)^k}{(k-1)!} x^{k-1} e^{-\lambda k x}, & x > 0 \\ 0, & \text{其他} \end{cases} \tag{10}$$

其随机变量生成的公式为：

$$x = -\dfrac{1}{\lambda k}\ln\left(\prod_{i=1}^{k} r_i\right) \tag{11}$$

其中：r_i是（0，1）区间上均匀分布随机数；λ为k阶厄尔兰分布随机变量均值的倒数；k为厄尔兰分布随机变量的阶数。

k阶厄尔兰分布是较通用的车头时距分布模型，不同流量下阶数k的取值可参考附表1。

附表1 不同流量下厄尔兰分布阶数 k 的取值

流量区间	k 值	100个车头时距样本	
		均值/s	标准差/s
0~500	1	7.64	7.301
500~1000	3	3.301	1.771
1000~1500	15	2.442	0.668
1500~2000	20	1.808	0.378

车辆产生过程中若同一车道前后两车之间的时距小于某一阈值（本文取为0.4秒），则将此两车之间的时距初始化为此阈值。

程序代码示例：
> 头文件：

```cpp
#if !defined(AFX_FACHEMOXINGSUIJICANSHUSHEZHI_H__2B18C504_A755_11D5_9D09_0050BABC39CC__INCLUDED_)
#define AFX_FACHEMOXINGSUIJICANSHUSHEZHI_H__2B18C504_A755_11D5_9D09_0050BABC39CC__INCLUDED_
#if _MSC_VER > 1000
#pragma once
#endif // _MSC_VER > 1000
// FACHEMOXINGSUIJICANSHUSHEZHI.h: header file
enum {FENBUHANSHU1_JUNYUNFENBU, FENBUHANSHU1_ZHENGTAIFENBU, FENBUHANSHU1_ZHISHUFENBU, FENBUHANSHU1_KJIEAIERLANGFENBU};
enum {FENBUHANSHU2_JUNYUNFENBU, FENBUHANSHU2_ZHENGTAIFENBU};
// CFACHEMOXINGSUIJICANSHUSHEZHI dialog
class CFACHEMOXINGSUIJICANSHUSHEZHI: public CDialog
{
// Construction
public:
    CFACHEMOXINGSUIJICANSHUSHEZHI(CWnd* pParent = NULL);// standard constructor
    // Dialog Data
    //{{AFX_DATA(CFACHEMOXINGSUIJICANSHUSHEZHI)
    enum { IDD = IDD_FACHEMOXING };
    float m_FANGCHA1;
    float m_FANGCHA2;
    float m_JUNZHI1;
    float m_JUNZHI2;
    int   m_FENBUHANSHU1;
    int   m_FENBUHANSHU2;
    int   m_KCANSHU;
    //}}AFX_DATA
    // Overrides
    // ClassWizard generated virtual function overrides
    //{{AFX_VIRTUAL(CFACHEMOXINGSUIJICANSHUSHEZHI)
protected:
    virtual void DoDataExchange(CDataExchange* pDX);    // DDX/DDV support
    //}}AFX_VIRTUAL
    // Implementation
protected:
```

```
// Generated message map functions
//{{AFX_MSG(CFACHEMOXINGSUIJICANSHUSHEZHI)
afx_msg void OnJunyunfenbu();
afx_msg void OnJunyunfenbu2();
afx_msg void OnZhengtaifenbu();
afx_msg void OnZhengtaifenbu2();
afx_msg void OnZhishufenbu();
afx_msg void OnKjieaierlangfenbu();
//}}AFX_MSG
DECLARE_MESSAGE_MAP()
};
//{{AFX_INSERT_LOCATION}}
// Microsoft Visual C++ will insert additional declarations immediately before the previous line.
#endif
// !defined(AFX_FACHEMOXINGSUIJICANSHUSHEZHI_H__2B18C504_A755_11D5_9D09_0050BABC39CC__INCLUDED_)
```

> 源文件:

```
// FACHEMOXINGSUIJICANSHUSHEZHI.cpp : implementation file
#include "stdafx.h"
#include "MICROSIMULATION1.h"
#include "FACHEMOXINGSUIJICANSHUSHEZHI.h"
#ifdef _DEBUG
#define new DEBUG_NEW
#undef THIS_FILE
static char THIS_FILE[] = __FILE__;
#endif
// CFACHEMOXINGSUIJICANSHUSHEZHI dialog
CFACHEMOXINGSUIJICANSHUSHEZHI::CFACHEMOXINGSUIJICANSHUSHEZHI(CWnd* pParent /*=NULL*/)
    : CDialog(CFACHEMOXINGSUIJICANSHUSHEZHI::IDD, pParent)
{
    //{{AFX_DATA_INIT(CFACHEMOXINGSUIJICANSHUSHEZHI)
    m_FANGCHA1 = 0.0f;
    m_FANGCHA2 = 0.0f;
    m_JUNZHI1 = 0.0f;
    m_JUNZHI2 = 0.0f;
    m_FENBUHANSHU1 = -1;
    m_FENBUHANSHU2 = -1;
```

```
    m_KCANSHU = 0;
    //}}AFX_DATA_INIT
}
void CFACHEMOXINGSUIJICANSHUSHEZHI::DoDataExchange(CDataExchange* pDX)
{
    CDialog::DoDataExchange(pDX);
    //{{AFX_DATA_MAP(CFACHEMOXINGSUIJICANSHUSHEZHI)
    DDX_Text(pDX, IDC_FANGCA, m_FANGCHA1);
    DDX_Text(pDX, IDC_FANGCA2, m_FANGCHA2);
    DDX_Text(pDX, IDC_JUENZHI, m_JUNZHI1);
    DDX_Text(pDX, IDC_JUENZHI2, m_JUNZHI2);
    DDX_Radio(pDX, IDC_JUNYUNFENBU, m_FENBUHANSHU1);
    DDX_Radio(pDX, IDC_JUNYUNFENBU2, m_FENBUHANSHU2);
    DDX_Text(pDX, IDC_KCANSHU, m_KCANSHU);
    //}}AFX_DATA_MAP
}

BEGIN_MESSAGE_MAP(CFACHEMOXINGSUIJICANSHUSHEZHI, CDialog)
    //{{AFX_MSG_MAP(CFACHEMOXINGSUIJICANSHUSHEZHI)
    ON_BN_CLICKED(IDC_JUNYUNFENBU, OnJunyunfenbu)
    ON_BN_CLICKED(IDC_JUNYUNFENBU2, OnJunyunfenbu2)
    ON_BN_CLICKED(IDC_ZHENGTAIFENBU, OnZhengtaifenbu)
    ON_BN_CLICKED(IDC_ZHENGTAIFENBU2, OnZhengtaifenbu2)
    ON_BN_CLICKED(IDC_ZHISHUFENBU, OnZhishufenbu)
    ON_BN_CLICKED(IDC_KJIEAIERLANGFENBU, OnKjieaierlangfenbu)
    //}}AFX_MSG_MAP
END_MESSAGE_MAP()
// CFACHEMOXINGSUIJICANSHUSHEZHI message handlers
void CFACHEMOXINGSUIJICANSHUSHEZHI::OnJunyunfenbu()
{
    // TODO: Add your control notification handler code here
    if(IsDlgButtonChecked(IDC_JUNYUNFENBU))
    {
        m_FENBUHANSHU1=FENBUHANSHU1_JUNYUNFENBU;
    }
}
void CFACHEMOXINGSUIJICANSHUSHEZHI::OnJunyunfenbu2()
{
    // TODO: Add your control notification handler code here
    if(IsDlgButtonChecked(IDC_JUNYUNFENBU2))
```

```
{
    m_FENBUHANSHU2=FENBUHANSHU2_JUNYUNFENBU;
}
}
void CFACHEMOXINGSUIJICANSHUSHEZHI::OnZhengtaifenbu()
{
// TODO: Add your control notification handler code here
if(IsDlgButtonChecked(IDC_ZHENGTAIFENBU))
{
    m_FENBUHANSHU1=FENBUHANSHU1_ZHENGTAIFENBU;
}
}
void CFACHEMOXINGSUIJICANSHUSHEZHI::OnZhengtaifenbu2()
{
// TODO: Add your control notification handler code here
if(IsDlgButtonChecked(IDC_ZHENGTAIFENBU2))
{
    m_FENBUHANSHU2=FENBUHANSHU2_ZHENGTAIFENBU;
}
}
void CFACHEMOXINGSUIJICANSHUSHEZHI::OnZhishufenbu()
{
// TODO: Add your control notification handler code here
if(IsDlgButtonChecked(IDC_ZHISHUFENBU))
{
    m_FENBUHANSHU1=FENBUHANSHU1_ZHISHUFENBU;
}
}
void CFACHEMOXINGSUIJICANSHUSHEZHI::OnKjieaierlangfenbu()
{
// TODO: Add your control notification handler code here
if(IsDlgButtonChecked(IDC_KJIEAIERLANGFENBU))
{
    m_FENBUHANSHU1=FENBUHANSHU1_KJIEAIERLANGFENBU;
}
}
```

➢ 显示文件：

```
int xx=123457，yy;
float   random1()//cheng fa xian xing tong yu fa
```

```
{
    int a, m, c;
    float u;
    a=16807;
    c=0;
    m=2147483647;
    yy=(fabs)(a*xx);
    yy=yy-((int)(yy/m))*m;
    u=(float)yy/(float)m;
    xx=yy;
    return u;
}
float junyunfenbusuijishu(float qiwang, float pingfangcha)
{
    return((qiwang-(float)(sqrt(3*pingfangcha)))+(2*(float)sqrt(3*pingfangcha))*random1());
}
float zhengtaifenbusuijishu(float qiwang, float pingfangcha)
{
    return((float)(qiwang+sqrt(pingfangcha)*(pow((-2*log(random1())), 1/2)*cos(2*3.1415926*random1()))));
}
float zhishufenbusuijishu(float qiwang)
{
    return((float)((-qiwang)*log(random1())));
}
float kjieaierlangfenbusuijishu(float qiwang, int k)
{
    float u=1;
    for(int m=0;m<k;m++)
    {
        u=u*random1();
    }
    return((float)(-(qiwang/k)*log(u)));
}
float jiashiyuanxingbiefenbusuijishu(float nansijibi)
{
    float u;
    u=random1();
    if((u>0)&&(u<=nansijibi))
```

```
        {
            return(1);//yi biao nan , o biao nv
        }
        else
        {
            return(0);
        }
    }
float jiashiyuannianlingfenbusuijishu(float qingniansijibi, float zhongniansijibi)
{
    float u;
    u=random1();
    if((u>0)&&(u<=qingniansijibi))
    {
        return(1);//yi biao qingniansiji,2 biao zhongniansiji, 3 biao laoniansiji
    }
    if((u>qingniansijibi)&&(u<=(qingniansijibi+zhongniansijibi)))
    {
        return(2);
    }
    //if((u>(qingniansijibi+zhongniansijibi))&&(u<=1))
    //{
        return(3);
    //}
}
float jiashiyuanqingxiangxingfenbusuijishu(float chongdongsijibi, float putongsijibi)
{
    float u;
    u=random1();
    if((u>0)&&(u<=chongdongsijibi))
    {
        return(1);//yi biao chongdongsiji, 2 biao putongsiji, 3 biao anjingsiji
    }
    if((u>chongdongsijibi)&&(u<=(chongdongsijibi+putongsijibi)))
    {
        return(2);
    }
    //if((u>(chongdongsijibi+putongsijibi))&&(u<=1))
    //{
```

```
        return(3);
    //}
}
float cheliangleixingfenbusuijishu(float dachebi, float zhongchebi)
{
    float u;
    u=random1();
    if((u>0)&&(u<=dachebi))
    {
        return(3);//3 biao dache, 2 biao zhongche, 1 biao xiaoche
    }
    if((u>dachebi)&&(u<=(dachebi+zhongchebi)))
    {
        return(2);
    }
    //if((u>(dachebi+zhongchebi))&&(u<=1))
    //{
        return(1);
    //}
}
float zhuanwanfangxiangfenbusuijishu(float youzhuanbili, float zuozhuanbili)
{
    float u;
    u=random1();
    if((u>0)&&(u<=youzhuanbili))
    {
        return(1);//1 biao youzhuan, 0 biao zhixing, -1 biao zuozhuan
    }
    if((u>youzhuanbili)&&(u<=(youzhuanbili+zuozhuanbili)))
    {
        return(-1);
    }
    //if((u>(dachebi+zhongchebi))&&(u<=1))
    //{
        return(0);
    //}
}
float chedaoxuanzesuijishu(float xiangzuohuandaobi)
{
```

```
    float u;
    u=random1();
    if((u>0)&&(u<=xiangzuohuandaobi))
    {
        return(-1);//-1 biao xiang zuo ce huan dao, 0 biao bu huan dao, 1 biao xiang you ce huan dao
    }
    return(1);
    //}
}
float chedaofenbusuijishu(float chedao1liuliangbi, float chedao2liuliangbi, float chedao3liuliangbi)
{
    float u;
    u=random1();
    if((u>0)&&(u<=chedao1liuliangbi))
    {
        return(1);//1 biao di yi tiao nei ce che dao, 2 biao di er tiao, yi ci lei tui
    }
    if((u>chedao1liuliangbi)&&(u<=(chedao1liuliangbi+chedao2liuliangbi)))
    {
        return(2);
    }
if((u>chedao1liuliangbi+chedao2liuliangbi)&&(u<=(chedao1liuliangbi+chedao2liuliangbi+chedao3liuliangbi)))
    {
        return(3);
    }
    return(4);
}
```

附录2 Frank-wolfe 方法

Frank-wolfe 算法是于1956年提出的求解线性约束方程的一种算法，通常简称 F-W 算法。由于本书研究的交通网络平衡问题可以用一个带线性约束集的数学优化模型来描述，而求解此类模型最为有效的算法就是 F-W 算法。

考虑最优化问题（A）

$$\min f(x) \tag{1}$$

$$\text{s.t.} \begin{cases} Ax = b \\ x \geq 0 \end{cases} \tag{2}$$
$$\tag{3}$$

式中：A 是 $m \times n$ 矩阵，秩为 m；b 是 m 维列向量；$f(x)$ 是连续可微函数。

可行域记为：$D = \{x | Ax = b, x \geq 0\}$。

Frank-wolfe 算法的基本思想是：在每次迭代中，将目标函数 $f(x)$ 线性化，通过解线性规划来求得下降可行方向，进而沿此方向在可行域内作一维搜索以得到新的迭代点。现在给出具体的求解方法。设已知某可行点 x^k，将 $f(x)$ 在 x^k 处展开，用一阶泰勒多项式

$$f(x^k) + \nabla f(x^k)^T (x - x^k) = \nabla f(x^k)^T x + \left[f(x^k) - \nabla f(x^k)^T x^k \right] \tag{4}$$

逼近 $f(x)$。解线性规划问题（B）

$$\min \nabla f(x^k)^T x + \left[f(x^k) - \nabla f(x^k)^T x^k \right] \tag{5}$$

$$\text{s.t. } x \in D \tag{6}$$

去掉上面目标函数中的常数项，将此问题改写成如下形式：

$$\min \nabla f(x^k)^T x$$

$$\text{s.t. } x \in D$$

假设此问题存在有限最优解 y^k，由线性规划的基本性质可知，这个最优解可在某极点达到。求解线性规划的结果必为下列两种情况之一：

如果 $\nabla f(x^k)^T (y^k - x^k) = 0$，则停止迭代，可证明 x^k 就是此时就是问题的 K-T 点。

如果 $\nabla f(x^k)^T (y^k - x^k) \neq 0$，则必有 $\nabla f(x^k)^T (y^k - x^k) < 0$。

因此 $(y^k - x^k)$ 为 x^k 处的下降方向，且是可行的。

从 x^k 出发，沿下降方向作一维搜索

$$\min f(x^k + \alpha(y^k - x^k))$$

$$\text{s.t. } 0 \leq \alpha \leq 1$$

求得 α^k，令 $x^{k+1} = x^k + \alpha^k (y^k - x^k)$，由于 $y^k - x^k \neq 0$，且为下降方向，因此有

$$f(x^{k+1}) < f(x^k)$$

得到 x^{k+1} 后，再重复以上过程。

Frank-wolfe 算法的每一次迭代中，搜索方向总是指向某个极点，并且当迭代点接近最优解时，搜索方向与目标函数的梯度趋于正交，这样的搜索方向并非是最好的，因此算法收敛较慢。但是，由于这种方法能把求解非线性规划问题转化为求解一系列的线性规划问题，所以在某些情形下，能收到意想不到的计算效果，因此在实际应用中仍是一种有效的算法。如应用在交通网络平衡配流问题中就是如此，因为在平衡配流问题中，求解线性规划又可转化为求解网络最短路径问题。

当一阶连续可微且可行域 D 有下界时，可以证明 Frank-wolfe 算法是收敛的。更进一步，为加快 Frank-wolfe 算法的收敛速度，在上述算法的线搜索过程中，可采用非单调线搜索，此时仍可保证算法是收敛的。

附录3 MSA 算法

MSA 算法是 Frank-Wolfe 算法的变种,在城市交通中通常称为连续平均法(Method of Successive Algorithm)。在实际中,由于此算法具有广泛的应用性,因此 MSA 算法在关于城市交通问题的求解方面占有非常重要的地位。由于在此节我们将对这一方法予以详细介绍。

考虑下面的最优化问题(C)

$$\min f(x) \tag{1}$$

$$\text{s.t.} \begin{cases} Ax = b \\ x \geq 0 \end{cases} \tag{2} \tag{3}$$

式中:A 是 $m \times n$ 矩阵,秩为 m;b 是 m 维列向量;$f(x)$ 是连续可微函数,且梯度只在一个可行域点上取零值。

可行域记为:$D = \{x | Ax = b, x \geq 0\}$。

可以用 MSA 算法进行迭代求解。假定在任意点 x,目标函数的负梯度即 $-\nabla f(x)$ 为迭代方向。通过求解下面的线性规划问题(D)可以得到从点 x' 出发的最优可行下降方向

$$\min \nabla f(x')^{\text{T}} x \tag{4}$$

$$\text{s.t.} \begin{cases} Ax = b \\ x \geq 0 \end{cases} \tag{5} \tag{6}$$

上面的线性规划问题称为辅助规划问题,通过求解此问题可得到原问题的辅助迭代点 y。

连续平均法的主要思想就是:将迭代过程中一系列的辅助点进行平均,其中每一个迭代点都是通过求解辅助规划问题得来的,而辅助规划问题又是基于前面迭代过程中的辅助。设 y^n 为第 n 次迭代过程中求解辅助规划得到的辅助迭代点,那么在第 n 次迭代中取

$$x^{n+1} = x^n + \frac{1}{n}(y^n - x^n) \tag{7}$$

展开上式,得

$$x^{n+1} = \frac{n-1}{n} x^n + \frac{1}{n} y^n = \frac{n-1}{n}\left(\frac{n-2}{n-1} x^{n-1} + \frac{1}{n-1} y^{n-1}\right) + \frac{1}{n} y^n = \frac{n-2}{n} x^{n-1} + \frac{1}{n}(y^{n-1} + y^n) = \frac{1}{n} \sum_{l}^{n} y^l$$

可见 x^{n+1} 是前面产生的 n 个 y 向量的平均值,这也是 MSA 算法名称的由来。

与 Frank-Wolfe 算法相比较,MSA 方法的优点是在每次迭代过程中,不需要通过求解线性搜索问题而得到迭代步长,而迭代步长是预先确定的,因而 MSA 算法计算简单,具有明显的实用价值。该方法的不足之处在于收敛速度比较慢,这是由于 MSA 算法没有考虑迭代过程中的当时情况。

Powell 和 Sheffi(1982)给出了 MSA 算法的收敛性质,但是其证明过程要求条件过强。为使读者对此算法有更好的理解,可参见 Gao. et. al.(2001)给出的 MSA 算法的收敛性质。

考虑一般性，设 MSA 算法的点列由下面的迭代产生

$$x^{k+1} = x^k + \alpha^k d^k \tag{8}$$

其中，α^k 为迭代步长，d^k 为迭代方向。则在 MSA 算法中，迭代方向取 $d^k = y^k - x^k$。

对于任意迭代步长序列 $\{\alpha^k\}$，满足：

$$\sum_{n=1}^{\infty} \alpha^k = \infty, \sum_{n=1}^{\infty} (\alpha^k)^2 < \infty$$

我们有下面的迭代过程。

给定当前解 $x^k \in D$，求解（C）问题 MSA 方法的第 $k(k \geq 1)$ 次迭代算法步骤如下：

1° 寻找可行下降方向。通过求解下述线性规划问题（LP）得到 y^k：

$$\min \nabla f(x^k)^T x$$
$$\text{s.t.} \begin{cases} Ax = b \\ x \geq 0 \end{cases}$$

其中 $\nabla f(x^k)$ 为 $f(x)$ 在 x^k 点的梯度，假定其解为 y^k。令 $d^k = y^k - x^k$。

2° 如果 $\nabla f(x^k)^T d^k = 0$，停止。

3° 迭代。令 $x^{k+1} = x^k + \alpha^k d^k$。

4° 收敛性检查。如果满足收敛准则，迭代停止。否则令 $k = k + 1$，并转 1°。

显然，此算法不同于传统的求解一般非线性规划的凸组合算法。由于它无须选取迭代步长，因此对于一类复杂的优化问题，如目标函数值难以计算的问题的求解将具有无可比拟的优越性。

习题解答

1 线性规划与单纯形法

1. 解：（1）标准化得

$$\max Z = 40x_1 + 45x_2 + 24x_3$$

$$\text{s.t.} \begin{cases} 2x_1 + 3x_2 + x_3 + x_4 = 100 \\ 3x_1 + 3x_2 + 2x_3 + x_5 = 120 \\ x_1, x_2, \cdots, x_5 \geq 0 \end{cases}$$

取 $(P_4 \quad P_5) = \begin{pmatrix} 1 & 0 \\ 0 & 1 \end{pmatrix}$ 为初始基 B，则 $X_B = \begin{pmatrix} x_4 \\ x_5 \end{pmatrix} = \begin{pmatrix} 100 \\ 120 \end{pmatrix}$，$x_1, x_2, x_3 = 0$，为初始基可行解。按单纯形法计算步骤，计算结果如表 1.1 所示。

表 1.1

C			40	45	24	0	0
C_B	X_B	$B^{-1}b$	x_1	x_2	x_3	x_4	x_5
0	x_4	100	2	[3]	1	1	0
0	x_5	120	3	3	2	0	1
	σ		40	45	24	0	0
45	x_2	100/3	2/3	1	1/3	1/3	0
0	x_5	20	[1]	0	1	−1	1
	σ		10	0	9	−15	0
45	x_2	20	0	1	−1/3	1	−2/3
40	x_1	20	1	0	1	−1	1
	σ		0	0	−1	−5	−10

最优解：$\begin{pmatrix} x_2 \\ x_1 \end{pmatrix} = \begin{pmatrix} 20 \\ 20 \end{pmatrix}$，其余 $x_j = 0$；最优值：$Z = 1700$。

（2）加入松弛变量及人工变量，得

$$\max Z = -3x_1 + x_3 - Mx_6 - Mx_7$$

$$\text{s.t.} \begin{cases} x_1 + x_2 + x_3 + x_4 = 4 \\ -2x_1 + x_2 - x_3 - x_5 + x_6 = 1 \\ 3x_2 + x_3 + x_7 = 9 \\ x_1, x_2, \cdots, x_7 \geq 0 \end{cases}$$

取 $(P_4 \ P_6 \ P_7) = \begin{pmatrix} 1 & 0 & 0 \\ 0 & 1 & 0 \\ 0 & 0 & 1 \end{pmatrix}$ 为初始基 B，则 $X_B = \begin{pmatrix} x_4 \\ x_6 \\ x_7 \end{pmatrix} = \begin{pmatrix} 4 \\ 1 \\ 9 \end{pmatrix}$，其余 $x_j = 0$，是初始基可行解，按单纯形法计算结果如表 1.2 所示。

表 1.2

C			-3	0	1	0	0	$-M$	$-M$
C_B	X_B	$B^{-1}b$	x_1	x_2	x_3	x_4	x_5	x_6	x_7
0	x_4	4	1	1	1	1	0	0	0
$-M$	x_6	1	-2	[1]	-1	0	-1	1	0
$-M$	x_7	9	0	3	1	0	0	0	1
	σ		$-2M-3$	$4M$	1	0	$-M$	0	0
0	x_4	3	3	0	2	1	1	-1	0
0	x_2	1	-2	1	-1	0	-1	1	0
$-M$	x_7	6	[6]	0	4	0	3	-3	1
	σ		$6M-3$	0	$4M+1$	0	$3M$	$-4M$	0
0	x_4	0	0	0	0	1	$-1/2$	$1/2$	$-1/2$
0	x_2	3	0	1	$1/3$	0	0	0	$1/3$
-3	x_1	1	1	0	[2/3]	0	$1/2$	$-1/2$	$1/6$
	σ		0	0	3	0	$3/2$	$-M-3/2$	$-M+1/2$
0	x_4	0	0	0	0	1	$-1/2$	$1/2$	$-1/2$
0	x_2	$5/2$	$-1/2$	1	0	0	$-1/4$	$1/4$	$1/4$
1	x_3	$3/2$	$3/2$	0	1	0	$3/4$	$-3/4$	$1/4$
	σ		$-9/2$	0	0	0	$-3/4$	$-M+3/4$	$-M-1/4$

最优解：$\begin{pmatrix} x_2 \\ x_3 \end{pmatrix} = \begin{pmatrix} 5/2 \\ 3/2 \end{pmatrix}$，其余 $x_j = 0$；最优值：$Z = \dfrac{3}{2}$。

2. 解：（1）加入松弛变量及人工变量，给出第一阶段数学模型：

$$\max W = -x_6 - x_7$$

$$\text{s.t.} \begin{cases} x_1 + x_2 + x_3 + x_4 = 4 \\ -2x_1 + x_2 - x_3 - x_5 + x_6 = 1 \\ 3x_2 + x_3 + x_7 = 9 \\ x_1, x_2, \cdots, x_7 \geq 0 \end{cases}$$

第一阶段计算结果如表 1.3 所示。

表 1.3

C			0	0	0	0	-1	-1	-1
C_B	X_B	$B^{-1}b$	x_1	x_2	x_3	x_4	x_5	x_6	x_7
0	x_4	4	1	1	1	1	0	0	0
-1	x_6	1	-2	[1]	-1	0	-1	1	0

续表

	C		0	0	0	0	-1	-1	-1
-1	x_7	9	0	3	1	0	0	0	1
	σ		-2	4	0	0	-1	0	0
0	x_4	3	3	0	2	1	1	-1	0
0	x_2	1	-2	1	-1	0	-1	1	0
-1	x_7	6	[6]	0	4	0	3	-3	1
	σ		6	0	4	0	3	-4	0
0	x_4	0	0	0	0	1	-1/2	1/2	-1/2
0	x_2	3	0	1	1/3	0	0	0	1/3
0	x_1	1	1	0	2/3	0	1/2	-1/2	1/6
	σ		0	0	0	0	0	-1	-1

第二阶段，将第一阶段人工变量取消，恢复原来的目标函数，并以第一阶段最优解为初始解，计算结果如表 1.4 所示。

表 1.4

	C		-3	0	1	0	0
C_B	X_B	$B^{-1}b$	x_1	x_2	x_3	x_4	x_5
0	x_4	0	0	0	0	1	-1/2
0	x_2	3	0	1	1/3	0	0
-3	x_1	1	1	0	[2/3]	0	1/2
	σ		0	0	3	0	3/2
0	x_4	0	0	0	0	0	-1/2
0	x_2	5/2	-1/2	1	0	0	-1/4
1	x_3	3/2	3/2	0	1	0	3/4
	σ		-9/2	0	0	0	-3/4

最优解：$\begin{pmatrix} x_2 \\ x_3 \end{pmatrix} = \begin{pmatrix} 5/2 \\ 3/2 \end{pmatrix}$，其余 $x_j = 0$；最优值：$Z = \dfrac{3}{2}$。

（2）加入松弛变量及人工变量，给出第一阶段数学模型：

$$\max W = -x_5 - x_6$$

$$\text{s.t.} \begin{cases} 5x_1 + x_2 + x_3 + 8x_4 + x_5 = 10 \\ 2x_1 + 4x_2 + 3x_3 + 2x_4 + x_6 = 10 \\ x_1, x_2, \cdots, x_6 \geq 0 \end{cases}$$

第一阶段计算结果如表 1.5 所示。

表 1.5

C			0	0	0	0	−1	−1
C_B	X_B	$B^{-1}b$	x_1	x_2	x_3	x_4	x_5	x_6
−1	x_5	10	5	1	1	[8]	1	0
−1	x_6	10	2	4	3	2	0	1
	σ		7	5	4	10	0	0
0	x_4	5/4	5/8	1/8	1/8	1	1/8	0
−1	x_6	15/2	3/4	[15/4]	11/4	0	−1/4	1
	σ		3/4	15/4	11/4	0	−5/4	0
0	x_4	1	3/5	0	1/30	1	2/15	−1/30
0	x_2	2	1/5	1	11/15	0	−1/15	4/15
	σ		0	0	0	0	−1	−1

第二阶段，将第一阶段人工变量取消，恢复原来的目标函数，并以第一阶段最优解为初始解，计算结果如表 1.6 所示。

表 1.6

C			5	3	2	4
C_B	X_B	$B^{-1}b$	x_1	x_2	x_3	x_4
4	x_4	1	[3/5]	0	1/30	1
3	x_2	2	1/5	1	11/15	0
	σ		2	0	−1/3	0
0	x_1	5/3	1	0	1/18	5/3
1	x_2	5/3	0	1	13/18	−1/3
	σ		0	0	−4/9	−10/3

最优解：$\begin{pmatrix} x_1 \\ x_2 \end{pmatrix} = \begin{pmatrix} 5/3 \\ 5/3 \end{pmatrix}$，其余 $x_j = 0$；最优值：$Z = \dfrac{40}{3}$。

3. 解：（1）解法一：大 M 法

在上述问题加入松弛变量及人工变量得

$$\max Z = 2x_1 + 3x_2 - 5x_3 - Mx_5 - Mx_6$$

$$\text{s.t.} \begin{cases} x_1 + x_2 + x_3 + x_5 = 7 \\ 2x_1 - 5x_2 + x_3 - x_4 + x_6 = 10 \\ x_1, x_2, \cdots, x_6 \geq 0 \end{cases}$$

取 $(P_5 \quad P_6) = \begin{pmatrix} 1 & 0 \\ 0 & 1 \end{pmatrix}$ 为初始基 B，则 $X_B = \begin{pmatrix} x_5 \\ x_6 \end{pmatrix} = \begin{pmatrix} 7 \\ 10 \end{pmatrix}$，其余 $x_j = 0$ 是初始基可行解。按单纯形法计算结果如表 1.7 所示。

表 1.7

C_B	X_B	$B^{-1}b$	2 x_1	3 x_2	-5 x_3	0 x_4	-M x_5	-M x_6	
-M	x_5	7	1	1	1	0	1	0	K=1
-M	x_6	10	[2]	-5	1	-1	0	1	L=2
	σ		2+3M	3-4M	2M-5	-M	0	0	
-M	x_5	2	0	[7/2]	1/2	1/2	1	-1/2	K=2
2	x_1	5	1	-5/2	1/2	-1/2	0	1/2	L=1
	σ		0	8+7M/2	M/2-6	M/2+1	0	-1-3M/2	
3	x_2	4/7	0	1	1/7	1/7	2/7	-1/7	
2	x_1	45/7	1	0	6/7	-1/7	5/7	1/7	
	σ		0	0	-50/7	-1/7	-M-16/7	1/7-M	

最优解：$\begin{pmatrix} x_1 \\ x_2 \end{pmatrix} = \begin{pmatrix} 45/7 \\ 4/7 \end{pmatrix}$，其余 $x_j = 0$；最优值：$Z = \dfrac{102}{7}$。

解法二：两阶段法

在上述约束条件中减去剩余变量，再加上人工变量，得到第一阶段的数学模型：

$$\min W = -x_5 - x_7$$

$$\text{s.t.} \begin{cases} x_1 + 4x_2 + 3x_3 + x_5 = 7 \\ 2x_1 - 5x_2 + x_3 - x_4 + x_6 = 10 \\ x_1, x_2, \cdots, x_6 \geq 0 \end{cases}$$

据此列出单纯形表 1.8。

表 1.8

C_B	X_B	$B^{-1}b$	0 x_1	0 x_2	0 x_3	0 x_4	-1 x_5	-1 x_6
-1	x_5	7	1	1	1	0	1	0
-1	x_6	10	[2]	-5	1	-1	0	1
	σ		3	-4	2	-1	0	0
-1	x_5	2	0	[7/2]	1/2	1/2	1	-1/2
	x_1	5	1	-5/2	1/2	-1/2	0	1/2
	σ		0	7/2	1/2	1/2	0	-3/2
	x_2	4/7	0	1	1/7	1/7	2/7	-1/7
	x_1	45/7	1	0	6/7	-1/7	5/7	1/7
	σ		0	0	0	0	-1	-1

第二阶段：

C_B	X_B	$B^{-1}b$	2 x_1	3 x_2	-5 x_3	0 x_4
3	x_2	4/7	0	1	1/7	1/7
2	x_1	45/7	1	0	6/7	-1/7
	σ		0	0	-20/7	-1/7

故原问题的最优解：$\begin{pmatrix} x_2 \\ x_1 \end{pmatrix} = \begin{pmatrix} 4/7 \\ 45/7 \end{pmatrix}$，其余 $x_j = 0$；最优值：$Z = \dfrac{102}{7}$。

（2）解法一：大 M 法

令 $\bar{Z} = -Z$，在上述问题加入松弛变量及人工变量，得

$$\max \bar{Z} = -2x_1 - 3x_2 - x_3 - Mx_5 - Mx_7$$
$$\text{s.t.} \begin{cases} x_1 + 4x_2 + 2x_3 - x_4 + x_6 = 8 \\ 3x_1 + 2x_2 - x_5 + x_7 = 6 \\ x_1, x_2, \cdots, x_7 \geq 0 \end{cases}$$

取 $(P_6 \ P_7) = \begin{pmatrix} 1 & 0 \\ 0 & 1 \end{pmatrix}$ 为初始基 B，则 $X_B = \begin{pmatrix} x_6 \\ x_7 \end{pmatrix} = \begin{pmatrix} 8 \\ 6 \end{pmatrix}$，其余 $x_j = 0$ 是初始基可行解。按单纯形法计算结果如表 1.9 所示。

表 1.9

C_B	X_B	$B^{-1}b$	x_1	x_2	x_3	x_4	x_5	x_6	x_7	
	C		-2	-3	-1	0	0	$-M$	$-M$	
$-M$	x_6	8	1	[4]	2	-1	0	1	0	$K=2$
$-M$	x_7	6	3	2	0	0	-1	0	1	$L=1$
	σ		$4M-2$	$6M-3$	$2M-1$	$-M$	$-M$	0	0	
-3	x_2	2	1/4	1	1/2	$-1/4$	0	1/4	0	$K=1$
$-M$	x_7	2	[5/2]	0	-1	1/2	-1	$-1/2$	1	$L=2$
	σ		$5M/2-5/4$	0	$1/2-M$	$M/2-3/4$	$-M$	$3/4-3M/2$	0	
-3	x_2	9/5	0	1	3/5	$-3/10$	1/10	3/10	$-1/10$	
-2	x_1	4/5	1	0	$-2/5$	1/5	$-2/5$	$-1/5$	2/5	
	σ		0	0	0	$-1/2$	$-1/2$	$1/2-M$	$1/2-M$	

最优解：$\begin{pmatrix} x_1 \\ x_2 \end{pmatrix} = \begin{pmatrix} 4/5 \\ 9/5 \end{pmatrix}$，其余 $x_j = 0$；最优值：$Z = 7$。

解法二：两阶段法

在上述约束条件中减去剩余变量，再加上人工变量，得到第一阶段的数学模型：

原式化为：

$$\max \bar{Z} = -2x_1 - 3x_2 - x_3$$
$$\text{s.t.} \begin{cases} x_1 + 4x_2 + 2x_3 \geq 8 \\ 3x_1 + 2x_2 \geq 6 \\ x_1, x_2, x_3 \geq 0 \end{cases}$$

加入松弛变量和人工变量，得到第一阶段数学模型：

$$\max W = -x_6 - x_7$$
$$\text{s.t.} \begin{cases} x_1 + 4x_2 + 2x_3 - x_4 + x_6 = 8 \\ 3x_1 + 2x_2 - x_5 + x_7 = 6 \\ x_1, x_2, \cdots, x_7 \geq 0 \end{cases}$$

第一阶段计算结果如表 1.10 所示。

表 1.10

C			0	0	0	0	0	-1	-1
C_B	X_B	$B^{-1}b$	x_1	x_2	x_3	x_4	x_5	x_6	x_7
-1	x_6	8	1	[4]	2	-1	0	1	0
-1	x_7	6	3	2	0	0	-1	0	1
	σ		4	6	2	-1	-1	0	0
0	x_2	2	1/4	1	1/2	-1/4	0	1/4	0
-1	x_7	2	[5/2]	0	-1	1/2	-1	-1/2	1
	σ		5/2	0	-1	1/2	-1	-3/2	0
0	x_2	9/5	0	1	3/5	-3/10	1/10	3/10	-1/10
0	x_1	4/5	1	0	-2/5	1/5	-2/5	-1/5	2/5
	σ		0	0	0	0	0	-1	-1

第二阶段计算结果如表 1.11 所示。

表 1.11

C			0	0	0	0	0
C_B	X_B	$B^{-1}b$	x_1	x_2	x_3	x_4	x_5
0	x_2	9/5	0	1	3/5	-3/10	1/10
0	x_2	4/5	1	0	-2/5	1/5	-2/5
	σ		0	0	0	-1/2	-1/2

最优解：$\begin{pmatrix} x_1 \\ x_2 \end{pmatrix} = \begin{pmatrix} 2/5 \\ 4/9 \end{pmatrix}$，其余 $x_j = 0$；最优值：$Z = 7$。

由于存在非基变量检验数 $\sigma = 0$，故该问题有无穷多最优解。

（3）解法一：大 M 法

在上述问题加入松弛变量及人工变量，得

$$\max Z = 10x_1 + 15x_2 + 12x_3 - Mx_7$$

$$\text{s.t.} \begin{cases} 5x_1 + 3x_2 + x_3 + x_4 = 9 \\ -5x_1 + 6x_2 + 15x_3 + x_5 = 15 \\ 2x_1 + x_2 + x_3 - x_6 + x_7 = 5 \\ x_1, x_2, \cdots, x_7 \geq 0 \end{cases}$$

取 $(P_4 \ P_5 \ P_7) = \begin{pmatrix} 1 & 0 & 0 \\ 0 & 1 & 0 \\ 0 & 0 & 1 \end{pmatrix}$ 为初始基 B，则 $X_B = \begin{pmatrix} x_4 \\ x_5 \\ x_7 \end{pmatrix} = \begin{pmatrix} 9 \\ 15 \\ 5 \end{pmatrix}$，其余 $x_j = 0$ 是初始基可行解。

按单纯形法计算结果如表 1.12 所示。

表 1.12

C_B	X_B	$B^{-1}b$	x_1	x_2	x_3	x_4	x_5	x_6	x_7	
	C		0	0	0	0	0	0	-1	
0	x_4	9	[5]	3	1	1	0	0	0	$K=1$
0	x_5	15	-5	6	15	0	1	0	0	$L=1$
$-M$	x_7	5	2	1	1	0	0	-1	1	
	σ		$10+2M$	$15-M$	$12+M$	0	0	$-M$	0	
10	x_1	9/5	1	3/5	1/5	1/5	0	0	0	$K=3$
0	x_5	24	0	9	[16]	1	1	0	0	$L=2$
$-M$	x_7	7/5	0	-1/5	3/5	-2/5	0	-1	1	
	σ		0	$9-M/5$	$3M/5+10$	$-2M/5-2$	0	$-M$	0	
10	x_1	3/2	1	39/80	0	3/16	-1/80	0	0	
12	x_3	3/2	0	9/16	1	1/16	1/16	0	0	
$-M$	x_7	1/2	0	-43/80	0	-7/16	-3/80	-1	1	
	σ		0	$27/8 -43M/80$	0	$-21/8 -7M/16$	$-5/8 -3M/80$	$-M$	0	

由单纯形表可知，$\sigma_j < 0$，但是人工变量 $x_7 = \frac{1}{2}$，所以无可行解。

解法二：两阶段法

加入松弛变量及人工变量，给出第一阶段数学模型：

$$\max W = -x_7$$

$$\text{s.t.} \begin{cases} 5x_1 + 3x_2 + x_3 + x_4 = 9 \\ -5x_1 + 6x_2 + 15x_3 + x_5 = 15 \\ 2x_1 + x_2 + x_3 - x_6 + x_7 = 5 \\ x_1, x_2, \cdots, x_7 \geq 0 \end{cases}$$

由第一阶段模型得单纯形表如表 1.13 所示。

表 1.13

C_B	X_B	$B^{-1}b$	x_1	x_2	x_3	x_4	x_5	x_6	x_7
	C		0	0	0	0	0	0	-1
0	x_4	9	[5]	3	1	1	0	0	0
0	x_5	15	-5	6	15	0	1	0	0
-1	x_7	5	2	1	1	0	0	-1	1
	σ		2	1	1	0	0	-1	0
0	x_1	9/5	1	3/5	1/5	1/5	0	0	0
0	x_5	24	0	9	[16]	1	1	0	0
-1	x_7	7/5	0	-1/5	3/5	-2/5	0	-1	1
	σ		0	-1/5	3/5	-2/5	0	-1	0
0	x_1	3/2	1	39/80	0	3/16	-1/80	0	0
0	x_3	3/2	0	9/16	1	1/16	1/16	0	0
-1	x_7	1/2	0	-43/80	0	-7/16	-3/80	-1	1
	σ		0	-43/80	0	-7/16	-3/80	-1	0

因人工变量 $x_7 = \frac{1}{2}$ 不为零，故原问题无可行解。

2 线性规划的对偶理论与灵敏度分析

1. 解：（1）令 $\overline{Z}=-Z$，则问题可变为

$$\max \overline{Z} = -4x_1 - 12x_2 - 18x_3$$

$$\text{s.t.} \begin{cases} -x_1 - 3x_3 + x_4 = -3 \\ -2x_2 - 2x_3 + x_5 = -5 \\ x_1, x_2, \cdots, x_5 \geq 0 \end{cases}$$

取 $(P_4 \quad P_5) = \begin{pmatrix} 1 & 0 \\ 0 & 1 \end{pmatrix}$ 为初始基 B，则 $X_B = \begin{pmatrix} x_4 \\ x_5 \end{pmatrix} = \begin{pmatrix} -3 \\ -5 \end{pmatrix}$，其余 $x_j = 0$ 是非基可行解，但 $\sigma_1 = -4$，$\sigma_2 = -12$，$\sigma_3 = -18$，所以，$Y = C_B B^{-1}$ 是对偶可行解，建立单纯形表，计算结果如表 2.1 所示。

表 2.1

	C		-4	-12	-18	0	0
C_B	X_B	$B^{-1}b$	x_1	x_2	x_3	x_4	x_5
0	x_4	-3	-1	0	-3	1	0
0	x_5	-5	0	$[-2]$	-2	0	1
	σ		-4	-12	-18	0	0
0	x_4	-3	-1	0	$[-3]$	1	0
-12	x_2	$5/2$	0	1	1	0	$-1/2$
	σ		-4	0	-6	0	-6
-18	x_3	1	$1/3$	0	1	$-1/3$	0
-12	x_2	$3/2$	$-1/3$	1	0	$1/3$	$-1/2$
	σ		-2	0	0	-2	-6

最优解：$\begin{pmatrix} x_3 \\ x_2 \end{pmatrix} = \begin{pmatrix} 1 \\ 3/2 \end{pmatrix}$，其余 $x_j = 0$；最优值：$Z = 36$。

（2）令 $\overline{Z} = -Z$，则问题可变为

$$\max \overline{Z} = -x_1 - 4x_2 - 3x_4$$

$$\text{s.t.} \begin{cases} -x_1 - 2x_2 + x_3 - x_4 + x_5 = -3 \\ 2x_1 + x_2 - 4x_3 - x_4 + x_6 = -2 \\ x_1, x_2, \cdots, x_6 \geq 0 \end{cases}$$

取 $(P_5 \quad P_6) = \begin{pmatrix} 1 & 0 \\ 0 & 1 \end{pmatrix}$ 为初始基 B，则 $X_B = \begin{pmatrix} x_5 \\ x_6 \end{pmatrix} = \begin{pmatrix} -3 \\ -2 \end{pmatrix}$，其余 $x_j = 0$ 是非基可行解，但 $\sigma_1 = -1$，$\sigma_2 = -4$，$\sigma_4 = -3$，所以，$Y = C_B B^{-1}$ 是对偶可行解，建立单纯形表，计算结果如表 2.2 所示。

表 2.2

C_B	X_B	$B^{-1}b$	C	−1	−4	0	−3	0	0
				x_1	x_2	x_3	x_4	x_5	x_6
0	x_5	−3		[−1]	−2	1	−1	1	0
0	x_6	−2		2	1	−4	−1	0	1
	σ			−1	−4	0	−3	0	0
−1	x_1	3		1	2	−1	1	−1	0
0	x_6	−8		0	−3	[−2]	−3	2	1
	σ			0	−2	−1	−2	−1	0
−1	x_1	7		1	7/2	0	5/2	−2	−1/2
0	x_3	4		0	3/2	1	3/2	−1	−1/2
	σ			0	−1/2	0	−1/2	−2	−1/2

最优解：$\begin{pmatrix} x_1 \\ x_3 \end{pmatrix} = \begin{pmatrix} 7 \\ 4 \end{pmatrix}$，其余 $x_j = 0$；最优值：$Z = 7$。

（3）令 $\overline{Z} = -Z$，则问题可变为

$$\max \overline{Z} = -15x_1 - 24x_2 - 5x_3$$

$$\text{s.t.} \begin{cases} -6x_2 - x_3 + x_4 = -2 \\ -5x_1 - 2x_2 - x_3 + x_5 = -1 \\ x_1, x_2, x_3, x_4, x_5 \geqslant 0 \end{cases}$$

取 $(P_4 \ P_5) = \begin{pmatrix} 1 & 0 \\ 0 & 1 \end{pmatrix}$ 为初始基 B，则 $X_B = \begin{pmatrix} x_4 \\ x_5 \end{pmatrix} = \begin{pmatrix} 2 \\ 1 \end{pmatrix}$，其余 $x_j = 0$ 是非基可行解，但 $\sigma_1 = -15$，$\sigma_2 = -24$，$\sigma_3 = -5$，所以 $Y = C_B B^{-1}$ 是对偶可行解。建立如下单纯形表 2.3。

表 2.3

C_B	X_B	$B^{-1}b$	C	−15	−24	−5	0	0
				x_1	x_2	x_3	x_4	x_5
0	x_4	−2		0	[−6]	−1	1	0
0	x_5	−1		−5	−2	−1	0	1
	σ			−15	−24	−5	0	0
−24	x_2	1/3		0	1	1/6	−1/6	0
0	x_5	−1/3		−5	0	[−2/3]	−1/3	1
	σ			−15	0	−1	−4	0
−24	x_2	1/4		−5/4	1	0	−1/4	1/4
5	x_3	1/2		15/2	0	1	1/2	−3/2
	σ			−15/2	0	0	−7/4	−3/2

最优解：$\begin{pmatrix} x_2 \\ x_3 \end{pmatrix} = \begin{pmatrix} 1/4 \\ 1/2 \end{pmatrix}$，其余 $x_j = 0$；最优值：$Z = \dfrac{17}{2}$。

（4）令 $\overline{Z} = -Z$，则问题可变为

$$\max \overline{Z} = -x_1 - 5x_2 - 3x_4$$
$$\text{s.t.} \begin{cases} -x_1 - 2x_2 + x_3 - x_4 + x_5 = -6 \\ 2x_1 + x_2 - 4x_3 - x_4 + x_6 = -4 \\ x_1, x_2, x_3, x_4, x_5, x_6 \geq 0 \end{cases}$$

取 $(P_5 \ P_6) = \begin{pmatrix} 1 & 0 \\ 0 & 1 \end{pmatrix}$ 为初始基 B，则 $X_B = \begin{pmatrix} x_5 \\ x_6 \end{pmatrix} = \begin{pmatrix} -6 \\ -4 \end{pmatrix}$，其余 $x_j = 0$ 是非基可行解，但 $\sigma_1 = -1$，$\sigma_2 = -5$，$\sigma_4 = -3$，所以 $Y = C_B B^{-1}$ 是对偶可行解。建立如下单纯形表 2.4。

表 2.4

	C		-1	-5	0	0	-3	0
C_B	X_B	$B^{-1}b$	x_1	x_2	x_3	x_4	x_5	x_6
0	x_5	-6	[-1]	-2	1	-1	1	0
0	x_6	-4	2	1	-4	-1	0	1
	σ		-1	-5	0	-3	0	0
-1	x_1	6	1	2	-1	1	-1	0
0	x_6	-16	0	-3	[-2]	-3	2	1
	σ		0	-3	-1	-2	-1	0
-1	x_1	14	1	$7/2$	0	$5/2$	-2	$-1/2$
0	x_3	8	0	$3/2$	1	$3/2$	-1	$-1/2$
	σ		0	$-3/2$	0	$-1/2$	-2	$-1/2$

最优解：$\begin{pmatrix} x_1 \\ x_3 \end{pmatrix} = \begin{pmatrix} 14 \\ 8 \end{pmatrix}$，其余 $x_j = 0$；最优值：$Z = 14$。

2. 解：将该线性规划问题化为标准型，得

$$\max Z = -5x_1 + 5x_2 + 13x_3$$
$$\text{s.t.} \begin{cases} -x_1 + x_2 + 3x_3 + x_4 = 20 \\ 12x_1 + 4x_2 + 10x_3 + x_5 = 90 \\ x_1, x_2, x_3, x_4, x_5 \geq 0 \end{cases}$$

取 $(P_4 \ P_5) = \begin{pmatrix} 1 & 0 \\ 0 & 1 \end{pmatrix}$ 为初始基 B，则 $X_B = \begin{pmatrix} x_4 \\ x_5 \end{pmatrix} = \begin{pmatrix} 20 \\ 90 \end{pmatrix}$，其余 $x_j = 0$ 是初始基可行解，按单纯形法计算结果如表 2.5 所示。

表 2.5

	C		-5	5	13	0	0
C_B	X_B	$B^{-1}b$	x_1	x_2	x_3	x_4	x_5
0	x_4	20	-1	1	[3]	1	0
0	x_5	90	12	4	10	0	1

续表

	C		−5	5	13	0	0
	σ		−5	5	13	0	0
13	x_3	20/3	−1/3	[1/3]	1	1/3	0
0	x_5	70/3	46/3	2/3	0	−10/3	1
	σ		−2/3	2/3	0	−13/3	0
5	x_2	20	−1	1	3	1	0
0	x_5	10	16	0	−2	−12/3	1
	σ		0	0	−2	−5	0

最优解：$\begin{pmatrix} x_2 \\ x_5 \end{pmatrix} = \begin{pmatrix} 20 \\ 10 \end{pmatrix}$，其余 $x_j = 0$；最优值：$Z = 100$。

（1）因 $b_1 = 20$ 变为 $b_1' = 30$，故 $\bar{x}_B = B^{-1}b = \begin{pmatrix} 1 & 0 \\ -4 & 1 \end{pmatrix} \begin{pmatrix} 30 \\ 90 \end{pmatrix} = \begin{pmatrix} 30 \\ -30 \end{pmatrix}$ 是非可行解，故用 $x_B = \begin{pmatrix} 30 \\ -30 \end{pmatrix}$ 代替原最优表中的基变量的值，得表 2.6。

表 2.6

	C		−5	5	13	0	0
C_B	X_B	$B^{-1}b$	x_1	x_2	x_3	x_4	x_5
5	x_2	30	−1	1	3	1	0
0	x_5	−30	16	0	[−2]	−4	1
	σ		0	0	−2	−5	0
5	x_2	−15	23	1	0	[−5]	3/2
13	x_3	15	−8	0	1	2	−1/2
	σ		−16	0	0	−1	−1
0	x_4	3	−23/5	−1/5	0	1	−3/10
13	x_5	9	6/5	2/5	1	0	1/10
	σ		−103/5	−1/5	0	0	−13/10

最优解：$\begin{pmatrix} x_4 \\ x_3 \end{pmatrix} = \begin{pmatrix} 3 \\ 9 \end{pmatrix}$，其余 $x_j = 0$；最优值：$Z = 117$。

（2）因 $\bar{x}_B = B^{-1}b = \begin{pmatrix} 1 & 0 \\ -4 & 1 \end{pmatrix} \begin{pmatrix} 20 \\ 70 \end{pmatrix} = \begin{pmatrix} 20 \\ -10 \end{pmatrix}$ 是非可行解，故用 $\bar{x}_B = \begin{pmatrix} 20 \\ -10 \end{pmatrix}$ 替代原最优表中的基变量的值，得表 2.7。

表 2.7

	C		−5	5	13	0	0
C_B	X_B	$B^{-1}b$	x_1	x_2	x_3	x_4	x_5
5	x_2	20	−1	1	3	1	0
0	x_5	−10	16	0	[−2]	−4	1
	σ		0	0	−2	−5	0
5	x_2	5	23	1	0	−5	3/2
13	x_3	5	−8	0	1	2	−1/2
	σ		−16	0	0	−1	−1

最优解：$\begin{pmatrix} x_2 \\ x_3 \end{pmatrix} = \begin{pmatrix} 5 \\ 5 \end{pmatrix}$，其余 $x_j = 0$；最优值：$Z = 90$。

（3）由原最优表可知，x_3 为非基变量，$\sigma_3 = C_3 - C_B B^{-1} P_3 = 8 - (5 \times 3 - 2 \times 0) = -7 < 0$，所以，最优解不变。

（4）因 x_1 为非基变量，$\overline{\sigma_1} = C_1 - C_B B^{-1} \overline{P_1} = -5 - (5 \ 0) \begin{pmatrix} 1 & 0 \\ -4 & 1 \end{pmatrix} \begin{pmatrix} 0 \\ 5 \end{pmatrix} = -5$；因 $\overline{\sigma_1} \leq 0$，则原最优解不变。

（5）增加一个约束条件，$2x_1 + 3x_2 + 5x_5 \leq 50$，即加入松弛变量 x_6，得 $2x_1 + 3x_2 + 5x_5 + x_6 = 50$。在第一个表的基础上用对偶单纯形法求解如表 2.8 所示。

表 2.8

C_B	X_B	$B^{-1}b$	C -5 x_1	5 x_2	13 x_3	0 x_4	0 x_5	0 x_6
5	x_2	20	-1	1	3	1	0	0
0	x_5	10	16	0	-2	-4	1	0
0	x_6	50	2	3	5	0	0	1
	σ		0	0	-2	-5	0	0
5	x_2	20	-1	1	3	1	0	0
0	x_5	10	16	0	-2	-4	1	0
0	x_6	-10	5	3	[-4]	-3	0	1
	σ		0	0	-2	-5	0	0
5	x_2	$25/2$	$11/4$	1	0	$-5/4$	0	$3/4$
0	x_5	15	$27/2$	0	0	$-5/2$	1	$-1/2$
13	x_3	$5/2$	$-5/4$	0	1	$3/4$	0	$-1/4$
	σ		$-5/2$	0	0	$-7/2$	0	$-1/2$

最优解：$\begin{pmatrix} x_2 \\ x_5 \\ x_3 \end{pmatrix} = \begin{pmatrix} 25/2 \\ 15 \\ 5/2 \end{pmatrix}$，其余 $x_j = 0$；最优值：$Z = 95$。

3. 解：（1）当 $\max\left\{\dfrac{-19}{1.4}, \dfrac{-7.50}{0.50}, \dfrac{-0.50}{0.3}\right\} \leq \Delta c_2 \leq \min\left\{\dfrac{-8.0}{-0.2}, \dfrac{-44}{-0.6}\right\}$，即 $-1.67 \leq \Delta c_2 \leq 40.00$ 时，原最优解不变。

（2）当 $\max\left\{\dfrac{-16}{0.30}\right\} \leq \Delta b_2 \leq \min\left\{\dfrac{-26}{-0.2}, \dfrac{-8}{-0.10}\right\}$，即 $-53\dfrac{1}{3} \leq \Delta b_2 \leq 80$ 时，原最优解不变；

当 $\max\left\{\dfrac{-26}{0.4}, \dfrac{-8}{1.2}\right\} \leq \Delta b_3 \leq \min\left\{\dfrac{-16}{-0.6}\right\}$，即 $6\dfrac{2}{3} \leq \Delta b_3 \leq 26\dfrac{2}{3}$ 时，原最优解不变。

4. 解：（1）将 c_1、c_2 的变化直接反映到最终单纯形表上，如表 2.9 所示。

表 2.9

C			2	1	0	0	0
C_B	X_B	$B^{-1}b$	x_1	x_2	x_3	x_4	x_5
0	x_3	15/2	0	0	1	[5/4]	−15/2
1.5	x_1	7/2	1	0	0	1/4	−1/2
2	x_2	3/2	0	1	0	−1/4	3/2
	σ		0	0	0	1/8	−9/2
0	x_4	6	0	0	4/5	1	−6
1.5	x_1	2	1	0	−1/5	0	1
2	x_2	3	0	1	1/5	0	0
	σ		0	0	−1/10	0	−3/2

由于将 c_1，c_2 的变化直接反映到最终单纯形表后，变量 x_4 的检验数大于 0，需继续迭代单纯列表。最后得最优解：$x_1^* = 2$，$x_2^* = 3$，最优值：$Z = 9$。

（2）当 $\max\left\{\dfrac{-1/2}{3/2}\right\} \leqslant \Delta c_2 \leqslant \min\left\{\dfrac{-1/2}{-1/2}\right\}$，即 $-\dfrac{1}{3} \leqslant \Delta c_2 \leqslant 1$，即 $\dfrac{2}{3} \leqslant c_2 \leqslant 2$ 时，原最优解不变。

（3）因 $3 \times \dfrac{7}{2} + 2 \times \dfrac{3}{2} = \dfrac{27}{2} \geqslant 12$，故原问题的最优解不再是可行解，增加松弛变量 x_6，得 $3x_1 + 2x_2 + x_6 = 12$，将上式增添到原最优表下面，用初等行变换及对偶单纯形法计算结果如表 2.10 所示。

表 2.10

C			2	1	0	0	0	0
C_B	X_B	$B^{-1}b$	x_1	x_2	x_3	x_4	x_5	x_6
0	x_3	15/2	0	0	1	5/4	−15/2	0
2	x_1	7/2	1	0	0	1/4	−1/2	0
1	x_2	3/2	0	1	0	−1/4	3/2	0
0	x_6	12	3	2	0	0	0	1
	σ		0	0	0	−1/4	−1/2	0
0	x_3	15/2	0	0	1	5/4	−15/2	0
2	x_1	7/2	1	0	0	1/4	−1/2	0
1	x_2	3/2	0	1	0	−1/4	3/2	0
0	x_6	−3/2	0	0	0	−1/4	−3/2	1
	σ		0	0	0	−1/4	−1/2	0
0	x_3	15	0	0	1	5/2	0	−5
2	x_1	4	1	0	0	1/3	0	−1/3
1	x_2	0	0	1	0	−1/2	0	1
0	x_5	1	0	0	0	1/6	1	−2/3
	σ		0	0	0	−1/6	0	−1/3

最后求得增加约束后线性规划问题的最优解：$x_1^* = 4$，$x_2^* = 0$；最优值：$Z = 8$。

5. 解：令 $\lambda = 0$，用单纯法求出最优解，计算结果如表 2.11 所示。

表 2.11

	C		2	1	0	0	0
C_B	X_B	$B^{-1}b$	x_1	x_2	x_3	x_4	x_5
0	x_3	15/2	0	0	1	5/4	−15/2
2	x_1	7/2	1	0	0	1/4	−1/2
1	x_2	3/2	0	1	0	−1/4	3/2
	σ		0	0	0	−1/4	−1/2

将 C 的变化反映到最终表中，如表 2.12 所示。

表 2.12

	C		$2+\lambda$	$1+2\lambda$	0	0	0
C_B	X_B	$B^{-1}b$	x_1	x_2	x_3	x_4	x_5
0	x_3	15/2	0	0	1	5/4	−15/2
$2+\lambda$	x_1	7/2	1	0	0	1/4	−1/2
$1+2\lambda$	x_2	3/2	0	1	0	−1/4	3/2
	σ		0	0	0	$-1/4+\lambda/4$	$-1/2-5\lambda/2$

当 $-\dfrac{1}{5} \leq \lambda \leq 1$ 时，表 2.12 最优，最优解为 $\left(\dfrac{7}{2}, \dfrac{3}{2}, \dfrac{15}{2}, 0, 0\right)^T$。

当 $\lambda > 1$ 时，$\sigma_4 > 0$，以 x_4 为换入变量，用单纯形法迭代得表 2.13。

表 2.13

	C		$2+\lambda$	$1+2\lambda$	0	0	0
C_B	X_B	$B^{-1}b$	x_1	x_2	x_3	x_4	x_5
0	x_4	6	0	0	4/5	1	−6
$2+\lambda$	x_1	2	1	0	−1/5	0	1
$1+2\lambda$	x_2	3	0	1	1/5	0	0
	σ		0	0	$1/5-\lambda/5$	0	$-2-\lambda$

即当 $\lambda > 1$ 时，最优解为 $(2,3,0,6,0)^T$。

当 $\lambda \leq -\dfrac{1}{5}$，$\sigma_5 > 0$，以 x_5 为换入变量，用单纯形法迭代得表 2.14。

表 2.14

	C		$2+\lambda$	$1+2\lambda$	0	0	0
C_B	X_B	$B^{-1}b$	x_1	x_2	x_3	x_4	x_5
0	x_3	15	0	5	1	0	0
$2+\lambda$	x_1	4	1	1/3	0	[1/6]	0
0	x_5	1	0	2/3	0	−1/6	1
	σ		0	$1/3+5\lambda/3$	0	$-1/3-\lambda/6$	0

即当 $-2 \leqslant \lambda \leqslant -\frac{1}{5}$ 时，最优解为 $(4,0,15,0,1)^T$。

当 $\lambda \leqslant -2$ 时，$\sigma_4 > 0$，以 x_4 为换入变量，用单纯形法迭代得表 2.15。

表 2.15

	C		$2+\lambda$	$1+2\lambda$	0	0	0
C_B	X_B	$B^{-1}b$	x_1	x_2	x_3	x_4	x_5
0	x_3	15	0	5	1	0	0
$2+\lambda$	x_1	4	1	1/3	0	[1/6]	0
0	x_5	1	0	2/3	0	-1/6	1
	σ		0	$1/3+5\lambda/3$	0	$-1/3-\lambda/6$	0
0	x_3	15	0	5	1	0	0
0	x_4	24	6	2	0	1	0
0	x_5	5	1	1	0	0	1
	σ		$2+\lambda$	$1+2\lambda$	0	0	0

即当 $\lambda \leqslant -2$ 时，最优解为 $(0,0,15,24,5)^T$。

6. 解：令 $\lambda = 0$，用单纯形法求解，结果如表 2.16 所示。

表 2.16

	C		8	1	0	0	0
C_B	X_B	$B^{-1}b$	x_1	x_2	x_3	x_4	x_5
0	x_3	10	[1]	0	1	0	0
0	x_4	25	1	1	0	1	0
0	x_5	10	0	1	0	0	1
	σ		2	1	0	0	0
2	x_1	10	1	0	1	0	0
0	x_4	15	0	1	-1	1	0
0	x_5	10	0	[1]	0	0	1
	σ		0	1	-2	0	0
2	x_1	10	1	0	1	0	0
0	x_4	5	0	0	-1	1	-1
1	x_2	10	0	1	0	0	1
	σ		0	0	-2	0	-1

计算 $B^{-1}\Delta b = \begin{pmatrix} 1 & 0 & 0 \\ -1 & 1 & -1 \\ 0 & 0 & 1 \end{pmatrix} \begin{pmatrix} 2\lambda \\ -\lambda \\ 2\lambda \end{pmatrix} = \begin{pmatrix} 2\lambda \\ -5\lambda \\ 2\lambda \end{pmatrix}$，将计算结果反映到最终表中，如表 2.17 所示。

表 2.17

C			2	1	0	0	0
C_B	X_B	$B^{-1}b$	x_1	x_2	x_3	x_4	x_5
2	x_1	$2\lambda+10$	1	0	1	0	0
0	x_4	$-5\lambda+5$	0	0	-1	1	-1
1	x_2	$2\lambda+10$	0	1	0	0	1
	σ		0	0	-2	0	-1

λ 增加,当 $\lambda \geqslant 1$ 时基变量出现负值;当 $0 \leqslant \lambda \leqslant 1$ 时,最优解为 $(10+2\lambda,10+2\lambda,0,5-5\lambda,0)^{\mathrm{T}}$。当 $\lambda>1$ 时,用对偶单纯形法迭代得表 2.18。

表 2.18

C			2	1	0	0	0
C_B	X_B	$B^{-1}b$	x_1	x_2	x_3	x_4	x_5
2	x_1	$2\lambda+10$	1	0	1	0	0
0	x_5	$5\lambda-5$	0	0	1	-1	1
1	x_2	$-3\lambda+15$	0	1	-1	1	0
	σ		0	0	-1	-1	0

从表 2.18 可以看出,当 $1<\lambda \leqslant 25$ 时,最优解为 $(10+2\lambda,15-3\lambda,0,0,-5+5\lambda)^{\mathrm{T}}$。

3 运输问题

1. 解 （1）首先，利用伏格尔法求出初始解。

第一步：分别计算题中各行、各列的最小运费和次小运费的差额，并填入该表的最右列和最下行，如表3.1所示。

表3.1

产地＼销地	甲	乙	丙	丁	行差额
1	3	7	6	4	1
2	2	4	3	2	0
3	4	3	8	5	1
列差额	1	1	3	2	

第二步：从行或列差额中选出最大者，选择它所在行或列中的最小元素。在表3.1中，丙列是最大差额所在列，丙列中的最小元素为3，可确定产地2的产品先供应给销地丙，因为产地2的产量等于销地丙的销量，所以在（2，丁）处填入一个0，得表3.2，同时将运价表中的丙列数字和第二行数字划去，如表3.3所示。

表3.2

产地＼销地	甲	乙	丙	丁	产量
1					5
2			2	0	2
3					3
销量	3	3	2	2	

表3.3

产地＼销地	甲	乙	丙	丁	产量
1	3	7	6	4	5
2	2	4	3	2	2
3	4	3	8	5	3
销量	3	3	2	2	

第三步：对表3.3中未划去的元素再分别计算出各行、各列的最小运费和次最小运费的差额，并填入该表的最右列和最下行，重复第一、二步，直到给出初始解为止。用此法给出该题的初始解如表3.4所示。

表 3.4

产地＼销地	甲	乙	丙	丁	产量
1	3	0		2	5
2			2	0	2
3		3			3
销量	3	3	2	2	

其次，利用位势法进行检验。

第一步：在对应表 3.4 的数字格处填入单位运价，如表 3.5 所示。

表 3.5

产地＼销地	甲	乙	丙	丁
1	3	7		4
2			3	2
3		3		

第二步：在表 3.5 上增加一行一列，在列中填入 u_i，在行中填入 v_j，如表 3.6 所示。

表 3.6

产地＼销地	甲	乙	丙	丁	u_i
1	3	7		4	0
2			3	2	−2
3		3			−4
v_j	3	7	5	4	

先令 $u_1=0$，然后按 $u_i+v_j=c_{ij}$，$i,j \in B$ 相继地确定 u_i，v_j，由表 3.6 可见，当 $u_1=0$ 时，由 $u_1+v_1=3$ 可得 $v_1=3$；由 $u_1+v_2=7$ 可得 $v_2=7$；由 $u_1+v_4=4$ 可得 $v_4=4$；由 $v_2=7$，$u_3+v_2=3$ 可得 $u_3=-4$；由 $v_4=4$，$u_2+v_4=2$ 可得 $u_2=-2$；由 $u_2=-2$，$u_2+v_3=3$ 可得 $v_3=5$。

第三步：按 $\sigma_{ij}=c_{ij}-(u_i+v_j)$ $i,j \in N$，计算所有空格的检验数，如表 3.7 所示。

表 3.7

产地＼销地	甲	乙	丙	丁	u_i
1	0 ┘3	0 ┘7	1 ┘6	0 ┘4	0
2	1 ┘2	−1 ┘4	0 ┘3	0 ┘2	−2
3	5 ┘4	0 ┘3	7 ┘8	5 ┘5	−4
v_j	3	7	5	4	

$$\sigma_{21} = c_{21} - (u_2 + v_1) = 2 - (-2+3) = 1, \quad \sigma_{31} = c_{31} - (u_3 + v_1) = 4 - (-4+3) = 5$$
$$\sigma_{22} = c_{22} - (u_2 + v_2) = 4 - (-2+7) = -1, \quad \sigma_{13} = c_{13} - (u_1 + v_3) = 6 - (0+5) = 1$$
$$\sigma_{33} = c_{33} - (u_3 + v_3) = 8 - (-4+5) = 7, \quad \sigma_{34} = c_{34} - (u_3 + v_4) = 5 - (-4+4) = 5$$

在表 3.7 中还有负检验数，说明未得到最优解，可以利用闭回路调整法加以改进，由表 3.7 得（2，乙）为调入格，以此格为出发点，作一闭回路，如表 3.8 所示。

表 3.8

产地＼销地	甲	乙	丙	丁	产量
1	3	0（-1）		2（+1）	5
2		0（+1）	2	0（-1）	2
3		3			3
销量	3	3	2	2	

（2，乙）格的调入量 θ 是选择闭回路上具有（-1）的数字格中的最小者，即 $\theta = \min\{0,0\}$，然后按照闭回路上的正、负号，加上和减去此值，得到调整方案，如表 3.9 所示。

表 3.9

产地＼销地	甲	乙	丙	丁	产量
1	3	0		2	5
2		0	2		2
3		3			3
销量	3	3	2	2	

对表 3.9 给出的解，再用位势法求各空格的检验数，如表 3.10 所示。所有检验数都非负，故表 3.9 中的解为最优解，这时得到的总运费最少，最少为 32。由于表 3.10 中的（1，丙）格的检验数为 0，故该运输问题有无穷多最优解。

表 3.10

产地＼销地	甲	乙	丙	丁	u_i
1			0		0
2	2			1	-3
3	5		6	5	-4
v_j	3	7	6	4	

（2）首先，利用伏格尔法求出初始解，步骤和过程参考题（1）。

第一步：分别计算题中各行、各列的最小运费和次小运费的差额，并填入该表的最右列和最下行。

第二步：从行或列差额中选出最大者，选择它所在行或列中的最小元素。

第三步：对未划去的元素再分别计算出各行、各列的最小运费和次小运费的差额，并填入该表的最右列和最下行，重复第一、二步，直到给出初始解为止。

其次，利用位势法进行检验。

（3）该题是产销不平衡的运输问题，所以增加一个假想销售地己，并令其运价为0，其销售量为 5+6+2+9−（4+4+6+2+4）=2，见表3.11。

表 3.11

产地＼销地	甲	乙	丙	丁	戊	己	产量
1	10	20	5	9	10	0	5
2	2	10	8	30	6	0	6
3	1	20	7	10	4	0	2
4	8	6	3	7	5	0	9
销量	4	4	6	2	4	2	

首先，利用伏格尔法求出初始解。

第一步：分别计算表 3.11 中各行、各列的最小运费和次小运费的差额，并填入该表的最右列和最下行。

第二步：从行或列差额中选出最大者，选择它所在行或列中的最小元素。

第三步：对未划去的元素再分别计算出各行、各列的最小运费和次小运费的差额，并填入该表的最右列和最下行，重复第一、二步，直到给出初始解为止。

其次，再利用位势法进行检验。

所有检验数都非负，故解为最优解，这时得到的总运费最少，最少为 90。故该运输问题有无穷多最优解。

（4）该题是产销不平衡的运输问题，所以增加一个假想销售地己，并令其运价为0，其销售量为 100+120+140+80+60−（100+120+100+60+80）=40，步骤和解题过程参考题（3）。

对给出的解，再用位势法求各空格的检验数。

所有检验数都非负，故解为最优解，这时得到的总运费最少，为 5520。由于检验数为 0，故该运输问题有无穷多最优解。

2. **解** 用 10 减去利润表上的数字，使之变成为一个运输问题，如表 3.12 所示。

表 3.12

产地＼销地	A	B	C	D	产量
Ⅰ	0	5	4	3	2500
Ⅱ	2	8	3	4	2500
Ⅲ	1	7	6	2	5000
销量	1500	2000	3000	3500	

利用伏格尔法求出初始解，如表 3.13 所示。

表 3.13

产地＼销地	A	B	C	D	产量
Ⅰ	1500	500	500		2500
Ⅱ			2500		2500
Ⅲ		1500		3500	5000
销量	1500	2000	3000	3500	

利用位势法求各空格的检验数，如表 3.14 所示。

表 3.14

产地＼销地	A	B	C	D	u_i
Ⅰ	0 | 0	5 | 0	4 | 0	3 | 3	0
Ⅱ	2 | 3	8 | 4	3 | 0	4 | 5	−1
Ⅲ	1 | −1	7 | 0	6 | 0	2 | 0	2
v_j	0	5	4	0	

表 3.14 中还有非基变量的检验数小于 0，利用闭回路法进行调整。把（Ⅲ，A）格作为调入格，以此格为出发点，作一闭回路，如表 3.15 所示。

表 3.15

产地＼销地	A	B	C	D	产量
Ⅰ	1500（−1）	500（+1）	500		2500
Ⅱ			2500		2500
Ⅲ	（+1）	1500（−1）		3500	5000
销量	1500	2000	3000	3500	

（Ⅲ，A）格的调入量 θ 是选择闭回路上具有（−1）的数字格中的最小者，即 $\theta = \min\{1500,1500\} = 1500$，然后按照闭回路上的正、负号，加上和减去此值，得到调整方案，如表 3.16 所示。

表 3.16

产地＼销地	A	B	C	D	产量
Ⅰ		2000	500		2500
Ⅱ			2500		2500
Ⅲ	1500	0		3500	5000
销量	1500	2000	3000	3500	

利用位势法求各空格的检验数。

所有非基变量的检验数均为非负，故该解为最优解。按照此种方案调运，可得最大盈利 72 000 元。

3. 解 甲、乙、丙三个公司每年的交通设备零部件总需求量为：320+250+350=920 万件，A、B 两个生产厂家年设备总供应量为：400+450=850 万件。虚拟一个 C 生产厂家，其供应量为 70 万件，其单位运价如表 3.17 所示。

表 3.17

销地 产地	甲	甲	乙	丙	丙	供应
A	15	15	18	22	22	400
B	21	21	25	16	16	450
C	M	0	M	M	0	70
需求	290	30	250	270	80	

利用伏格尔法求出初始解，如表 3.18 所示。

表 3.18

销地 产地	甲	甲	乙	丙	丙	供应
A	150					400
B	140		250	270	40	450
C		30			40	70
需求	290	30	250	270	80	

利用位势法求各非基变量的检验数，如表 3.19 所示。

表 3.19

销地 产地	甲	甲	乙	丙	丙	u_i
A	15 0	15 5	18 0	22 12	22 12	0
B	21 0	21 5	25 1	16 0	16 0	6
C	M $M-5$	0 0	M $M-8$	M M	0 0	−10
v_j	15	10	18	10	10	

表 3.19 中所有非基变量的检验数均非负，故表 3.18 的解为最优解。按照此种方案调运运费最少，最少为 14 650 万元。

4 整数规划

1. 解 （1）暂不考虑整数约束，求解相应的线性规划问题 L，得最优解为 $x_1 = 2.5$，$x_2 = 2$，最优值为 $Z = 23$。

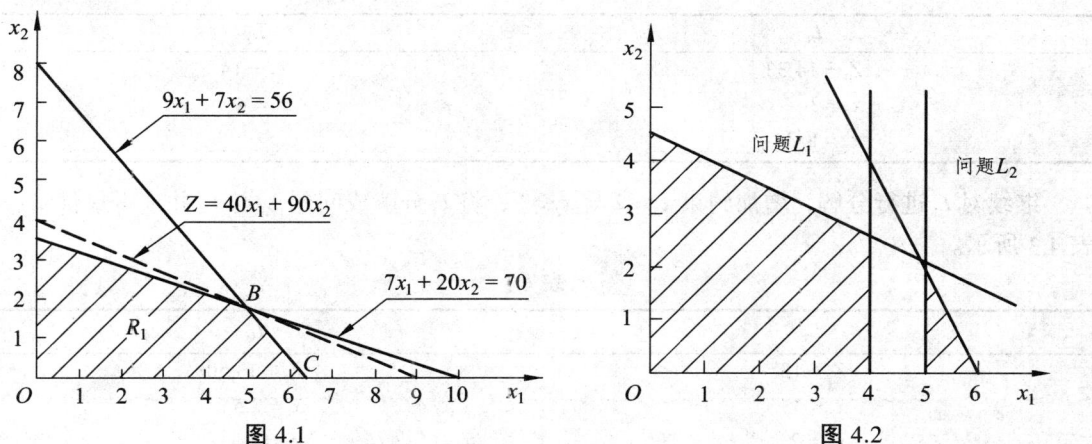

图 4.1　　　　　　　　　　　　图 4.2

该解不是整数解，注意到其中一个非整数变量，$x_1 = 2.5$，于是对问题 L 分别增加约束条件：$x_1 \leq 2$，$x_1 \geq 3$。

求解线性规划 L_1 和 L_2 得到最优解，如表 4.1 所示。

表 4.1

L_1	L_2
$Z_1 = 21$	$Z_2 = 22$
$x_1 = 2$	$x_1 = 3$
$x_2 = 9/4$	$x_2 = 1$

问题 L_2 有整数解，且目标函数值为 22，这是该整数规划问题的一个可行解，目标函数值 22 则是该问题的最大目标值。问题 L_1 为非整数解，且目标函数值为 21，小于 22，所以不必再分解。因此可以断定，$x_1 = 3$，$x_2 = 1$，$Z = 22$ 为最优整数解。

（2）暂不考虑整数约束，求解相应的线性规划问题 L，得最优解为 $x_1 = 3.25$，$x_2 = 2.5$，最优值为 $Z = 14.75$。

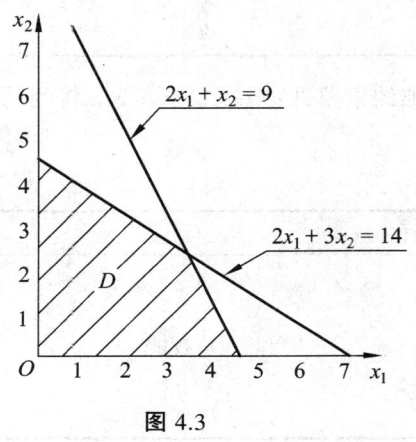

图 4.3

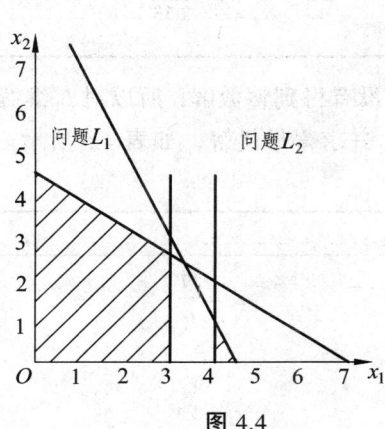

图 4.4

该解不是整数解,注意到其中一个非整数变量,$x_1 = 3.25$,于是对问题 L 分别增加约束条件:$x_1 \leq 3$, $x_1 \geq 4$。

求解线性规划 L_1 和 L_2 得到最优解,如表 4.2 所示。

表 4.2

L_1	L_2
$Z_1 = 14.33$	$Z_2 = 14$
$x_1 = 3$	$x_1 = 4$
$x_2 = 8/3$	$x_2 = 1$

继续对 L_1 进行分解,增加约束 $x_2 \leq 2$ 与 $x_2 \geq 3$,将 L_1 分解成问题 L_3 与 L_4 并求得最优解,如表 4.3 所示。

表 4.3

L_3	L_4
$Z_1 = 13$	$Z_2 = 13.50$
$x_1 = 3$	$x_1 = 2.5$
$x_2 = 2$	$x_2 = 3$

L_3 与 L_4 的最优目标函数值都小于 L_2 的最优目标函数值,再继续分支求出的最优值不会超过 14,故最优整数解为 $x_1 = 4$, $x_2 = 1$,最优值为 $Z = 14$。

(3)暂不考虑整数约束,求解相应的线性规划问题 L,得最优解为 $x_1 = \frac{3}{2} = 1.5$,$x_2 = \frac{10}{3} = 3.33$,最优值为 $Z_0 = \frac{29}{6}$。

该解不是整数解,对问题 L 分别增加约束条件:$x_1 \leq 1$ 与 $x_1 \geq 2$,将问题 L 分为 L_1 和 L_2。求解线性规划 L_1 和 L_2 得到最优解,如表 4.4 所示。

表 4.4

L_1	L_2
$Z_1 = \frac{10}{3}$	$Z_2 = \frac{41}{9}$
$x_1 = 1$	$x_1 = 2$
$x_2 = \frac{7}{3} = 2.33$	$x_2 = \frac{23}{9} = 2.56$

因为没有得到整数解,所以对 L_1 继续分解,增加约束条件:$x_2 \leq 2$,$x_2 \geq 3$,将问题 L_1 分解为 L_3 和 L_4 并求得最优解,如表 4.5 所示。

表 4.5

L_3	L_4
$Z_3 = \frac{17}{6}$	无可行解
$x_1 = \frac{5}{6}$	
$x_2 = 2$	

对 L_2 分别增加约束条件：$x_2 \leqslant 2$，$x_2 \geqslant 3$，将问题 L_2 分解为 L_5 和 L_6 并求得最优解，如表 4.6 所示。

表 4.6

L_5	L_6
$Z_5 = 4$ $x_1 = 2$ $x_2 = 2$	无可行解

可得 $x_1 = 2$，$x_2 = 2$ 为原问题的最优解，最优值为 $Z = 4$。

2. **解** （1）将问题标准化，得

$$\max Z = 8x_1 + 5x_2$$

$$\text{s.t.} \begin{cases} 2x_1 + 3x_2 + x_3 = 12 \\ 2x_1 - x_2 + x_4 = 6 \\ x_1, x_2 \geqslant 0 \\ x_1, x_2 \text{为整数} \end{cases}$$

不考虑整数约束求解相应线性规划，结果如表 4.7 所示。

表 4.7

C_B	X_B	$B^{-1}b$	C x_1	8 x_2	5 x_3	0 x_4
5	x_2	1.5	0	1	0.25	−0.25
8	x_1	3.75	1	0	0.125	0.375
	σ		0	0	−2.25	−1.75

表中 $x_1 = 3.75$ 不是整数，将表中第二行还原成方程，即

$$x_1 + 0.125x_3 + 0.375x_4 = 3.75$$

因为

$$x_1 + (0 + 0.125)x_3 + (0 + 0.375)x_4 = 3 + 0.75$$

所以有切割方程：

$$0.125x_3 + 0.375x_4 \geqslant 0.75$$

引入松弛变量 x_5，得方程

$$-0.125x_3 - 0.375x_4 + x_5 = -0.75$$

将新约束方程加到原最优解下面（切割）求得新的最优解，如表 4.8 所示。

表 4.8

C_B	X_B	$B^{-1}b$	C x_1	8 x_2	5 x_3	0 x_4	0 x_5
5	x_2	1.5	0	1	0.25	−0.25	0
8	x_1	3.75	1	0	0.125	0.375	0
0	x_5	−0.75	0	0	−0.125	[−0.375]	1

续表

	C		8	5	0	0	0
	σ		0	0	-2.25	-1.75	0
5	x_2	2	0	1	1/3	0	-2/3
8	x_1	3	1	0	0	0	1
0	x_4	2	0	0	1/3	1	-8/3
	σ		0	0	-5/3	0	-14/3

由于 x_1, x_2 的值已是整数，所以该题经一次切割既得最优解：$x_1 = 3$，$x_2 = 2$，最优值：$Z = 34$。

（2）将问题标准化，得

$$\max Z = x_1 + x_2$$

$$\text{s.t.} \begin{cases} 2x_1 + x_2 + x_3 = 6 \\ 4x_1 + 5x_2 + x_4 = 20 \\ x_1, x_2 \geq 0 \\ x_1, x_2 \text{为整数} \end{cases}$$

不考虑整数约束求解相应线性规划，结果如表 4.9 所示。

表 4.9

	C		1	1	0	0
C_B	X_B	$B^{-1}b$	x_1	x_2	x_3	x_4
1	x_1	5/3	1	0	5/6	-1/6
1	x_2	8/3	0	1	-2/3	1/3
	σ		0	0	-1/6	-1/6

表中 $x_2 = \dfrac{8}{3}$ 不是整数，将表中第二行还原成方程，即

$$x_2 - \frac{2}{3}x_3 + \frac{1}{3}x_4 = \frac{8}{3}$$

因为

$$x_2 + \left(-1 + \frac{1}{3}\right)x_3 + \frac{1}{3}x_4 = 2 + \frac{2}{3}$$

所以有切割方程：

$$\frac{1}{3}x_3 + \frac{1}{3}x_4 \geq \frac{2}{3}$$

引入松弛变量 x_5，得方程

$$-\frac{1}{3}x_3 - \frac{1}{3}x_4 + x_5 = -\frac{2}{3}$$

将新约束方程加到原最优解下面（切割）求得新的最优解，如表 4.10、表 4.11 所示。

表 4.10

C_B	X_B	$B^{-1}b$	x_1	x_2	x_3	x_4	x_5
		C	1	1	0	0	0
0	x_1	5/3	1	0	5/6	-1/6	0
0	x_2	8/3	0	1	-2/3	1/3	0
0	x_5	-2/3	0	0	[-1/3]	-1/3	1
	σ		0	0	-1/6	-1/6	0
1	x_1	0	1	0	0	-1	5/2
1	x_2	4	0	1	0	1	-2
0	x_3	2	0	0	1	1	-3
	σ		0	0	0	0	-5/2

表 4.11

C_B	X_B	$B^{-1}b$	x_1	x_2	x_3	x_4	x_5
		C	1	1	0	0	0
0	x_1	5/3	1	0	5/6	-1/6	0
0	x_2	8/3	0	1	-2/3	1/3	0
0	x_5	-2/3	0	0	-1/3	[-1/3]	1
	σ		0	0	-1/6	-1/6	0
1	x_1	2	1	0	1	0	-1/2
1	x_2	2	0	1	-1	0	1
0	x_3	2	0	0	1	1	-3
	σ		0	0	0	0	-1/2

由于 x_1，x_2 的值已是整数，所以该题经一次切割既得最优解。而且此整数规划有最优解：$x_1=0$，$x_2=4$，最优值：$Z=4$，或最优解：$x_1=2$，$x_2=2$，最优值：$Z=4$。

3. **解** （1）将问题变为：

$$\max Z = -2x_2 + 3x_3 + 5x_1$$
$$\text{s.t.} \begin{cases} 2x_2 - x_3 + x_1 \leq 2 \\ 4x_2 + x_3 + x_1 \leq 4 \\ x_2 + x_1 \leq 3 \\ x_1, x_2, x_3 = 0 \text{ 或 } 1 \end{cases}$$

生成各个解，计算它们的目标值（见表 4.12）。

表 4.12

解 (x_2, x_3, x_1)	目标值	约束条件 ①	②	③
(0 0 0)	0	√	√	√
(0 0 1)	5	√	√	√
(0 1 0)	3	√	√	√
(0 1 1)	8	√	√	√
(1 0 0)	—	—	—	—
(1 0 1)	—	—	—	—
(1 1 0)	—	—	—	—
(1 1 1)	6	√	×	√

由此最终得到的最优解为 $x_1=1$，$x_2=0$，$x_3=1$，最优值为 $Z=8$。

（2）将问题变为：

$$\max Z = -3x_2 + 2x_1 + 6x_3$$

$$\text{s.t.} \begin{cases} 2x_2 + x_1 - x_3 \leqslant 2 \\ 4x_2 + x_1 + x_3 \leqslant 4 \\ x_2 + x_1 \leqslant 3 \\ x_2 + 4x_1 \leqslant 7 \\ x_1, x_2, x_3 = 0\text{或}1 \end{cases}$$

生成各个解，计算它们的目标值（见表 4.13）。

表 4.13

解 (x_2, x_3, x_1)	目标值	约束条件 ①	②	③	④
(0 0 0)	0	√	√	√	√
(0 0 1)	6	√	√	√	√
(0 1 0)	2	√	√	√	√
(0 1 1)	8	√	√	√	√
(1 0 0)	—	—	—	—	—
(1 0 1)	—	—	—	—	—
(1 1 0)	—	—	—	—	—
(1 1 1)	5	√	×	√	√

由此最终得到的最优解为 $x_1=1$，$x_2=0$，$x_3=1$，最优值为 $Z=8$。

5 目标规划

1. **解** （1）将该目标规划问题化为如下形式：

$$\min\ z = P_1d_2^+ + P_1d_2^- + P_2d_1^-$$

$$\text{s.t.}\begin{cases} x_1 + 2x_2 + d_1^- - d_1^+ = 10 \\ 10x_1 + 12x_2 + d_2^- - d_2^+ = 62.4 \\ 2x_1 + x_2 + x_3 = 8 \\ x_1, x_2, x_3, d_i^-, d_i^+ \geq 0, i = 1, 2, 3 \end{cases}$$

其中 x_3 为松弛变量。

对于此问题用单纯形法进行计算，如表 5.1 所示。

表 5.1

C_B	c_j		0	0	0	P_2	0	P_1	P_1	θ
	X_B	b	x_1	x_2	x_3	d_1^-	d_1^+	d_2^-	d_2^+	
P_2	d_1^-	10	1	[2]	0	1	-1	0	0	5
P_1	d_2^-	62.4	10	12	0	0	0	1	-1	5.2
0	x_3	8	2	1	1	0	0	0	0	8
	P_1		-10	-12	0	0	0	0	2	
	P_2		-1	-2	0	0	1	0	0	
0	x_2	5	1/2	1	0	1/2	-1/2	0	0	-
P_1	d_2^-	2.4	4	0	0	-6	[6]	1	-1	0.4
0	x_3	3	3/2	0	1	-1/2	1/2	0	0	6
	P_1		-4	0	0	6	-6	0	2	
	P_2		0	0	0	1	0	0	0	
0	x_2	5.2	5/6	1	0	0	0	1/12	-1/12	6.24
0	d_1^+	0.4	[2/3]	0	0	-1	1	1/6	-1/6	0.6
0	x_3	2.8	7/6	0	1	0	0	-1/12	1/12	2.4
	P_1		0	0	0	0	0	1	1	
	P_2		0	0	0	1	0	0	0	

由表 5.1 可得 $x_1 = 0$, $x_2 = 5.2$ 为原问题的满意解。

而非基变量 x_1 的检验数为 0，故原问题存在多重解。

在表 5.1 的基础上以 x_1 为换入变量，d_1^+ 为换出变量再迭代一步，如表 5.2 所示。

表 5.2

C_B	c_j		0	0	0	P_2	0	P_1	P_1	θ
	X_B	b	x_1	x_2	x_3	d_1^-	d_1^+	d_2^-	d_2^+	
0	x_2	4.7	0	1	0	5/4	-5/4	-1/8	1/8	
0	x_1	0.6	1	0	0	-3/2	3/2	1/4	-1/4	
0	x_3	2.1	0	0	1	7/4	-7/4	-3/8	3/8	
	P_1		0	0	0	0	0	1	1	
	P_2		0	0	0	1	0	0	0	

由表 5.2 可得 $x_1 = 0.6$, $x_2 = 4.7$ 也为满意解。

由线性规划的性质，可得（0.6，4.7）和（0，5.2）这两点之间的线段上的所有点均为原问题的满意解。

（2）对此目标规划问题用单纯形法进行计算，步骤、过程参考（1），可得 $x_1 = 70$，$x_2 = 20$ 为原问题的满意解。

（3）对此目标函数用单纯形法进行计算，如表 5.3 所示。

表 5.3

	c_j		0	0	0	P_1	0	P_1	P_2	0	θ
C_B	X_B	b	x_1	x_2	d_1^-	d_1^+	d_2^-	d_2^+	d_3^-	d_3^+	
0	d_1^-	1	[1]	1	1	-1	0	0	0	0	1
0	d_2^-	4	2	2	0	0	1	-1	0	0	2
P_2	d_3^-	50	6	-4	0	0	0	0	1	-1	25/3
	P_1		0	0	0	1	0	1	0	0	
	P_2		-6	4	0	0	0	0	0	1	
0	x_1	1	1	1	1	-1	0	0	0	0	
0	d_2^-	2	0	0	-2	2	1	-1	0	0	
P_2	d_3^-	44	0	-10	-6	6	0	0	1	-1	
	P_1		0	0	0	1	0	1	0	0	
	P_2		0	10	6	-6	0	0	0	1	

由表 5.3 可得 $x_1 = 1$，$x_2 = 0$ 为原问题的满意解。

2. 解 （1）对于此目标规划问题，使用单纯形法进行计算，如表 5.4 所示。

表 5.4

	c_j		0	0	P_1	0	$5P_3$	$3P_3$	$3P_3$	$5P_3$	0	P_2	
C_B	X_B	b	x_1	x_2	d_1^-	d_1^+	d_2^-	d_2^+	d_3^-	d_3^+	d_4^-	d_4^+	θ
P_1	d_1^-	80	1	1	1	-1	0	0	0	0	0	0	80
$5P_3$	d_2^-	70	[1]	0	0	0	1	-1	0	0	0	0	70
$3P_3$	d_3^-	45	0	1	0	0	0	0	1	-1	0	0	—
0	d_4^-	10	0	0	0	0	0	0	0	0	1	-1	—
	P_1		-1	-1	0	1	0	0	0	0	0	0	
	P_2		0	0	0	0	0	0	0	0	0	1	
	P_3		-5	-3	0	0	0	8	0	0	0	0	
P_1	d_1^-	10	0	[1]	1	-1	-1	1	0	0	0	0	10
0	x_1	70	1	0	0	0	1	-1	0	0	0	0	—
$3P_3$	d_3^-	45	0	1	0	0	0	0	1	-1	0	0	45
0	d_4^-	10	0	0	0	0	0	0	0	0	1	-1	—
	P_1		0	-1	0	1	1	-1	0	0	0	0	
	P_2		0	0	0	0	0	0	0	0	0	1	
	P_3		0	-3	0	0	5	3	0	8	0	0	

续表

	c_j		0	0	P_1	0	$5P_3$	$3P_3$	$3P_3$	$5P_3$	0	P_2	θ
0	x_2	10	0	1	1	−1	−1	1	0	0	0	0	—
0	x_1	70	1	0	0	0	1	−1	0	0	0	0	—
$3P_3$	d_3^-	35	0	0	−1	[1]	1	−1	1	−1	0	0	35
0	d_4^-	10	0	0	0	0	0	0	0	0	1	−1	—
	P_1		0	0	1	0	0	0	0	0	0	0	
	P_2		0	0	0	0	0	0	0	0	0	1	
	P_3		0	0	3	−3	2	6	0	8	0	0	
0	x_2	45	0	1	0	0	0	0	1	−1	0	0	
0	x_1	70	1	0	0	0	1	−1	0	0	0	0	
0	d_1^+	35	0	0	−1	1	1	−1	1	−1	0	0	
0	d_4^-	10	0	0	0	0	0	0	0	0	1	−1	
	P_1		0	0	1	0	0	0	0	0	0	0	
	P_2		0	0	0	0	0	0	0	0	0	1	
	P_3		0	0	0	0	5	3	3	5	0	0	

由表 5.4 可得 $x_1 = 70$，$x_2 = 45$ 为原问题的满意解。

（2）实际上是将目标函数中的优先因子 P_2，P_3 作了调换，这时只需将表 5.4 中的检验数 P_2 行和 P_3 行和 c_j 行的 P_2 和 P_3 对换即可。可见，此时的解仍满足最优性条件，故原满意解不发生变化。

（3）

$$\Delta b' = B^{-1} \Delta b = \begin{bmatrix} 0 & 0 & 1 & 0 \\ 0 & 1 & 0 & 0 \\ -1 & 1 & 1 & 0 \\ 0 & 0 & 0 & 1 \end{bmatrix} \begin{bmatrix} 40 \\ 0 \\ 0 \\ 0 \end{bmatrix} = \begin{bmatrix} 0 \\ 0 \\ -40 \\ 0 \end{bmatrix}$$

将此变化反映到最终表中，因 b 列出现负数，用（−1）乘以 d_1^+ 行的各系数后重新用单纯形法进行迭代。

可得 $x_1 = 75$，$x_2 = 45$ 为此目标规划问题的满意解。

6 非线性规划

1. 解 （1） $f'(x) = x^3 - 2x^2 - 4x - 7$，$f''(x) = 3x^2 - 4x - 4 > 0$　　$(x \in [3,4])$

$f'(3) = 3^3 - 2 \times 3^2 - 4 \times 3 - 7 = -10 < 0$，$f'(4) = 4^3 - 2 \times 4^2 - 4 \times 4 - 7 = 9 > 0$

因此 $f(x)$ 在区间 $[3,4]$ 上是单谷函数。

任取 $x^0 = 4$，$|f'(4)| = 9 > \varepsilon$，则

$$x^1 = x^0 - \frac{f'(x^0)}{f''(x^0)} = 4 - \frac{9}{28} = 3.68，\quad |f'(3.68)| = 1.03 > \varepsilon$$

$$x^2 = x^1 - \frac{f'(x^1)}{f''(x^1)} = 3.68 - \frac{1.03}{21.91} = 3.63，\quad |f'(3.63)| = |-0.04| < \varepsilon$$

则 $x^2 = 3.63$ 为近似极小点。

（2） $f'(x) = e^x - 5$，$f''(x) = e^x > 0$　　$(x \in [1,2])$

$f'(1) = e - 5 < 0$，$f'(2) = e^2 - 5 > 0$

因此 $f(x)$ 在区间 $[1,2]$ 上是单谷函数。

任取 $x^0 = 2$，$|f'(2)| > \varepsilon$，则

$$x^1 = x^0 - \frac{f'(x^0)}{f''(x^0)} = 2 - \frac{e^2 - 5}{e^2} = 1.677，\quad |f'(1.677)| = 0.348 > \varepsilon$$

$$x^2 = x^1 - \frac{f'(x^1)}{f''(x^1)} = 1.677 - \frac{e^{1.677} - 5}{e^{1.677}} = 1.612，\quad |f'(1.612)| = 0.013 > \varepsilon$$

$$x^3 = x^2 - \frac{f'(x^2)}{f''(x^2)} = 1.612 - \frac{e^{1.612} - 5}{e^{1.612}} = 1.609，\quad |f'(1.609)| = 0.002 < \varepsilon$$

则 $x^3 = 1.609$ 为近似极小点。

2. 解 （1）① 第一次搜索要在区间 $[a_1, b_1] = [1,2]$ 中找两点：

$$x_1 = 1 + 0.382 \times (2-1) = 1.382，\quad f(x_1) = -2.927$$

$$x_2 = 1 + 0.618 \times (2-1) = 1.618，\quad f(x_2) = -3.047$$

由于 $f(x_1) > f(x_2)$，得新区间 $[a_2, b_2] = [1.382, 2]$。

② 第二次搜索要在区间 $[a_2, b_2] = [1.382, 2]$ 中找两点：

$$x_1 = 1.382 + 0.382 \times (2 - 1.382) = 1.618，\quad f(x_1) = -3.047$$

$$x_2 = 1.382 + 0.618 \times (2 - 1.382) = 1.764，\quad f(x_2) = -2.984$$

由于 $f(x_1) < f(x_2)$，得新区间 $[a_3, b_3] = [1.382, 1.764]$，$b_3 - a_3 = 0.382 > \varepsilon$。

③ 第三次搜索：

$$x_1 = 1.382 + 0.382 \times (1.764 - 1.382) = 1.528，\quad f(x_1) = -3.031$$

$$x_2 = 1.382 + 0.618 \times (1.764 - 1.382) = 1.618，\quad f(x_2) = -3.047$$

由于 $f(x_1) > f(x_2)$，得新区间 $[a_4, b_4] = [1.528, 1.764]$，$b_4 - a_4 = 0.236 > \varepsilon$。

④ 第四次搜索：

$$x_1 = 1.528 + 0.382 \times (1.764 - 1.528) = 1.618，\quad f(x_1) = -3.047$$

$$x_2 = 1.528 + 0.618 \times (1.764 - 1.528) = 1.674, \quad f(x_2) = -3.037$$

由于 $f(x_1) < f(x_2)$,得新区间 $[a_5, b_5] = [1.528, 1.674]$, $b_5 - a_5 = 0.146 > \varepsilon$。

⑤ 第五次搜索:

$$x_1 = 1.528 + 0.382 \times (1.674 - 1.528) = 1.584, \quad f(x_1) = -3.046$$
$$x_2 = 1.528 + 0.618 \times (1.674 - 1.528) = 1.618, \quad f(x_2) = -3.047$$

由于 $f(x_1) > f(x_2)$,得新区间 $[a_6, b_6] = [1.584, 1.674]$, $b_6 - a_6 = 0.09 < \varepsilon = 0.1$,计算终止。
取极小点的近似解为 $x^* = \frac{1}{2} \times (1.618 + 1.584) = 1.601$。

(2) ① 第一次搜索要在区间 $[a_1, b_1] = [-1, 2]$ 中找两点:

$$x_1 = -1 + 0.382(2 + 1) = 0.146, \quad f(x_1) = 0.021$$
$$x_2 = -1 + 0.618(2 + 1) = 0.854, \quad f(x_2) = 0.729$$

由于 $f(x_1) < f(x_2)$,得新区间 $[a_2, b_2] = [-1, 0.854]$。

② 第二次搜索:

$$x_1 = -1 + 0.382(0.854 + 1) = -0.292, \quad f(x_1) = 0.085$$
$$x_2 = -1 + 0.618(0.854 + 1) = 0.146, \quad f(x_2) = 0.021$$

由于 $f(x_1) > f(x_2)$,得新区间 $[a_3, b_3] = [-0.292, 0.854]$。

③ 第三次搜索:

$$x_1 = -0.292 + 0.382(0.854 + 0.292) = 0.146, \quad f(x_1) = 0.021$$
$$x_2 = -0.292 + 0.618(0.854 + 0.292) = 0.416, \quad f(x_2) = 0.173$$

由于 $f(x_1) < f(x_2)$,得新区间 $[a_4, b_4] = [-0.292, 0.416]$。经过 3 次迭代之后,$b - a = 0.416 - (-0.292) = 0.708 < \varepsilon$,计算终止。

取极小点的近似解为 $x^* = \frac{1}{2}(-0.292 + 0.416) = 0.062$。

3. **解** (1) $\nabla f(x) = \begin{pmatrix} 2x_1 \\ 50x_2 \end{pmatrix}$,

故 $\nabla f(x^0) = \begin{pmatrix} 4 \\ 100 \end{pmatrix}$, $H(x^0) = \begin{pmatrix} 2 & 0 \\ 0 & 50 \end{pmatrix}$, $[H(x^0)]^{-1} = \begin{pmatrix} 1/2 & 0 \\ 0 & 1/50 \end{pmatrix}$,

$$x^1 = x^0 - \begin{pmatrix} 1/2 & 0 \\ 0 & 1/50 \end{pmatrix} \begin{pmatrix} 4 \\ 100 \end{pmatrix} = \begin{pmatrix} 0 \\ 0 \end{pmatrix}, \quad \nabla f(x^1) = \begin{pmatrix} 0 \\ 0 \end{pmatrix}$$

则 $x^1 = \begin{pmatrix} 0 \\ 0 \end{pmatrix}$ 就是全局极小点。

(2) $\nabla f(x) = \begin{pmatrix} 2x_1 - 4 \\ 2x_2 - 2 \end{pmatrix}$,

故 $\nabla f(x^0) = \begin{pmatrix} -2 \\ 0 \end{pmatrix}$, $H(x^0) = \begin{pmatrix} 2 & 0 \\ 0 & 2 \end{pmatrix}$, $[H(x^0)]^{-1} = \begin{pmatrix} 1/2 & 0 \\ 0 & 1/2 \end{pmatrix}$,

$$x^1 = x^0 - \begin{pmatrix} 1/2 & 0 \\ 0 & 1/2 \end{pmatrix} \begin{pmatrix} -2 \\ 0 \end{pmatrix} = \begin{pmatrix} 2 \\ 1 \end{pmatrix}, \quad \nabla f(x^1) = \begin{pmatrix} 0 \\ 0 \end{pmatrix}$$

则 $x^1 = \begin{pmatrix} 2 \\ 1 \end{pmatrix}$ 就是全局极小点。

4. **解** $\nabla f(x) = (2(x_1-1), 2(x_2-1))^T$, $\nabla f(x_0) = (4, 4)^T$, $\|\nabla f(x_0)\| = \sqrt{16+16} = 4\sqrt{2} > 0.01$

求解 $\min f(x^0 - \lambda \nabla f(x^0)) = \min f\left(\begin{pmatrix} 3 \\ 3 \end{pmatrix} - \lambda \begin{pmatrix} 4 \\ 4 \end{pmatrix}\right) = \min f\begin{pmatrix} 3-4\lambda \\ 3-4\lambda \end{pmatrix} = \min\{2(2-4\lambda)^2\}$

得 $\lambda_0 = \dfrac{1}{2}$。

令 $x_1 = x_0 - \lambda_0 \nabla f(x^0) = \begin{pmatrix} 3 \\ 3 \end{pmatrix} - \dfrac{1}{2}\begin{pmatrix} 4 \\ 4 \end{pmatrix} = \begin{pmatrix} 1 \\ 1 \end{pmatrix}$, 又 $\nabla f(x_1) = \begin{pmatrix} 0 \\ 0 \end{pmatrix}$, $\|\nabla f(x_1)\| = 0 < 0.01$

得 $x_1 = \begin{pmatrix} 1 \\ 1 \end{pmatrix}$ 为最优解，故极小点为 $\begin{pmatrix} 1 \\ 1 \end{pmatrix}$。

5. **解** （1） $\nabla f(x) = \begin{pmatrix} 2x_1 - 4 \\ 2x_2 - 2 \end{pmatrix}$, 故 $\nabla f(x^1) = \begin{pmatrix} -2 \\ 0 \end{pmatrix}$。

令 $P_1 = -\nabla f(x^1) = \begin{pmatrix} 2 \\ 0 \end{pmatrix}$, $\|\nabla f(x^1)\|^2 = 4$

求 $\min_\lambda f\left(x^1 + \lambda \begin{pmatrix} 2 \\ 0 \end{pmatrix}\right) = \min_\lambda f\left(\begin{pmatrix} 1 \\ 1 \end{pmatrix} + \lambda \begin{pmatrix} 2 \\ 0 \end{pmatrix}\right) = \min_\lambda f\begin{pmatrix} 1+2\lambda \\ 1 \end{pmatrix} = \min\{(1+2\lambda)^2 + 1 - 4(1+2\lambda) - 2\}$

得 $\lambda_1 = 1/2$。

令 $x^2 = x^1 + \lambda_1 \begin{pmatrix} 2 \\ 0 \end{pmatrix} = \begin{pmatrix} 2 \\ 1 \end{pmatrix}$, $\nabla f(x^2) = \begin{pmatrix} 0 \\ 0 \end{pmatrix}$, $\|\nabla f(x^2)\|^2 = 0 < \xi$

故已得最优解为 $\begin{pmatrix} x_1 \\ x_2 \end{pmatrix} = \begin{pmatrix} 2 \\ 1 \end{pmatrix}$。

（2） $\nabla f(x) = \begin{pmatrix} \dfrac{2}{3}x_1 \\ x_2 \end{pmatrix}$, 故 $\nabla f(x^1) = \begin{pmatrix} 2 \\ 2 \end{pmatrix}$。

令 $P_1 = -\nabla f(x^1) = \begin{pmatrix} -2 \\ -2 \end{pmatrix}$, $\|\nabla f(x^1)\|^2 = 8$

求 $\min_\lambda f\left(x^1 + \lambda \begin{pmatrix} -2 \\ -2 \end{pmatrix}\right) = \min_\lambda f\left(\begin{pmatrix} 3 \\ 2 \end{pmatrix} + \lambda \begin{pmatrix} -2 \\ -2 \end{pmatrix}\right) = \min_\lambda f\begin{pmatrix} 3-2\lambda \\ 2-2\lambda \end{pmatrix} = \min_\lambda\left\{\dfrac{1}{3}(3-2\lambda)^2 + \dfrac{1}{2}(2-2\lambda)^2\right\}$

得 $\lambda_1 = 1.2$。

令 $x^2 = x^1 + \lambda_1 \begin{pmatrix} -2 \\ -2 \end{pmatrix} = \begin{pmatrix} 0.6 \\ -0.4 \end{pmatrix}$, $\nabla f(x^2) = \begin{pmatrix} 0.4 \\ -0.4 \end{pmatrix}$, $\|\nabla f(x^2)\|^2 = 0.32 > \xi$

取 $V_1 = \dfrac{\|\nabla f(x^2)\|^2}{\|\nabla f(x^1)\|^2} = \dfrac{0.32}{0.8} = 0.04$, $P_2 = -\nabla f(x^2) + V_1 P_1 = \begin{pmatrix} -0.48 \\ 0.32 \end{pmatrix}$

求 $\min_\lambda f\left(x^2 + \lambda \begin{pmatrix} -0.48 \\ 0.32 \end{pmatrix}\right) = \min_\lambda f\left(\begin{pmatrix} 0.6 \\ -0.4 \end{pmatrix} + \lambda \begin{pmatrix} -0.48 \\ 0.32 \end{pmatrix}\right) = \min_\lambda f\begin{pmatrix} 0.6 - 0.48\lambda \\ -0.4 + 0.32\lambda \end{pmatrix}$

$$= \min_{\lambda}\left\{\frac{1}{3}(0.6-0.48\lambda)^2 + \frac{1}{2}(-0.4+0.32\lambda)^2\right\}$$

得 $\lambda_2 = 1.25$。

令 $x^3 = x^2 + \lambda_2\begin{pmatrix}-0.48\\0.32\end{pmatrix} = \begin{pmatrix}0.6\\-0.4\end{pmatrix} + 1.25\begin{pmatrix}-0.48\\0.32\end{pmatrix} = \begin{pmatrix}0\\0\end{pmatrix}$，$\nabla f(x^3) = \begin{pmatrix}0\\0\end{pmatrix}$，$\|\nabla f(x^3)\|^2 = 0 < \xi$

故已得最优解为 $\begin{pmatrix}x_1\\x_2\end{pmatrix} = \begin{pmatrix}0\\0\end{pmatrix}$。

6. **解** （1）由 $x^0 = \begin{pmatrix}1\\1\end{pmatrix}$，$x^1 = x^0 + \lambda_1\begin{pmatrix}1\\0\end{pmatrix} = \begin{pmatrix}1+\lambda_1\\1\end{pmatrix}$

求 $\min f(x^1) = \min f(x^0 + \lambda_1 e_1) = \min\{(1+\lambda_1)^2 + 2 = \lambda_1^2 + 2\lambda_1 + 3\}$

得 $\lambda_1 = -1$，$x^1 = \begin{pmatrix}0\\1\end{pmatrix}$。

令 $x^2 = x^1 + \lambda_2\begin{pmatrix}0\\1\end{pmatrix} = \begin{pmatrix}0\\1+\lambda_2\end{pmatrix}$，

求 $\min f(x^2) = \min f(x^1 + \lambda_2 e_2) = \min\{2(1+\lambda_2)^2\}$

得 $\lambda_2 = -1$，$x^2 = \begin{pmatrix}0\\0\end{pmatrix}$。

令 $x^0 = \begin{pmatrix}0\\0\end{pmatrix}$，则 $x^1 = x^0 + \lambda_1\begin{pmatrix}1\\0\end{pmatrix} = \begin{pmatrix}\lambda_1\\0\end{pmatrix}$，$\min f(x^1) = \min\{\lambda_1^2\}$

得 $\lambda_1 = 0$，$x^1 = \begin{pmatrix}0\\0\end{pmatrix}$。

同理得 $x^2 = \begin{pmatrix}0\\0\end{pmatrix}$，则 $\|x^2 - x^0\| = 0 < \xi$，从而 $x^* = \begin{pmatrix}0\\0\end{pmatrix}$，$f(x^*) = 0$。

（2）由 $x^0 = \begin{pmatrix}1\\1\end{pmatrix}$，$x^1 = x^0 + \lambda_1\begin{pmatrix}1\\0\end{pmatrix} = \begin{pmatrix}1+\lambda_1\\1\end{pmatrix}$

求 $\min f(x^1) = \min f(x^0 + \lambda_1 e_1) = \min\{(1+\lambda_1)^2 + 1 - 4(1+\lambda_1) - 2\}$

得 $\lambda_1 = 1$，$x^1 = \begin{pmatrix}2\\1\end{pmatrix}$，$\|x^1 - x^0\| > \xi$。

令 $x^2 = x^1 + \lambda_2\begin{pmatrix}0\\1\end{pmatrix} = \begin{pmatrix}2\\1+\lambda_2\end{pmatrix}$

求 $\min f(x^2) = \min f(x^1 + \lambda_2 e_2) = \min\{4 + (1+\lambda_2)^2 - 8 - 2(1+\lambda_2)\}$

得 $\lambda_2 = 0$，$x^2 = \begin{pmatrix}2\\1\end{pmatrix}$，$\|x^2 - x^0\| > \xi$。

令 $x^0 = \begin{pmatrix}2\\1\end{pmatrix}$，则 $x^1 = x^0 + \lambda_1\begin{pmatrix}1\\0\end{pmatrix} = \begin{pmatrix}2+\lambda_1\\1\end{pmatrix}$

求　$\min f(x^1) = \min\{(2+\lambda_1)^2 + 1 - 4(2+\lambda_1) - 2\}$

得 $\lambda_1 = 0$，$x^1 = \begin{pmatrix} 2 \\ 1 \end{pmatrix}$，$\|x^1 - x^0\| > \xi$。

令　$x^2 = x^1 + \lambda_2 \begin{pmatrix} 0 \\ 1 \end{pmatrix} = \begin{pmatrix} 2 \\ 1+\lambda_2 \end{pmatrix}$

求　$\min f(x^2) = \min f(x^1 + \lambda_2 e_2) = \min\{4 + (1+\lambda_2)^2 - 8 - 2(1+\lambda_2)\}$

得 $\lambda_2 = 0$，$x^2 = \begin{pmatrix} 2 \\ 1 \end{pmatrix}$，$\|x^2 - x^0\| = 0 < \xi$。

从而 $x^* = \begin{pmatrix} 2 \\ 1 \end{pmatrix}$，$f(x^*) = -5$。

7. **解**　取初始点 $x^0 = \begin{pmatrix} 2 \\ 2 \end{pmatrix} \in D$，$\delta_1^{(1)} = 1$，$\alpha = 0.5$。

得
$$\min f(x) = -2x_1 - x_2$$
$$\text{s.t.} \begin{cases} 4x_1 + 4x_2 - 33 \leq 0 \\ 4x_1 - 4x_2 - 7 \leq 0 \\ |x_1 - 2| - 1 \leq 0 \\ |x_2 - 2| - 1 \leq 0 \end{cases}$$

即
$$\min f(x) = -2x_1 - x_2$$
$$\text{s.t.} \begin{cases} 4x_1 + 4x_2 - 33 \leq 0 \\ 4x_1 - 4x_2 - 7 \leq 0 \\ 1 \leq x_1 \leq 3 \\ 1 \leq x_2 \leq 3 \end{cases}$$

令 $\begin{cases} y_1 = x_1 - 1 \\ y_2 = x_2 - 1 \end{cases}$，则上述线性规划问题转变为

$$\min f(x) = -2y_1 - y_2 - 3$$
$$\text{s.t.} \begin{cases} 4y_1 + 4y_2 - 25 \leq 0 \\ 4y_1 - 4y_2 - 7 \leq 0 \\ 0 \leq y_1 \leq 2 \\ 0 \leq y_2 \leq 2 \end{cases}$$

标准化，得

$$\min f(x) = -2y_1 - y_2 - 3$$
$$\text{s.t.} \begin{cases} 4y_1 + 4y_2 + y_3 = 25 \\ 4y_1 - 4y_2 + y_4 = 7 \\ y_1 + y_5 = 2 \\ y_2 + y_6 = 2 \\ y_1 \geq 0 \\ y_2 \geq 0 \end{cases}$$

用单纯形法进行计算，结果如表 6.1 所示。

表 6.1

	C		-2	-1	0	0	0	0
C_B	Y_B	$B^{-1}b$	y_1	y_2	y_3	y_4	y_5	y_6
0	y_3	25	4	4	1	0	0	0
0	y_4	7	[4]	-4	0	1	0	0
0	y_5	2	1	0	0	0	1	0
0	y_6	2	0	1	0	0	0	1
	σ		2	1	0	0	0	0
0	y_3	8	0	8	1	-1	0	0
-2	y_1	7/4	1	-1	0	1/4	0	0
0	y_5	1/4	0	[1]	0	-1/4	1	0
0	y_6	2	0	1	0	0	0	1
	σ		0	3	0	-1/2	0	0
0	y_3	16	0	0	1	1	-8	0
-2	y_1	2	1	0	0	0	1	0
-1	y_2	1/4	0	1	0	-1/4	1	0
0	y_6	7/4	0	0	0	[1/4]	-1	1
	σ		0	0	0	1/4	-3	0
0	y_3	57/4	0	0	1	0	-4	-4
-2	y_1	2	1	0	0	0	1	0
-1	y_2	2	0	1	0	0	0	1
0	y_4	7	0	0	0	1	-4	4
	σ		0	0	0	0	-2	-1

解得此问题的最优解为 $y = \begin{pmatrix} y_1 \\ y_2 \end{pmatrix} = \begin{pmatrix} 2 \\ 2 \end{pmatrix}$。

故 $\bar{x} = \begin{pmatrix} x_1 \\ x_2 \end{pmatrix} = \begin{pmatrix} 3 \\ 3 \end{pmatrix}$，经检验 $\bar{x} \in D$，取 $x^1 = \bar{x}$，令 $\delta = 0.8$，将原问题在 x^1 处近似展开得

$$\min f(x) = -2x_1 - x_2$$

$$\text{s.t.} \begin{cases} 6x_1 + 6x_2 - 43 \leqslant 0 \\ 6x_1 - 6x_2 - 7 \leqslant 0 \\ |x_1 - 3| - 0.8 \leqslant 0 \\ |x_2 - 3| - 0.8 \leqslant 0 \end{cases}$$

令 $\begin{cases} y_1 = x_1 - 2.4 \\ y_2 = x_2 - 2.4 \end{cases}$，则上述线性规划问题转变为

$$\min f(y) = -2y_1 - y_2 - 7.2$$

$$\text{s.t.} \begin{cases} 6y_1 + 6y_2 \leqslant 14.2 \\ 6y_1 - 6y_2 \leqslant 7 \\ 0 \leqslant y_1 \leqslant 1.4 \\ 0 \leqslant y_2 \leqslant 1.4 \end{cases}$$

标准化，得

$$\min f(y) = -2y_1 - y_2 - 7.2$$

$$\text{s.t.} \begin{cases} 6y_1 + 6y_2 + y_3 = 14.2 \\ 6y_1 - 6y_2 + y_4 = 7 \\ y_1 + y_5 = 1.4 \\ y_2 + y_6 = 1.4 \\ y_1 \geq 0 \\ y_2 \geq 0 \end{cases}$$

用单纯形法进行计算，结果如表 6.2 所示。

表 6.2

C_B	Y_B	C $B^{-1}b$	-2 y_1	-1 y_2	0 y_3	0 y_4	0 y_5	0 y_6
0	y_3	14.2	6	6	1	0	0	0
0	y_4	7	[6]	-6	0	1	0	0
0	y_5	1.4	1	0	0	0	1	0
0	y_6	1.4	0	1	0	0	0	1
	σ		2	1	0	0	0	0
0	y_3	36/5	0	12	1	-1	0	0
-2	y_1	7/6	1	-1	0	1/6	0	0
0	y_5	7/30	0	[1]	0	$-1/6$	1	0
0	y_6	7/5	0	1	0	0	0	1
	σ		0	3	0	$-1/3$	0	0
0	y_3	22/5	0	0	1	[1]	-12	0
-2	y_1	7/5	1	0	0	0	1	0
-1	y_2	7/30	0	1	0	$-1/6$	1	0
0	y_6	7/6	0	0	0	1/6	-1	1
	σ		0	0	0	1/6	-3	0
0	y_4	22/5	0	0	1	1	-12	0
-2	y_1	7/5	1	0	0	0	1	0
-1	y_2	29/30	0	1	1/6	0	-1	0
0	y_6	1/2	0	0	$-1/6$	0	1	1
	σ		0	0	$-1/6$	0	-1	0

解得此问题的最优解为 $y = \begin{pmatrix} y_1 \\ y_2 \end{pmatrix} = \begin{pmatrix} 7/5 \\ 29/30 \end{pmatrix}$。

故 $\bar{x} = \begin{pmatrix} x_1 \\ x_2 \end{pmatrix} = \begin{pmatrix} 3.8 \\ 3.37 \end{pmatrix}$，经检验 $\bar{x} \in D$，故其第二次近似解为 $\bar{x} = \begin{pmatrix} x_1 \\ x_2 \end{pmatrix} = \begin{pmatrix} 3.8 \\ 3.37 \end{pmatrix}$。

8. **解** 设初始点 $x^0 = \begin{pmatrix} 1 \\ 0 \end{pmatrix}$，$\mu_1 = 0.1$，$\rho = 10$，$\varepsilon = 0.01$，置 $k = 1$。

令 $P(x) = \left[\min\{0, g(x)\}\right]^2$，则无约束极值为 $\min\left\{f(x) + \mu_k \left[\min\{0, x_1 + x_2 - 1\}\right]^2\right\}$。

（1）当 $x_1+x_2-1 \geqslant 0$ 时，求 $\min f(x)=x_1^2+2x_2^2$。

用牛顿法求解 $\min f(x)=x_1^2+2x_2^2$，初始点为 $x^0=\begin{pmatrix}1\\0\end{pmatrix}$，则

$$\nabla f(x^0)=(2x_1,4x_2)\big|_{(1,0)}=(2,0)^T$$

$$H(x^0)=\begin{pmatrix}2 & 0\\4 & 0\end{pmatrix},\ H(x^0)^{-1}=\begin{pmatrix}1/2 & 0\\0 & 1/4\end{pmatrix}$$

$$x^1=\begin{pmatrix}1\\0\end{pmatrix}-\begin{pmatrix}1/2 & 0\\0 & 1/4\end{pmatrix}\begin{pmatrix}2\\0\end{pmatrix}=\begin{pmatrix}0\\0\end{pmatrix}$$

因为 $\|\nabla f(x^1)\|=0$，所以 $x^1=\begin{pmatrix}0\\0\end{pmatrix}$ 就是全局极小点，但是此时不满足约束条件 $x_1+x_2-1\geqslant 0$，故 $x^1=\begin{pmatrix}0\\0\end{pmatrix}$ 不是原问题的最优解。

（2）当 $x_1+x_2-1<0$ 时，求 $\min\{f(x)+\mu[x_1+x_2-1]^2\}$。

当 $\mu_1=0.1$ 时，求 $\min\{f(x)+0.1(x_1+x_2-1)^2\}$。

令 $F(x)=f(x)+0.1(x_1+x_2-1)^2$

得 $\nabla F(x)=(2.2x_1+0.2x_2-0.2, 0.2x_1+4.2x_2-0.2)^T$

$$\nabla F(x^0)=(2,0)^T,\ \|\nabla F(x^0)\|=2$$

$$H(x^0)=\begin{pmatrix}2.2 & 0.2\\0.2 & 4.2\end{pmatrix},\ H(x^0)^{-1}=\frac{1}{46}\begin{pmatrix}21 & -47\\-1 & 11\end{pmatrix}$$

$$x^1=x^0-H(x^0)^{-1}\nabla F(x^0)=\begin{pmatrix}1\\0\end{pmatrix}-\frac{1}{46}\begin{pmatrix}21 & -1\\-1 & 11\end{pmatrix}\begin{pmatrix}2\\0\end{pmatrix}=\begin{pmatrix}2/23\\1/23\end{pmatrix}\approx(0.0869,0.0435)$$

$$\nabla F(x^1)=(0,0)^T,\ \|\nabla F(x^1)\|=0$$

此时，$\mu_1 P_1=0.1\times(2/23+1/23-1)^2=0.075>0.01$；

当 $\mu_2=1$ 时，求 $\min\{f(x)+(x_1+x_2-1)^2\}$。

令 $F(x)=f(x)+(x_1+x_2-1)^2$

得 $\nabla F(x)=(4x_1+2x_2-2, 2x_1+6x_2-2)^T$

$$\nabla F(x^0)=(2,0)^T,\ \|\nabla F(x^0)\|=2$$

$$H(x^0)=\begin{pmatrix}4 & 2\\2 & 6\end{pmatrix},\ H(x^0)^{-1}=\begin{pmatrix}0.3 & -0.1\\-0.1 & 0.2\end{pmatrix}$$

$$x^1=x^0-H(x^0)^{-1}\nabla F(x^0)=\begin{pmatrix}1\\0\end{pmatrix}-\begin{pmatrix}0.3 & -0.1\\-0.1 & 0.2\end{pmatrix}\begin{pmatrix}2\\0\end{pmatrix}=\begin{pmatrix}0.4\\0.2\end{pmatrix}$$

$$\nabla F(x^1)=(0,0)^T,\ \|\nabla F(x^1)\|=0$$

此时，$\mu_2 P_2=0.1\times(0.4+0.2-1)^2=0.16>0.01$；

当 $\mu_3=10$ 时，求 $\min\{f(x)+10(x_1+x_2-1)^2\}$。

令 $F(x)=f(x)+10(x_1+x_2-1)^2$

得 $\nabla F(x)=(18x_1+20x_2-20, 20x_1+24x_2-20)^{\mathrm{T}}$

$$\nabla F(x^0)=(-2,0)^{\mathrm{T}},\ \|\nabla F(x^0)\|=2$$

$$H(x^0)=\begin{pmatrix}18 & 20\\ 20 & 24\end{pmatrix},\ H(x^0)^{-1}=\begin{pmatrix}6/32 & -5/32\\ -5/32 & 11/64\end{pmatrix}$$

$$x^1=x^0-H(x^0)^{-1}\nabla F(x^0)=\begin{pmatrix}1\\0\end{pmatrix}-\begin{pmatrix}6/32 & -5/32\\ -5/32 & 11/64\end{pmatrix}\begin{pmatrix}2\\0\end{pmatrix}=\begin{pmatrix}10/16\\5/16\end{pmatrix}$$

$$\nabla F(x^1)=(0,0)^{\mathrm{T}},\ \|\nabla F(x^1)\|=0$$

此时，$\mu_3 P_3=10\times(0.625+0.3125-1)^2=0.039>0.01$；

当 $\mu_4=100$ 时，求 $\min\{f(x)+100(x_1+x_2-1)^2\}$。

令 $F(x)=f(x)+100(x_1+x_2-1)^2$

得 $\nabla F(x)=(202x_1+200x_2-200, 200x_1+204x_2-200)^{\mathrm{T}}$

$$\nabla F(x^0)=(2,0)^{\mathrm{T}},\ \|\nabla F(x^0)\|=2$$

$$H(x^0)=\begin{pmatrix}202 & 200\\ 200 & 204\end{pmatrix},\ H(x^0)^{-1}=\frac{1}{302}\begin{pmatrix}51 & -51\\ -50 & 50.5\end{pmatrix}$$

$$x^1=x^0-H(x^0)^{-1}\nabla F(x^0)=\begin{pmatrix}1\\0\end{pmatrix}-\frac{1}{302}\begin{pmatrix}51 & -51\\ -50 & 50.5\end{pmatrix}\begin{pmatrix}2\\0\end{pmatrix}=\frac{1}{151}\begin{pmatrix}100\\50\end{pmatrix}$$

$$\nabla F(x^1)=(0,0)^{\mathrm{T}},\ \|\nabla F(x^1)\|=0$$

此时，$\mu_4 P_4=100\times(100/151+50/151-1)^2=0.004<0.01$。

结果如表 6.3 所示。

表 6.3

迭代次数	μ_K	$x^K(\mu_K)$	$\mu_K P(x^k)$
1	0.1	(0.0869, 0.0435)	0.075
2	1	(0.4, 0.2)	0.16
3	10	(0.625, 0.3125)	0.039
4	100	(0.6623, 0.3311)	0.004

9. 解 方法一：设初始点 $x_0=\begin{pmatrix}0\\0\end{pmatrix}$，$r_1=1$，$r_2=0.1$，$r_3=0.01$。可构造 $q(x)=-r_k\ln(-x_1-x_2+3)-r_k\ln(x_1-x_2+4)$，将问题变为求 $\min p(x)=x_1^2+x_2^2-10x_1-6x_2-r_k\ln(-x_1-x_2+3)-r_k\ln(x_1-x_2+4)$。

（1）当 $r_1=1$ 时，求 $\min p(x)=x_1^2+x_2^2-10x_1-6x_2-\ln(-x_1-x_2+3)-\ln(x_1-x_2+4)$。

用坐标轮换法求解该无约束极值问题：取 $x^0=\begin{pmatrix}0\\0\end{pmatrix}$，$\varepsilon=0.1$。

由 x^0 按第一坐标轴方向 $e^1=\begin{pmatrix}1\\0\end{pmatrix}$ 进行一维搜索，得

$$\min p(x^0+\lambda_1 e^1)=\lambda_1^2-10\lambda_1-\ln(3-\lambda_1)-\ln(\lambda_1+4)$$

令 $\quad\dfrac{\partial p}{\partial \lambda_1}=2\lambda_1-10-\dfrac{1}{\lambda_1-3}-\dfrac{1}{\lambda_1+4}=0$

解得 $\lambda_1=2.781839$。

令 $\quad x^1=x^0+\lambda_1 e^1=\begin{pmatrix}2.781839\\0\end{pmatrix}$

由 x^1 按第一坐标轴方向 $e^2=\begin{pmatrix}0\\1\end{pmatrix}$ 进行一维搜索，得

$$\min p(x^1+\lambda_2 e^2)=\lambda_1^2+\lambda_2^2-10\lambda_1-6\lambda_2-\ln(0.2181608-\lambda_2)-\ln(6.781839-\lambda_2)$$

令 $\quad\dfrac{\partial p}{\partial \lambda_1}=2\lambda_2-6-\dfrac{1}{\lambda_2-0.2181608}-\dfrac{1}{\lambda_2-4.781839}=0$

解得 $\lambda_2=0.044825$。

令 $\quad x^2=x^1+\lambda_2 e^2=\begin{pmatrix}2.781839\\0.044825\end{pmatrix}$

$$\|x^2-x^1\|=0.04\leqslant 0.1$$

故 $\begin{pmatrix}2.781839\\0.044619\end{pmatrix}$ 为 $p(x)=x_1^2+x_2^2-10x_1-6x_2-\ln(-x_1-x_2+3)-\ln(x_1-x_2+4)$ 的极小点，此时 $|r_k\ln(-x_1-x_2+3)+r_k\ln(x_1-x_2+4)|=0.1563$。

（2）当 $r_1=0.1$ 时，求 $\min p(x)=x_1^2+x_2^2-10x_1-6x_2-0.1\ln(-x_1-x_2+3)-0.1\ln(x_1-x_2+4)$。

用坐标轮换法求解该无约束极值问题：取 $x^0=\begin{pmatrix}0\\0\end{pmatrix}$，$\varepsilon=0.1$。

由 x^0 按第一坐标轴方向 $e^1=\begin{pmatrix}1\\0\end{pmatrix}$ 进行一维搜索，得

$$\min p(x^0+\lambda_1 e^1)=\lambda_1^2-10\lambda_1-0.1\ln(3-\lambda_1)-0.1\ln(\lambda_1+4)$$

令 $\quad\dfrac{\partial p}{\partial \lambda_1}=2\lambda_1-10-\dfrac{0.1}{\lambda_1-3}-\dfrac{0.1}{\lambda_1+4}=0$

解得 $\lambda_1=2.97539$。

令 $\quad x^1=x^0+\lambda_1 e^1=\begin{pmatrix}2.97539\\0\end{pmatrix}$

由 x^1 按第一坐标轴方向 $e^2=\begin{pmatrix}0\\1\end{pmatrix}$ 进行一维搜索，得

$$\min p(x^1+\lambda_2 e^2)=\lambda_1^2+\lambda_2^2-10\lambda_1-6\lambda_2-0.1\ln(0.024609-\lambda_2)-0.1\ln(6.6.97539-\lambda_2)$$

令
$$\frac{\partial p}{\partial \lambda_1} = 2\lambda_2 - 6 - \frac{1}{\lambda_2 - 0.024609} - \frac{1}{\lambda_2 - 6.97539} = 0$$

解得 $\lambda_2 = 0.007\,858$。

令
$$x^2 = x^1 + \lambda_2 e^2 = \begin{pmatrix} 2.781\,839 \\ 0.007\,858 \end{pmatrix}$$

$$\|x^2 - x^1\| = 0.000\,8 \leqslant 0.1$$

故 $\begin{pmatrix} 2.781\,839 \\ 0.007\,858 \end{pmatrix}$ 为 $p(x) = x_1^2 + x_2^2 - 10x_1 - 6x_2 - 0.1\ln(-x_1 - x_2 + 3) - 0.1\ln(x_1 - x_2 + 4)$ 的极小点，此时 $|r_k \ln(-x_1 - x_2 + 3) + r_k \ln(x_1 - x_2 + 4)| = 0.214\,8$。

（3）当 $r_1 = 0.01$ 时，求 $\min p(x) = x_1^2 + x_2^2 - 10x_1 - 6x_2 - 0.01\ln(-x_1 - x_2 + 3) - 0.01\ln(x_1 - x_2 + 4)$。

用坐标轮换法求解该无约束极值问题：取 $x^0 = \begin{pmatrix} 0 \\ 0 \end{pmatrix}$，$\varepsilon = 0.1$。

由 x^0 按第一坐标轴方向 $e^1 = \begin{pmatrix} 1 \\ 0 \end{pmatrix}$ 进行一维搜索，得

$$\min p(x^0 + \lambda_1 e^1) = \lambda_1^2 - 10\lambda_1 - 0.01\ln(3 - \lambda_1) - 0.01\ln(\lambda_1 + 4)$$

令
$$\frac{\partial p}{\partial \lambda_1} = 2\lambda_1 - 10 - \frac{0.01}{\lambda_1 - 3} - \frac{0.01}{\lambda_1 + 4} = 0$$

解得 $\lambda_1 = 2.997\,504$。

令
$$x^1 = x^0 + \lambda_1 e^1 = \begin{pmatrix} 2.997\,504 \\ 0 \end{pmatrix}$$

由 x^1 按第一坐标轴方向 $e^2 = \begin{pmatrix} 0 \\ 1 \end{pmatrix}$ 进行一维搜索，得

$$\min p(x^1 + \lambda_2 e^2) = \lambda_1^2 + \lambda_2^2 - 10\lambda_1 - 6\lambda_2 - 0.01\ln(0.0.002\,496 - \lambda_2) - 0.01\ln(6.6.997\,504 - \lambda_2)$$

令
$$\frac{\partial p}{\partial \lambda_1} = 2\lambda_2 - 6 - \frac{0.01}{\lambda_2 - 0.002\,496} - \frac{0.01}{\lambda_2 - 6.997\,504} = 0$$

解得 $\lambda_2 = 0.000\,828$。

令
$$x^2 = x^1 + \lambda_2 e^2 = \begin{pmatrix} 2.997\,504 \\ 0.000\,828 \end{pmatrix}$$

$$\|x^2 - x^1\| = 0.000\,8 \leqslant 0.1$$

故 $\begin{pmatrix} 2.997\,504 \\ 0.000\,828 \end{pmatrix}$ 为 $p(x) = x_1^2 + x_2^2 - 10x_1 - 6x_2 - 0.1\ln(-x_1 - x_2 + 3) - 0.1\ln(x_1 - x_2 + 4)$ 的极小点，此时 $|r_k \ln(-x_1 - x_2 + 3) + r_k \ln(x_1 - x_2 + 4)| = 0.044\,5$。

计算结果如表 6.4 所示。

表 6.4

迭代次数	r_k	$x^k(r_k)$	$|r_k \ln g_i(x^k)|$
1	$r_3 = 1$	(2.781 839, 0.044 619)	0.156 3
2	$r_3 = 0.1$	(2.781 839, 0.007 858)	0.214 8
3	$r_3 = 0.01$	(2.997 504, 0.000 828)	0.044 5

此种方法求得的解在可行域之内，在求解无约束极值问题时使用一维搜索的坐标轮换法，该方法算法简单，对函数要求较少，但是求得的解比较粗糙。

方法二：设初始点 $x_0 = \begin{pmatrix} 0 \\ 0 \end{pmatrix}$，$r_1 = 1$，$r_2 = 0.1$，$r_3 = 0.01$。可构造

$$q(x) = r_k \frac{1}{(-x_1 - x_2 + 3)} + r_k \frac{1}{(x_1 - x_2 + 4)}$$

将问题变为

$$\min p(x) = -x_1^2 + x_2^2 - 10x_1 - 6x_2 + r_k \frac{1}{(-x_1 - x_2 + 3)} + r_k \frac{1}{(x_1 - x_2 + 4)}, \quad r_k > 0。$$

（1）当 $r_1 = 1$ 时，求 $\min p(x) = x_1^2 + x_2^2 - 10x_1 - 6x_2 - \frac{1}{x_1 + x_2 - 3} + \frac{1}{x_1 - x_2 + 4}$。

用牛顿法求解该无约束极值问题：取 $x^0 = \begin{pmatrix} 0 \\ 0 \end{pmatrix}$，$\varepsilon = 0.01$。

$$\nabla p(x^0) = \left(2x_1 - 10 + \frac{1}{(x_1 + x_2 - 3)^2} - \frac{1}{(x_1 - x_2 + 4)^2}, \ 2x_2 - 6 + \frac{1}{(x_1 + x_2 - 3)^2} + \frac{1}{(x_1 - x_2 + 4)^2} \right)^T \Bigg|_{\binom{0}{0}}$$

$$= \left(\frac{-1433}{144}, \frac{-839}{144} \right)^T$$

$$H(x) = \begin{pmatrix} \frac{\partial^2 p}{\partial x_1^2} & \frac{\partial^2 p}{\partial x_1 \partial x_2} \\ \frac{\partial^2 p}{\partial x_1 \partial x_2} & \frac{\partial^2 p}{\partial x_2^2} \end{pmatrix} = \begin{pmatrix} 2 - \frac{2}{(x_1+x_2-3)^3} + \frac{2}{(x_1-x_2+4)^3} & -\frac{2}{(x_1+x_2-3)^3} - \frac{2}{(x_1-x_2+4)^3} \\ -\frac{2}{(x_1+x_2-3)^3} - \frac{2}{(x_1-x_2+4)^3} & 2 - \frac{2}{(x_1+x_2-3)^3} + \frac{2}{(x_1-x_2+4)^3} \end{pmatrix}$$

$$H(x^0) = \begin{pmatrix} \frac{2}{64} + \frac{2}{27} + 2 & \frac{2}{27} - \frac{2}{64} \\ \frac{2}{27} - \frac{2}{64} & \frac{2}{64} + \frac{2}{27} + 2 \end{pmatrix}, \quad H(x^0)^{-1} = \begin{pmatrix} \frac{6.75}{29} + \frac{8}{33} & \frac{6.75}{29} - \frac{8}{33} \\ \frac{6.75}{29} - \frac{8}{33} & \frac{6.75}{29} + \frac{8}{33} \end{pmatrix}$$

$$x^1 = \begin{pmatrix} 0 \\ 0 \end{pmatrix} - \begin{pmatrix} \frac{6.75}{29} + \frac{8}{33} & \frac{6.75}{29} - \frac{8}{33} \\ \frac{6.75}{29} - \frac{8}{33} & \frac{6.75}{29} + \frac{8}{33} \end{pmatrix} \begin{pmatrix} \frac{-1433}{144} \\ \frac{-839}{144} \end{pmatrix} = \begin{pmatrix} 4.672\,414 \\ 2.672\,414 \end{pmatrix}$$

$$\nabla p(x^1) = \begin{pmatrix} -0.629\,977\,151 \\ -0.574\,421\,595 \end{pmatrix}, \quad \|\nabla p(x^1)\| = 0.852\,5 \geq 0.1$$

$$H(x^1) = \begin{pmatrix} 1.984\,874\,844 & -0.033\,643\,675 \\ -0.033\,643\,675 & 1.984\,874\,844 \end{pmatrix}, \quad H(x^1)^{-1} = \begin{pmatrix} 0.503\,954\,891 & 0.008\,542\,047 \\ 0.008\,542\,047 & 0.503\,954\,891 \end{pmatrix}$$

$$x^2 = \begin{pmatrix} 4.672\,414 \\ 2.672\,414 \end{pmatrix} - \begin{pmatrix} 0.503\,954\,891 & 0.008\,542\,047 \\ 0.008\,542\,047 & 0.503\,954\,891 \end{pmatrix} \begin{pmatrix} -0.629\,977\,151 \\ -0.574\,421\,595 \end{pmatrix} = \begin{pmatrix} 4.967\,277 \\ 2.994\,800 \end{pmatrix}$$

$$\nabla p(x^2) = \begin{pmatrix} -0.052\,865\,343 \\ 0.058\,249\,297\,5 \end{pmatrix}, \quad \|\nabla p(x^2)\| = 0.078 \leq 0.1$$

故 $\begin{pmatrix} 4.967\,277 \\ 2.994\,800 \end{pmatrix}$ 为 $\min p(x) = x_1^2 + x_2^2 - 10x_1 - 6x_2 - \frac{1}{x_1 + x_2 - 3} + \frac{1}{x_1 - x_2 + 4}$ 的极小点，此时 $r_k \frac{1}{(-x_1 - x_2 + 3)} +$

$$r_k \frac{1}{(x_1 - x_2 + 4)} = -0.078 \text{。}$$

（2）当 $r_2 = 0.1$ 时，求 $\min p(x) = x_1^2 + x_2^2 - 10x_1 - 6x_2 - \dfrac{0.1}{x_1 + x_2 - 3} + \dfrac{0.1}{x_1 - x_2 + 4}$。

$$\nabla p(x^0) = \left(2x_1 - 10 + \frac{0.1}{(x_1 + x_2 - 3)^2} - \frac{0.1}{(x_1 - x_2 + 4)^2},\ 2x_2 - 6 + \frac{0.1}{(x_1 + x_2 - 3)^2} + \frac{0.1}{(x_1 - x_2 + 4)^2}\right)^{\mathrm{T}}\bigg|_{\binom{0}{0}}$$

$$= \left(\frac{-14\,393}{1440},\ \frac{-8615}{1440}\right)^{\mathrm{T}}$$

$$H(x) = \begin{pmatrix} \dfrac{\partial^2 p}{\partial x_1^2} & \dfrac{\partial^2 p}{\partial x_1 \partial x_2} \\ \dfrac{\partial^2 p}{\partial x_1 \partial x_2} & \dfrac{\partial^2 p}{\partial x_2^2} \end{pmatrix} = \begin{pmatrix} 2 - \dfrac{0.2}{(x_1 + x_2 - 3)^3} + \dfrac{0.2}{(x_1 - x_2 + 4)^3} & -\dfrac{0.2}{(x_1 + x_2 - 3)^3} - \dfrac{0.2}{(x_1 - x_2 + 4)^3} \\ -\dfrac{0.2}{(x_1 + x_2 - 3)^3} - \dfrac{0.2}{(x_1 - x_2 + 4)^3} & 2 - \dfrac{0.2}{(x_1 + x_2 - 3)^3} + \dfrac{0.2}{(x_1 - x_2 + 4)^3} \end{pmatrix}$$

$$H(x^0) = \begin{pmatrix} \dfrac{0.2}{64} + \dfrac{0.2}{27} + 2 & \dfrac{0.2}{27} - \dfrac{0.2}{64} \\ \dfrac{0.2}{27} - \dfrac{0.2}{64} & \dfrac{0.2}{64} + \dfrac{0.2}{27} + 2 \end{pmatrix},\quad H(x^0)^{-1} = \begin{pmatrix} \dfrac{6.75}{27.5} + \dfrac{8}{32.1} & \dfrac{6.75}{27.5} - \dfrac{8}{32.1} \\ \dfrac{6.75}{27.5} - \dfrac{8}{32.1} & \dfrac{6.75}{27.5} + \dfrac{8}{32.1} \end{pmatrix}$$

$$x^1 = \begin{pmatrix} 0 \\ 0 \end{pmatrix} - \begin{pmatrix} \dfrac{6.75}{27.5} + \dfrac{8}{32.1} & \dfrac{6.75}{27.5} - \dfrac{8}{32.1} \\ \dfrac{6.75}{27.5} - \dfrac{8}{32.1} & \dfrac{6.75}{27.5} + \dfrac{8}{32.1} \end{pmatrix} \begin{pmatrix} \dfrac{-14\,393}{1440} \\ \dfrac{-8615}{1440} \end{pmatrix} = \begin{pmatrix} 4.921\,818 \\ 2.921\,818 \end{pmatrix}$$

$$\nabla p(x^1) = \begin{pmatrix} -0.154\,878\,99 \\ -0.149\,323\,795 \end{pmatrix},\quad \|\nabla p(x^1)\| = 0.2148 \geqslant 0.1$$

$$H(x^1) = \begin{pmatrix} 1.999\,165\,915 & -0.002\,685\,937 \\ -0.002\,685\,937 & 1.999\,165\,915 \end{pmatrix},\quad H(x^1)^{-1} = \begin{pmatrix} 0.500\,209\,511 & 0.000\,672\,046 \\ 0.000\,672\,046 & 0.500\,209\,511 \end{pmatrix}$$

$$x^2 = \begin{pmatrix} 4.921\,818 \\ 2.921\,818 \end{pmatrix} - \begin{pmatrix} 0.500\,209\,511 & 0.000\,672\,046 \\ 0.000\,672\,046 & 0.500\,209\,511 \end{pmatrix} \begin{pmatrix} -0.154\,878\,99 \\ -0.149\,323\,795 \end{pmatrix} = \begin{pmatrix} 4.999\,390\,477 \\ 2.996\,615\,268 \end{pmatrix}$$

$$\nabla p(x^2) = \begin{pmatrix} -0.010\,955\,5 \\ 0.000\,026\,0 \end{pmatrix},\quad \|\nabla p(x^2)\| = 0.01 \leqslant 0.1$$

故 $\begin{pmatrix} 4.999\,390\,4 \\ 2.996\,615\,2 \end{pmatrix}$ 为 $\min p(x) = x_1^2 + x_2^2 - 10x_1 - 6x_2 - \dfrac{0.1}{x_1 + x_2 - 3} + \dfrac{0.1}{x_1 - x_2 + 4}$ 的极小点，此时

$$r_k \frac{1}{(-x_1 - x_2 + 3)} + r_k \frac{1}{(x_1 - x_2 + 4)} = -0.0033 \text{。}$$

（3）当 $r_3 = 0.01$ 时，$\min p(x) = -x_1^2 + x_2^2 - 10x_1 - 6x_2 - \dfrac{0.01}{x_1 + x_2 - 3} + \dfrac{0.01}{x_1 - x_2 + 4}$

用牛顿法求解该无约束极值问题：取 $x^0 = \begin{pmatrix} 0 \\ 0 \end{pmatrix}$，$\varepsilon = 0.01$。

$$\nabla p(x^0) = \left(2x_1 - 10 + \frac{0.01}{(x_1 + x_2 - 3)^2} - \frac{0.01}{(x_1 - x_2 + 4)^2},\ 2x_2 - 6 + \frac{0.01}{(x_1 + x_2 - 3)^2} + \frac{0.01}{(x_1 - x_2 + 4)^2}\right)^{\mathrm{T}}\bigg|_{\binom{0}{0}}$$

$$= (-9.999\,51,\ -5.998\,36)^{\mathrm{T}}$$

$$H(x) = \begin{pmatrix} \dfrac{\partial^2 p}{\partial x_1^2} & \dfrac{\partial^2 p}{\partial x_1 \partial x_2} \\ \dfrac{\partial^2 p}{\partial x_1 \partial x_2} & \dfrac{\partial^2 p}{\partial x_2^2} \end{pmatrix} = \begin{pmatrix} 2 - \dfrac{0.02}{(x_1+x_2-3)^3} + \dfrac{0.2}{(x_1-x_2+4)^3} & -\dfrac{0.02}{(x_1+x_2-3)^3} - \dfrac{0.02}{(x_1-x_2+4)^3} \\ -\dfrac{0.02}{(x_1+x_2-3)^3} - \dfrac{0.02}{(x_1-x_2+4)^3} & 2 - \dfrac{0.02}{(x_1+x_2-3)^3} + \dfrac{0.02}{(x_1-x_2+4)^3} \end{pmatrix}$$

$$H(x^0) = \begin{pmatrix} \dfrac{0.02}{64} + \dfrac{0.02}{27} + 2 & \dfrac{0.02}{27} - \dfrac{0.02}{64} \\ \dfrac{0.02}{27} - \dfrac{0.02}{64} & \dfrac{0.02}{64} + \dfrac{0.02}{27} + 2 \end{pmatrix}, \quad H(x^0)^{-1} = \begin{pmatrix} \dfrac{6.75}{27.02} + \dfrac{8}{32.01} & \dfrac{6.75}{27.02} - \dfrac{8}{32.01} \\ \dfrac{6.75}{27.02} - \dfrac{8}{32.01} & \dfrac{6.75}{27.02} + \dfrac{8}{32.01} \end{pmatrix}$$

$$x^1 = \begin{pmatrix} 0 \\ 0 \end{pmatrix} - \begin{pmatrix} \dfrac{6.75}{27.02} + \dfrac{8}{32.01} & \dfrac{6.75}{27.02} - \dfrac{8}{32.01} \\ \dfrac{6.75}{27.02} - \dfrac{8}{32.01} & \dfrac{6.75}{27.02} + \dfrac{8}{32.01} \end{pmatrix} \begin{pmatrix} -9.99951 \\ -5.99836 \end{pmatrix} = \begin{pmatrix} 4.996482 \\ 2.996532 \end{pmatrix}$$

$$\nabla p(x^1) = \begin{pmatrix} -0.075 \\ -0.019 \end{pmatrix}, \quad \|\nabla p(x^1)\| = 0.077 \leqslant 0.1$$

故 $\begin{pmatrix} 4.996482 \\ 2.996532 \end{pmatrix}$ 为 $\min p(x) = x_1^2 + x_2^2 - 10x_1 - 6x_2 - \dfrac{0.01}{x_1+x_2-3} + \dfrac{0.01}{x_1-x_2+4}$ 的极小点,此时

$$r_k \dfrac{1}{(-x_1-x_2+3)} + r_k \dfrac{1}{(x_1-x_2+4)} = -0.0003 。$$

计算结果如表 6.5 所示。

表 6.5

迭代次数	r_K	$x^K(r_K)$	$r_K \sum \dfrac{1}{g_i(x^k)}$
1	$r_3 = 1$	(4.967277, 2.994800)	−0.078
2	$r_3 = 0.1$	(4.99939, 2.9966152)	−0.0033
3	$r_3 = 0.01$	(4.996482, 2.996532)	−0.0003

此种方法得到的解在可行域之外。在将约束极值问题转化为求无约束极值问题时,用牛顿法进行求解,计算比较复杂,但是收敛速度快。但是如果初始点选择不当,可能会出现 $f(x^{k+1}) > f(x^k)$ 的情形,导致求得的解在可行域之外。

7 多目标规划

1. 解 对于 $\min f_1(x,y) = x + 2y$,利用单纯形法进行求解,步骤如下:

$$\min f_1(x,y) = x + 2y$$
$$\text{s.t.} \begin{cases} y \leqslant x \leqslant 2 - y \\ 0 \leqslant y \leqslant 1 \end{cases}$$

用 x_1 代替 x,用 x_2 代替 y,Z 代替 $f_1(x,y)$,得

$$\min Z = x_1 + 2x_2$$
$$\text{s.t.} \begin{cases} x_2 \leqslant x_1 \leqslant 2 - x_2 \\ 0 \leqslant x_2 \leqslant 1 \end{cases}$$

转化为

$$\min Z = x_1 + 2x_2$$
$$\text{s.t.} \begin{cases} -x_1 + x_2 \leqslant 0 \\ x_1 + x_2 - 2 \leqslant 0 \\ x_2 - 1 \leqslant 0 \\ x_1, x_2 \geqslant 0 \end{cases}$$

第一步:求极小值

$$\min Z_1 = x_1 + 2x_2$$
$$\text{s.t.} \begin{cases} -x_1 + x_2 + x_3 = 0 \\ x_1 + x_2 + x_4 = 2 \\ x_2 + x_5 = 1 \\ x_1, x_2 \geqslant 0 \end{cases}$$

取 $(P_3\ P_4\ P_5) = \begin{pmatrix} 1 & 0 & 0 \\ 0 & 1 & 0 \\ 0 & 0 & 1 \end{pmatrix}$ 为初始基 B,则 $X_B = \begin{pmatrix} x_3 \\ x_4 \\ x_5 \end{pmatrix} = \begin{pmatrix} 0 \\ 2 \\ 1 \end{pmatrix}$,$x_1, x_2 = 0$ 为初始基的可行解。按单纯形法计算,结果如表 7.1 所示。

表 7.1

	C		1	2	0	0	0
C_B	X_B	$B^{-1}b$	x_1	x_2	x_3	x_4	x_5
0	x_3	0	-1	1	1	0	0
0	x_4	2	1	1	0	1	0
0	x_5	1	0	1	0	0	1
	σ		-1	-2	0	0	0

因 $\sigma_j \leqslant 0$,则已得最优解,最优解:$X_B = \begin{pmatrix} x_1 \\ x_2 \end{pmatrix} = \begin{pmatrix} 0 \\ 0 \end{pmatrix}$,其余 $x_j = 0$;最优值:$Z_1 = 0$,即 $f_{1\min} = 0$。

第二步:求极大值

$$\max Z_1 = x_1 + 2x_2$$
$$\text{s.t.} \begin{cases} -x_1 + x_2 + x_3 = 0 \\ x_1 + x_2 + x_4 = 2 \\ x_2 + x_5 = 1 \\ x_1, x_2 \geqslant 0 \end{cases}$$

取 $(P_3\ P_4\ P_5) = \begin{pmatrix} 1 & 0 & 0 \\ 0 & 1 & 0 \\ 0 & 0 & 1 \end{pmatrix}$ 为初始基 B，则 $X_B = \begin{pmatrix} x_3 \\ x_4 \\ x_5 \end{pmatrix} = \begin{pmatrix} 0 \\ 2 \\ 1 \end{pmatrix}$，$x_1, x_2 = 0$ 为初始基的可行解。按单纯形法计算，结果如表 7.2 所示。

表 7.2

C_B	X_B	$B^{-1}b$	C 1 x_1	2 x_2	0 x_3	0 x_4	0 x_5
0	x_3	0	-1	[1]	1	0	0
0	x_4	2	1	1	0	1	0
0	x_5	1	0	1	0	0	1
	σ		1	2	0	0	0
2	x_2	-1	1	1	0	0	
0	x_4	2	2	0	-1	1	0
0	x_5	1	1	0	-1	0	1
	σ		3	0	-2	0	0
2	x_2	1	0	1	1/2	1/2	0
1	x_1	1	1	0	-1/2	1/2	0
0	x_5	1	0	0	0	0	1
	σ		0	0	-1/2	-3/2	0

因 $\sigma_j \leqslant 0$，则已得最优解，最优解：$X_B = \begin{pmatrix} x_2 \\ x_1 \end{pmatrix} = \begin{pmatrix} 1 \\ 1 \end{pmatrix}$，其余 $x_j = 0$；最优值：$Z_1 = 3$，即 $f_{1\max} = 3$。

对于第二个方程 $\max f_2(x,y) = x + y$，利用单纯形法进行求解，步骤如下：

$$\max f_2(x,y) = x + y$$
$$\text{s.t.} \begin{cases} y \leqslant x \leqslant 2 - y \\ 0 \leqslant y \leqslant 1 \end{cases}$$

用 x_1 代替 x，用 x_2 代替 y，Z 代替 $f_1(x,y)$，得

$$\max Z = x_1 + x_2$$
$$\text{s.t.} \begin{cases} x_2 \leqslant x_1 \leqslant 2 - x_2 \\ 0 \leqslant x_2 \leqslant 1 \end{cases}$$

转化为

$$\max Z = x_1 + x_2$$
$$\text{s.t.} \begin{cases} -x_1 + x_2 \leq 0 \\ x_1 + x_2 - 2 \leq 0 \\ x_2 - 1 \leq 0 \\ x_1, x_2 \leq 0 \end{cases}$$

第一步：求极小值
$$\min Z_2 = x_1 + x_2$$
$$\text{s.t.} \begin{cases} -x_1 + x_2 + x_3 = 0 \\ x_1 + x_2 + x_4 = 2 \\ x_2 + x_5 = 1 \\ x_1, x_2 \geq 0 \end{cases}$$

取 $(P_3 \; P_4 \; P_5) = \begin{pmatrix} 1 & 0 & 0 \\ 0 & 1 & 0 \\ 0 & 0 & 1 \end{pmatrix}$ 为初始基 B，则 $X_B = \begin{pmatrix} x_3 \\ x_4 \\ x_5 \end{pmatrix} = \begin{pmatrix} 0 \\ 2 \\ 1 \end{pmatrix}$，$x_1, x_2 = 0$ 为初始基的可行解。

按单纯形法计算，结果如表 7.3 所示。

表 7.3

	C		1	1	0	0	0
C_B	X_B	$B^{-1}b$	x_1	x_2	x_3	x_4	x_5
0	x_3	0	-1	1	1	0	0
0	x_4	2	1	1	0	1	0
0	x_5	1	0	1	0	0	1
	σ		-1	-1	0	0	0

因 $\sigma_j \leq 0$，则已得最优解，最优解：$X_B = \begin{pmatrix} x_1 \\ x_2 \end{pmatrix} = \begin{pmatrix} 0 \\ 0 \end{pmatrix}$，其余 $x_j = 0$；最优值：$Z_2 = 0$，即 $f_{2\min} = 0$。

第二步：求极大值
$$\max Z_2 = x_1 + x_2$$
$$\text{s.t.} \begin{cases} -x_1 + x_2 + x_3 = 0 \\ x_1 + x_2 + x_4 = 2 \\ x_2 + x_5 = 1 \\ x_1, x_2 \geq 0 \end{cases}$$

取 $(P_3 \; P_4 \; P_5) = \begin{pmatrix} 1 & 0 & 0 \\ 0 & 1 & 0 \\ 0 & 0 & 1 \end{pmatrix}$ 为初始基 B，则 $X_B = \begin{pmatrix} x_3 \\ x_4 \\ x_5 \end{pmatrix} = \begin{pmatrix} 0 \\ 2 \\ 1 \end{pmatrix}$，$x_1, x_2 = 0$ 为初始基的可行解。按单纯形法计算，结果如表 7.4 所示。

表 7.4

C_B	X_B	$B^{-1}b$	C=1, x_1	C=1, x_2	C=0, x_3	C=0, x_4	C=0, x_5
0	x_3	0	[-1]	1	1	0	0
0	x_4	2	1	1	0	1	0
0	x_5	1	0	1	0	0	1
	σ		1	1	0	0	0
1	x_1	0	1	-1	-1	0	0
0	x_4	2	0	[2]	1	1	0
0	x_5	1	0	1	0	0	1
	σ		0	2	1	0	0
1	x_1	1	1	0	-1/2	1/2	0
1	x_2	1	0	1	1/2	1/2	0
0	x_5	1	0	1	0	0	1
	σ		0	0	0	-1	0

因 $\sigma_j \leqslant 0$，则已得最优解，最优解：$X_B = \begin{pmatrix} x_1 \\ x_2 \end{pmatrix} = \begin{pmatrix} 1 \\ 1 \end{pmatrix}$，其余 $x_j = 0$；最优值：$Z_2 = 2$，即 $f_{2\max} = 2$。

方法一：功效系数法

对于 $\min f_1(xy) = x + 2y$，所求的函数值越小越好，$f_{1\min} = 0$，$f_{1\max} = 3$。则

$$d_j = \frac{f_{j\max} - f_j(x)}{f_{j\max} - f_{j\min}}, \text{ 即 } d_j = \frac{f_{j\max} - f_j(x)}{f_{j\max} - f_{j\min}} = \frac{3 - (x+2y)}{3 - 0} = \frac{3 - x - 2y}{3} = 1 - \frac{x}{3} - \frac{2y}{3}$$

对于 $\max f_2(x,y) = x + y$，所求的函数值越大越好，$f_{2\min} = 0$，$f_{2\max} = 2$。则

$$d_j = \frac{f_j(x) - f_{j\max}}{f_{j\max} - f_{j\min}}, \text{ 即 } d_j = \frac{f_j(x) - f_{j\max}}{f_{j\max} - f_{j\min}} = \frac{(x+y) - 0}{2 - 0} = \frac{x+y}{2} = \frac{x}{2} + \frac{y}{2}$$

评价函数为

$$h(f) = \sqrt{(1 - \frac{x}{3} - \frac{2y}{3})(\frac{x}{2} + \frac{y}{2})} = \frac{\sqrt{6}}{6}\sqrt{-x^2 - 2y^2 - 3xy + 3x + 3y},$$

求极值

$$\max(-x^2 - 2y^2 - 3xy + 3x + 3y)$$
$$\text{s.t.} \begin{cases} y \leqslant x \leqslant 2 - y \\ 0 \leqslant y \leqslant 1 \end{cases}$$

用内点法进行求解：

原问题

$$\max(-x^2-2y^2-3xy+3x+3y)$$
$$\text{s.t.} \begin{cases} y \leqslant x \leqslant 2-y \\ 0 \leqslant y \leqslant 1 \end{cases}$$

转化为

$$\min(x^2+2y^2+3xy-3x-3y)$$
$$\text{s.t.} \begin{cases} x-y \geqslant 0 \\ -x-y+2 \geqslant 0 \\ 1-y \geqslant 0 \\ y \geqslant 0 \end{cases}$$

构造 $q(x) = r\sum_{i=1}^{m}\dfrac{1}{g_i(x)}$，将问题变为 $\min(f(x)+q(x))$。

选取初始点为 $(x,y)^0 = \begin{pmatrix} 1 \\ 0.5 \end{pmatrix}$，$\varepsilon = 0.1 > 0$，$r_1 = 1 > 0$，缩小系数 $C = 0.1$，则将

$$\min(x^2+2y^2+3xy-3x-3y)$$
$$\text{s.t.} \begin{cases} x-y \geqslant 0 \\ -x-y+2 \geqslant 0 \\ 1-y \geqslant 0 \\ y \geqslant 0 \end{cases}$$

转化为求 $\min(f(x)+q(x))$ 的极小值，即：

$$\min(f(x,y)+q(x,y)) = x^2+2y^2+3xy-3x-3y + r\left(\dfrac{1}{x-y}+\dfrac{1}{-x-y+2}+\dfrac{1}{1-y}+\dfrac{1}{y}\right)$$

用牛顿法进行求解：

$$\min(f(x,y)+q(x,y)) = x^2+2y^2+3xy-3x-3y + r\left(\dfrac{1}{x-y}+\dfrac{1}{-x-y+2}+\dfrac{1}{1-y}+\dfrac{1}{y}\right)$$

$r_1 = 1$

用 x_1 代替 x，用 x_2 代替 y，得

$$\min(f(x)+q(x)) = p(x) = x_1^2+2x_2^2+3x_1x_2-3x_1-3x_2 + r\left(\dfrac{1}{x_1-x_2}+\dfrac{1}{-x_1-x_2+2}+\dfrac{1}{1-x_2}+\dfrac{1}{x_2}\right)$$

$$\nabla p(x^0) = \left(2x_1+3x_2-3-\dfrac{1}{(x_1-x_2)^2}+\dfrac{1}{(x_1+x_2-2)^2},\ 3x_1+4x_2-3+\dfrac{1}{(x_1-x_2)^2}+\dfrac{1}{(x_1+x_2-2)^2}\right.$$
$$\left.+\dfrac{1}{(x_2-1)^2}-\dfrac{1}{x_2^2}\right)^T \bigg|_{\substack{x_1=1 \\ x_2=0.5}} = (0.5, 10)^T$$

$$H(x^0) = \begin{bmatrix} \dfrac{\partial p^2}{\partial x_1^2} & \dfrac{\partial p^2}{\partial x_1 \partial x_2} \\ \dfrac{\partial p^2}{\partial x_2 \partial x_1} & \dfrac{\partial p^2}{\partial x_2^2} \end{bmatrix} = \begin{bmatrix} 2+\dfrac{2}{(x_1-x_2)^3}-\dfrac{2}{(x_1+x_2-2)^3} & 3-\dfrac{2}{(x_1-x_2)^3}-\dfrac{2}{(x_1+x_2-2)^3} \\ 3-\dfrac{2}{(x_1-x_2)^3}-\dfrac{2}{(x_1+x_2-2)^3} & 4+\dfrac{2}{(x_1-x_2)^3}-\dfrac{2}{(x_1+x_2-2)^3}-\dfrac{2}{(x_2-1)^3}+\dfrac{2}{x_2^3} \end{bmatrix}$$

$$= \begin{bmatrix} 34 & 3 \\ 3 & 64 \end{bmatrix}$$

$$H(x^0)^{-1} = \begin{bmatrix} 0.029\,533\,909 & -0.001\,384\,402 \\ -0.001\,384\,402 & 0.015\,689\,893 \end{bmatrix}$$

$$x^1 = x^0 - H(x^0)^{-1} \times \nabla p(x^0) = \begin{bmatrix} 1 \\ 0.5 \end{bmatrix} - \begin{bmatrix} 0.029\,533\,909 & -0.001\,384\,402 \\ -0.001\,384\,402 & 0.015\,689\,893 \end{bmatrix} \begin{bmatrix} 0.5 \\ 10 \end{bmatrix} = \begin{bmatrix} 0.990\,77 \\ 0.343\,79 \end{bmatrix}$$

$$\nabla p(x^1) = \left(2x_1 + 3x_2 - 3 - \frac{1}{(x_1-x_2)^2} + \frac{1}{(x_1+x_2-2)^2},\ 3x_1 + 4x_2 - 3 + \frac{1}{(x_1-x_2)^2} + \frac{1}{(x_1+x_2-2)^2} + \frac{1}{(x_2-1)^2} - \frac{1}{x_2^2} \right)^{\mathrm{T}} = (-0.117\,798\,857,\ -0.143\,777\,505)^{\mathrm{T}}$$

$\|\nabla p(x^1)\| = 0.1858 > \varepsilon = 0.1$,

$$r_k \sum_{i=1}^m \frac{1}{g_i(x)} = 1 \times \left(\frac{1}{x_1-x_2} + \frac{1}{-x_1-x_2+2} + \frac{1}{1-x_2} + \frac{1}{x_2} \right) = \frac{1}{x_1-x_2} + \frac{1}{-x_1-x_2+2} + \frac{1}{1-x_2} + \frac{1}{x_2}$$

$$= 1.545\,64 + 1.502\,76 + 1.523\,90 + 2.908\,75 = 6.481\,05 > \varepsilon = 0.1$$

不符合精度要求，需要进一步迭代。

$$\nabla p(x^1) = \begin{bmatrix} -0.117\,798\,857 \\ -0.143\,777\,505 \end{bmatrix}$$

$$H(x^1) = \begin{bmatrix} \dfrac{\partial p^2}{\partial x_1^2} & \dfrac{\partial p^2}{\partial x_1 \partial x_2} \\ \dfrac{\partial p^2}{\partial x_2 \partial x_1} & \dfrac{\partial p^2}{\partial x_2^2} \end{bmatrix} = \begin{bmatrix} 2 + \dfrac{2}{(x_1-x_2)^3} - \dfrac{2}{(x_1+x_2-2)^3} & 3 - \dfrac{2}{(x_1-x_2)^3} - \dfrac{2}{(x_1+x_2-2)^3} \\ 3 - \dfrac{2}{(x_1-x_2)^3} - \dfrac{2}{(x_1+x_2-2)^3} & 4 + \dfrac{2}{(x_1-x_2)^3} - \dfrac{2}{(x_1+x_2-2)^3} - \dfrac{2}{(x_2-1)^3} + \dfrac{2}{x_2^3} \end{bmatrix}$$

$$= \begin{bmatrix} 16.172\,515\,37 & 2.402\,279\,709 \\ 2.400\,227\,970\,9 & 74.471\,349\,33 \end{bmatrix}$$

$$H(x^1)^{-1} = \begin{bmatrix} 0.062\,136 & -0.002\,038 \\ -0.002\,038 & 0.013\,493 \end{bmatrix}$$

$$x^2 = x^1 - H(x^1)^{-1} \times \nabla p(x^1) = \begin{bmatrix} 0.990\,77 \\ 0.343\,79 \end{bmatrix} - \begin{bmatrix} 0.062\,136 & -0.002\,038 \\ -0.002\,038 & 0.013\,493 \end{bmatrix} \begin{bmatrix} -0.117\,798\,857 \\ -0.143\,777\,505 \end{bmatrix} = \begin{bmatrix} 0.998\,089\,549 \\ 0.345\,489\,915 \end{bmatrix}$$

$$\nabla p(x^2) = \left(2x_1 + 3x_2 - 3 - \frac{1}{(x_1-x_2)^2} + \frac{1}{(x_1+x_2-2)^2},\ 3x_1 + 4x_2 - 3 + \frac{1}{(x_1-x_2)^2} + \frac{1}{(x_1+x_2-2)^2} + \frac{1}{(x_2-1)^2} - \frac{1}{x_2^2} \right)^{\mathrm{T}}$$

$$= (0.005\,393,\ 0.001\,633)^{\mathrm{T}}$$

$\|\nabla p(x^2)\| = 0.005 < \varepsilon = 0.1$,

$$r_k \sum_{i=1}^m \frac{1}{g_i(x)} = 1 \times \left(\frac{1}{x_1-x_2} + \frac{1}{-x_1-x_2+2} + \frac{1}{1-x_2} + \frac{1}{x_2} \right) = \frac{1}{x_1-x_2} + \frac{1}{-x_1-x_2+2} + \frac{1}{1-x_2} + \frac{1}{x_2}$$

$$= 7.4780 > \varepsilon = 0.1$$

不符合精度要求，需进一步迭代。

取 $r_1 = 0.1$ 时，

$$\min(f(x) + q(x)) = p(x) = x_1^2 + 2x_2^2 + 3x_1 x_2 - 3x_1 - 3x_2 + r \left(\frac{1}{x_1-x_2} + \frac{1}{-x_1-x_2+2} + \frac{1}{1-x_2} + \frac{1}{x_2} \right)$$

即 $\min(f(x)+q(x)) = p(x) = x_1^2 + 2x_2^2 + 3x_1x_2 - 3x_1 - 3x_2 + 0.1 \times \left(\dfrac{1}{x_1-x_2} + \dfrac{1}{-x_1-x_2+2} + \dfrac{1}{1-x_2} + \dfrac{1}{x_2} \right)$

$\nabla p(x^0) = \left(2x_1 + 3x_2 - 3 - \dfrac{0.1}{(x_1-x_2)^2} + \dfrac{0.1}{(x_1+x_2-2)^2},\ 3x_1 + 4x_2 - 3 + \dfrac{0.1}{(x_1-x_2)^2} + \dfrac{0.1}{(x_1+x_2-2)^2} + \dfrac{0.1}{(x_2-1)^2} - \dfrac{0.1}{x_2^2} \right)^T \bigg|_{\substack{x_1=1 \\ x_2=0.5}}$

$= (0.5,\ 2.8)^T$

$H(x^0) = \begin{bmatrix} \dfrac{\partial p^2}{\partial x_1^2} & \dfrac{\partial p^2}{\partial x_1 \partial x_2} \\ \dfrac{\partial p^2}{\partial x_2 \partial x_1} & \dfrac{\partial p^2}{\partial x_2^2} \end{bmatrix} = \begin{bmatrix} 2 + \dfrac{0.2}{(x_1-x_2)^3} - \dfrac{0.2}{(x_1+x_2-2)^3} & 3 - \dfrac{0.2}{(x_1-x_2)^3} - \dfrac{0.2}{(x_1+x_2-2)^3} \\ 3 - \dfrac{0.2}{(x_1-x_2)^3} - \dfrac{0.2}{(x_1+x_2-2)^3} & 4 + \dfrac{0.2}{(x_1-x_2)^3} - \dfrac{0.2}{(x_1+x_2-2)^3} - \dfrac{0.2}{(x_2-1)^3} + \dfrac{0.2}{x_2^3} \end{bmatrix}$

$= \begin{bmatrix} 5.2 & 3 \\ 3 & 10.4 \end{bmatrix}$

$H(x^0)^{-1} = \begin{bmatrix} 0.230\,700\,976 & -0.066\,548\,358 \\ -0.066\,548\,358 & 0.115\,350\,488 \end{bmatrix},$

$x^1 = x^0 - H(x^0)^{-1} \times \nabla p(x^0) = \begin{bmatrix} 1 \\ 0.5 \end{bmatrix} - \begin{bmatrix} 0.230\,700\,976 & -0.066\,548\,358 \\ -0.066\,548\,358 & 0.115\,350\,488 \end{bmatrix} \begin{bmatrix} 0.5 \\ 2.8 \end{bmatrix} = \begin{bmatrix} 1.070\,984\,914 \\ 0.210\,292\,812 \end{bmatrix}$

$\nabla p(x^1) = \left(2x_1 + 3x_2 - 3 - \dfrac{0.1}{(x_1-x_2)^2} + \dfrac{0.1}{(x_1+x_2-2)^2},\ 3x_1 + 4x_2 - 3 + \dfrac{0.1}{(x_1-x_2)^2} + \dfrac{0.1}{(x_1+x_2-2)^2} + \dfrac{0.1}{(x_2-1)^2} - \dfrac{0.1}{x_2^2} \right)^T$

$= (-0.168\,584,\ -0.718\,538)^T$

$\|\nabla p(x^1)\| = 0.7380 > \varepsilon = 0.1$

$r_k \sum\limits_{i=1}^{m} \dfrac{1}{g_i(x)} = 0.1 \times \left(\dfrac{1}{x_1-x_2} + \dfrac{1}{-x_1-x_2+2} + \dfrac{1}{1-x_2} + \dfrac{1}{x_2} \right) = 0.1 \times (1.545\,64 + 1.502\,76 + 1.523\,90 + 2.908\,75)$

$= 0.648\,105 > \varepsilon = 0.1$

不符合精度要求，需进一步迭代。

$\nabla p(x^1) = \begin{bmatrix} -0.169\,594 \\ -0.718\,538 \end{bmatrix},\quad x^1 = \begin{bmatrix} 1.070\,984\,914 \\ 0.210\,292\,812 \end{bmatrix},$

$H(x^1) = \begin{bmatrix} \dfrac{\partial p^2}{\partial x_1^2} & \dfrac{\partial p^2}{\partial x_1 \partial x_2} \\ \dfrac{\partial p^2}{\partial x_2 \partial x_1} & \dfrac{\partial p^2}{\partial x_2^2} \end{bmatrix} = \begin{bmatrix} 2 + \dfrac{0.2}{(x_1-x_2)^3} - \dfrac{0.2}{(x_1+x_2-2)^3} & 3 - \dfrac{0.2}{(x_1-x_2)^3} - \dfrac{0.2}{(x_1+x_2-2)^3} \\ 3 - \dfrac{0.2}{(x_1-x_2)^3} - \dfrac{0.2}{(x_1+x_2-2)^3} & 4 + \dfrac{0.2}{(x_1-x_2)^3} - \dfrac{0.2}{(x_1+x_2-2)^3} - \dfrac{0.2}{(x_2-1)^3} + \dfrac{0.2}{x_2^3} \end{bmatrix}$

$= \begin{bmatrix} 2.852\,338\,384 & 3.225\,005\,909 \\ 3.225\,005\,909 & 26.768\,050\,82 \end{bmatrix}$

$$H(x^1)^{-1} = \begin{bmatrix} 0.405\,878\,626 & -0.048\,900\,121 \\ -0.048\,900\,121 & 0.043\,249\,439 \end{bmatrix}$$

$$x^2 = x^1 - H(x^1)^{-1} \times \nabla p(x^1) = \begin{bmatrix} 1.070\,985\,0 \\ 0.210\,280\,5 \end{bmatrix} - \begin{bmatrix} 0.405\,878\,626 & -0.048\,900\,121 \\ -0.048\,900\,121 & 0.043\,249\,439 \end{bmatrix} \begin{bmatrix} -0.169\,594 \\ -0.718\,538 \end{bmatrix}$$

$$= \begin{bmatrix} 1.104\,277\,106 \\ 0.233\,112\,598 \end{bmatrix}$$

$$\nabla p(x^2) = \left(2x_1 + 3x_2 - 3 - \frac{0.1}{(x_1-x_2)^2} + \frac{0.1}{(x_1+x_2-2)^2},\ 3x_1 + 4x_2 - 3 + \frac{0.1}{(x_1-x_2)^2} + \frac{0.1}{(x_1+x_2-2)^2} \right.$$

$$\left. + \frac{0.1}{(x_2-1)^2} - \frac{0.1}{x_2^2} \right)^T = (0.003\,89,\ 0.065\,37)^T$$

$$\|\nabla p(x^2)\| = 0.065\,48 < \varepsilon = 0.1,$$

$$r_k \sum_{i=1}^m \frac{1}{g_i(x)} = 0.1 \times \left(\frac{1}{x_1-x_2} + \frac{1}{-x_1-x_2+2} + \frac{1}{1-x_2} + \frac{1}{x_2} \right) = 0.825\,08 > \varepsilon = 0.1$$

不符合精度要求，需进一步迭代。

$$\nabla p(x^2) = \begin{bmatrix} 0.003\,89 \\ 0.065\,37 \end{bmatrix},\quad x^2 = \begin{bmatrix} 1.104\,277\,106 \\ 0.233\,112\,598 \end{bmatrix}$$

$$H(x^2) = \begin{bmatrix} \dfrac{\partial p^2}{\partial x_1^2} & \dfrac{\partial p^2}{\partial x_1 \partial x_2} \\ \dfrac{\partial p^2}{\partial x_2 \partial x_1} & \dfrac{\partial p^2}{\partial x_2^2} \end{bmatrix} = \begin{bmatrix} 2 + \dfrac{0.2}{(x_1-x_2)^3} - \dfrac{0.2}{(x_1+x_2-2)^3} & 3 - \dfrac{0.2}{(x_1-x_2)^3} - \dfrac{0.2}{(x_1+x_2-2)^3} \\ 3 - \dfrac{0.2}{(x_1-x_2)^3} - \dfrac{0.2}{(x_1+x_2-2)^3} & 4 + \dfrac{0.2}{(x_1-x_2)^3} - \dfrac{0.2}{(x_1+x_2-2)^3} - \dfrac{0.2}{(x_2-1)^3} + \dfrac{0.2}{x_2^3} \end{bmatrix}$$

$$= \begin{bmatrix} 2.989\,975\,552 & 3.389\,061\,368 \\ 3.384\,969\,846 & 21.221\,621\,07 \end{bmatrix}$$

$$H(x^2)^{-1} = \begin{bmatrix} 0.391\,124\,625 & -0.057\,714\,219 \\ -0.057\,714\,219 & 0.057\,521\,368 \end{bmatrix}$$

$$x^3 = x^2 - H(x^2)^{-1} \times \nabla p(x^2) = \begin{bmatrix} 1.104\,277\,106 \\ 0.233\,112\,598 \end{bmatrix} - \begin{bmatrix} 0.391\,124\,625 & -0.057\,714\,219 \\ -0.057\,714\,219 & 0.057\,521\,368 \end{bmatrix} \begin{bmatrix} 0.003\,89 \\ 0.065\,37 \end{bmatrix}$$

$$= \begin{bmatrix} 1.106\,528\,41 \\ 0.229\,576\,934 \end{bmatrix}$$

$$\nabla p(x^3) = \left(2x_1 + 3x_2 - 3 - \frac{0.1}{(x_1-x_2)^2} + \frac{0.1}{(x_1+x_2-2)^2},\ 3x_1 + 4x_2 - 3 + \frac{0.1}{(x_1-x_2)^2} + \frac{0.1}{(x_1+x_2-2)^2} \right.$$

$$\left. + \frac{0.1}{(x_2-1)^2} - \frac{0.1}{x_2^2} \right)^T = (0.870\,30,\ 2.266\,80)^T$$

$$\|\nabla p(x^3)\| = 2.428\,13 > \varepsilon = 0.1,$$

$$r_k \sum_{i=1}^m \frac{1}{g_i(x)} = 0.1 \times \left(\frac{1}{x_1-x_2} + \frac{1}{-x_1-x_2+2} + \frac{1}{1-x_2} + \frac{1}{x_2} \right) = 0.830\,04 > \varepsilon = 0.1$$

不符合精度要求，需进一步迭代。

取 $r_1 = 0.01$ 时，

$$\min(f(x)+q(x)) = p(x) = x_1^2 + 2x_2^2 + 3x_1x_2 - 3x_1 - 3x_2 + r\left(\frac{1}{x_1-x_2} + \frac{1}{-x_1-x_2+2} + \frac{1}{1-x_2} + \frac{1}{x_2}\right)$$

即 $\min(f(x)+q(x)) = p(x) = x_1^2 + 2x_2^2 + 3x_1x_2 - 3x_1 - 3x_2 + 0.01\left(\frac{1}{x_1-x_2} + \frac{1}{-x_1-x_2+2} + \frac{1}{1-x_2} + \frac{1}{x_2}\right)$

$$\nabla p(x^0) = \left(2x_1 + 3x_2 - 3 - \frac{0.01}{(x_1-x_2)^2} + \frac{0.01}{(x_1+x_2-2)^2},\ 3x_1 + 4x_2 - 3 + \frac{0.01}{(x_1-x_2)^2} + \frac{0.01}{(x_1+x_2-2)^2} + \frac{0.01}{(x_2-1)^2} - \frac{0.01}{x_2^2}\right)^T$$

$\begin{vmatrix} x_1 = 1 \\ x_2 = 0.5 \end{vmatrix} = (0.5, 2.08)^T$

$$H(x^0) = \begin{bmatrix} \frac{\partial p^2}{\partial x_1^2} & \frac{\partial p^2}{\partial x_1 \partial x_2} \\ \frac{\partial p^2}{\partial x_2 \partial x_1} & \frac{\partial p^2}{\partial x_2^2} \end{bmatrix} = \begin{bmatrix} 2 + \frac{0.02}{(x_1-x_2)^3} - \frac{0.02}{(x_1+x_2-2)^3} & 3 - \frac{0.02}{(x_1-x_2)^3} - \frac{0.02}{(x_1+x_2-2)^3} \\ 3 - \frac{0.02}{(x_1-x_2)^3} - \frac{0.02}{(x_1+x_2-2)^3} & 4 + \frac{0.02}{(x_1-x_2)^3} - \frac{0.02}{(x_1+x_2-2)^3} - \frac{0.02}{(x_2-1)^3} + \frac{0.02}{x_2^3} \end{bmatrix}$$

$$= \begin{bmatrix} 2.32 & 3 \\ 3 & 4.64 \end{bmatrix}$$

$$H(x^0)^{-1} = \begin{bmatrix} 2.629\,193\,1 & -1.699\,909\,338 \\ -1.699\,909\,338 & 1.314\,596\,555 \end{bmatrix}$$

$$x^1 = x^0 - H(x^0)^{-1} \times \nabla p(x^0) = \begin{bmatrix} 1 \\ 0.5 \end{bmatrix} - \begin{bmatrix} 2.629\,193\,1 & -1.699\,909\,338 \\ -1.699\,909\,338 & 1.314\,596\,555 \end{bmatrix} \begin{bmatrix} 0.5 \\ 2.08 \end{bmatrix} = \begin{bmatrix} 3.221\,214\,873 \\ -1.384\,406\,165 \end{bmatrix}$$

此点在可行区域外，不满足约束条件，需进一步迭代。

取 $r_1 = 0.001$ 时，

$$\min(f(x)+q(x)) = p(x) = x_1^2 + 2x_2^2 + 3x_1x_2 - 3x_1 - 3x_2 + r\left(\frac{1}{x_1-x_2} + \frac{1}{-x_1-x_2+2} + \frac{1}{1-x_2} + \frac{1}{x_2}\right)$$

即 $\min(f(x)+q(x)) = p(x) = x_1^2 + 2x_2^2 + 3x_1x_2 - 3x_1 - 3x_2 + 0.001\left(\frac{1}{x_1-x_2} + \frac{1}{-x_1-x_2+2} + \frac{1}{1-x_2} + \frac{1}{x_2}\right)$

$$\nabla p(x^0) = \left(2x_1 + 3x_2 - 3 - \frac{0.001}{(x_1-x_2)^2} + \frac{0.001}{(x_1+x_2-2)^2},\ 3x_1 + 4x_2 - 3 + \frac{0.001}{(x_1-x_2)^2} + \frac{0.001}{(x_1+x_2-2)^2} + \frac{0.001}{(x_2-1)^2} - \frac{0.001}{x_2^2}\right)^T \begin{vmatrix} x_1=1 \\ x_2=0.5 \end{vmatrix} = (0.5, 2.08)^T$$

$$H(x^0) = \begin{bmatrix} \frac{\partial p^2}{\partial x_1^2} & \frac{\partial p^2}{\partial x_1 \partial x_2} \\ \frac{\partial p^2}{\partial x_2 \partial x_1} & \frac{\partial p^2}{\partial x_2^2} \end{bmatrix} = \begin{bmatrix} 2 + \frac{0.002}{(x_1-x_2)^3} - \frac{0.002}{(x_1+x_2-2)^3} & 3 - \frac{0.002}{(x_1-x_2)^3} - \frac{0.002}{(x_1+x_2-2)^3} \\ 3 - \frac{0.002}{(x_1-x_2)^3} - \frac{0.002}{(x_1+x_2-2)^3} & 4 + \frac{0.002}{(x_1-x_2)^3} - \frac{0.002}{(x_1+x_2-2)^3} - \frac{0.002}{(x_2-1)^3} + \frac{0.002}{x_2^3} \end{bmatrix}$$

$$= \begin{bmatrix} 2.016 & 3 \\ 3 & 4.032 \end{bmatrix}$$

$$H(x^0)^{-1} = \begin{bmatrix} -4.626\,569\,731 & 3.442\,388\,193 \\ 3.442\,388\,193 & -2.313\,284\,866 \end{bmatrix}$$

$$x^1 = x^0 - H(x^0)^{-1} \times \nabla p(x^0) = \begin{bmatrix} 1 \\ 0.5 \end{bmatrix} - \begin{bmatrix} -4.626\,569\,731 & 3.442388193 \\ 3.442\,388\,193 & -2.313284866 \end{bmatrix}\begin{bmatrix} 0.5 \\ 2.008 \end{bmatrix} = \begin{bmatrix} -3.599\,030\,626 \\ 3.423\,881\,914 \end{bmatrix}$$

此点在可行区域外，不满足约束条件。

综上，可取误差最小的 $x^2 = \begin{bmatrix} 1.104\,277\,106 \\ 0.233\,112\,598 \end{bmatrix}$ 点为最优解，即：

$$\max(-x^2 - 2y^2 - 3xy + 3x + 3y) = 1.911\,795\,503$$

$$h(f) = \sqrt{\left(1 - \frac{x}{3} - \frac{2y}{3}\right)\left(\frac{x}{2} + \frac{y}{2}\right)} = \frac{\sqrt{6}}{6}\sqrt{-x^2 - 2y^2 - 3xy + 3x + 3y} = \frac{\sqrt{6}}{6} \times \sqrt{1.911\,795\,503}$$
$$= 0.564\,475\,494 \approx 0.5645$$

方法二：理想点法

将上述目标函数

$$\begin{cases} \min f_1(x,y) = x + 2y \\ \max f_2(x,y) = x + y \end{cases}$$

转化为

$$\begin{cases} \max f_1(x,y) = -x - 2y \\ \max f_2(x,y) = x + y \end{cases}$$

用 x_1 代替 x，用 x_2 代替 y，得

$$\begin{cases} \max f_1(x) = -x_1 - 2x_2 \\ \max f_2(x) = x_1 + x_2 \end{cases}$$

分别对单目标求最优解：

$$\min f_1(x,y) = x + 2y$$
$$\text{s.t.} \begin{cases} y \leq x \leq 2 - y \\ 0 \leq y \leq 1 \end{cases}$$

用 x_1 代替 x，用 x_2 代替 y，Z 代替 $f_1(x,y)$，得

$$\min Z = x_1 + 2x_2$$
$$\text{s.t.} \begin{cases} x_2 \leq x_1 \leq 2 - x_2 \\ 0 \leq x_2 \leq 1 \end{cases}$$

转化为

$$\min Z = x_1 + 2x_2$$
$$\text{s.t.} \begin{cases} -x_1 + x_2 \leq 0 \\ x_1 + x_2 - 2 \leq 0 \\ x_2 - 1 \leq 0 \\ x_1, x_2 \geq 0 \end{cases}$$

标准化，得

$$\min Z = x_1 + 2x_2$$
$$\text{s.t.} \begin{cases} -x_1 + x_2 + x_3 = 0 \\ x_1 + x_2 + x_4 = 2 \\ x_2 + x_5 = 1 \\ x_1, x_2 \geq 0 \end{cases}$$

取 $(P_3\ P_4\ P_5) = \begin{pmatrix} 1 & 0 & 0 \\ 0 & 1 & 0 \\ 0 & 0 & 1 \end{pmatrix}$ 为初始基 B，则 $X_B = \begin{pmatrix} x_3 \\ x_4 \\ x_5 \end{pmatrix} = \begin{pmatrix} 0 \\ 2 \\ 1 \end{pmatrix}$，$x_1, x_2 = 0$ 为初始基的可行解。按单纯形法计算，结果如表 7.5 所示。

表 7.5

C_B	X_B	$B^{-1}b$	x_1	x_2	x_3	x_4	x_5
	C		1	2	0	0	0
0	x_3	0	-1	1	1	0	0
0	x_4	2	1	1	0	1	0
0	x_5	1	0	1	0	0	1
	σ		-1	-2	0	0	0

因 $\sigma_j \leq 0$，则已得最优解，最优解：$X_B = \begin{pmatrix} x_1 \\ x_2 \end{pmatrix} = \begin{pmatrix} 0 \\ 0 \end{pmatrix}$，其余 $x_j = 0$。

对于 $\max f_2(x, y) = x + y$，利用单纯形法进行求解，步骤如下：

$$\max f_2(x, y) = x + y$$
$$\text{s.t.} \begin{cases} y \leq x \leq 2 - y \\ 0 \leq y \leq 1 \end{cases}$$

用 x_1 代替 x，用 x_2 代替 y，Z 代替 $f_1(x, y)$，得

$$\max Z = x_1 + x_2$$
$$\text{s.t.} \begin{cases} x_2 \leq x_1 \leq 2 - x_2 \\ 0 \leq x_2 \leq 1 \end{cases}$$

转化为

$$\max Z = x_1 + x_2$$
$$\text{s.t.} \begin{cases} -x_1 + x_2 \leq 0 \\ x_1 + x_2 - 2 \leq 0 \\ x_2 - 1 \leq 0 \\ x_1, x_2 \geq 0 \end{cases}$$

标准化，得

$$\max Z = x_1 + x_2$$
$$\text{s.t.} \begin{cases} -x_1 + x_2 + x_3 = 0 \\ x_1 + x_2 + x_4 = 2 \\ x_2 + x_5 = 1 \\ x_1, x_2 \geq 0 \end{cases}$$

取 $(P_3\ P_4\ P_5) = \begin{pmatrix} 1 & 0 & 0 \\ 0 & 1 & 0 \\ 0 & 0 & 1 \end{pmatrix}$ 为初始基 B，则 $X_B = \begin{pmatrix} x_3 \\ x_4 \\ x_5 \end{pmatrix} = \begin{pmatrix} 0 \\ 2 \\ 1 \end{pmatrix}$，$x_1, x_2 = 0$ 为初始基的可行解。按单纯形法计算步骤计算结果如表 7.6 所示。

表 7.6

C_B	X_B	C	1	1	0	0	0
		$B^{-1}b$	x_1	x_2	x_3	x_4	x_5
0	x_3	0	[−1]	1	1	0	0
0	x_4	2	1	1	0	1	0
0	x_5	1	0	1	0	0	1
	σ		1	1	0	0	0
1	x_1	0	1	−1	−1	0	0
0	x_4	2	0	[2]	1	1	0
0	x_5	1	0	1	0	0	1
	σ		0	2	1	0	0
1	x_1	1	1	0	−1/2	1/2	0
1	x_2	1	0	1	1/2	1/2	0
0	x_5	1	0	0	1	0	1
	σ		0	0	0	−1	0

因 $\sigma_j \leq 0$，则已得最优解，最优解：$X_B = \begin{pmatrix} x_1 \\ x_2 \end{pmatrix} = \begin{pmatrix} 1 \\ 1 \end{pmatrix}$，其余 $x_j = 0$。

分别对单目标求出最优解为：$x^1 = \begin{pmatrix} 0 \\ 0 \end{pmatrix}$，$x^2 = \begin{pmatrix} 1 \\ 1 \end{pmatrix}$，对应的目标值为：$\begin{cases} f_1(x^1) = f_1^0 = 0 \\ f_2(x^2) = f_2^0 = 2 \end{cases}$，故理想点为 $\begin{pmatrix} f_1^0 \\ f_2^0 \end{pmatrix} = \begin{pmatrix} 0 \\ 2 \end{pmatrix}$。

令评价函数为 $\sqrt{\sum_{j=1}^{2}(f_i^0 - f_j^0)^2}$，求

$$\min \sqrt{(-x_1 - 2x_2 - 0)^2 + (x_1 + x_2 - 2)^2} = \sqrt{2x_1^2 + 5x_2^2 + 6x_1 x_2 - 4x_1 - 4x_2 + 4}$$

其中 $\begin{cases} x_2 \leq x_1 \leq 2 - x_1 \\ 0 \leq x_2 \leq 1 \end{cases}$。

则原问题变为

$$\min \sqrt{2x^2 + 5y^2 + 6xy - 4x - 4y + 4}$$

$$\text{s.t.} \begin{cases} x - y \geq 0 \\ -x - y + 2 \geq 0 \\ 1 - y \geq 0 \\ y \geq 0 \end{cases}$$

以下是用内点法求解：

构造 $q(x) = r\sum_{i=1}^{m}\dfrac{1}{g_i(x)}$，将问题变为 $\min(f(x)+q(x))$。

选取初始点为 $(x,y)^0 = \begin{pmatrix}1\\0.5\end{pmatrix}$，$\varepsilon = 0.1 > 0$，$r_1 = 1 > 0$，缩小系数 $C = 0.1$，则将

$$\min\ (2x^2+5y^2+6xy-4x-4y+4)$$

$$\text{s.t.}\begin{cases}x-y\geqslant 0\\-x-y+2\geqslant 0\\1-y\geqslant 0\\y\geqslant 0\end{cases}$$

转化为求 $\min(f(x)+q(x))$ 的极小值，即：

$$\min\ (f(x,y)+q(x,y)) = 2x^2+5y^2+6xy-4x-4y+4+r\left(\dfrac{1}{x-y}+\dfrac{1}{-x-y+2}+\dfrac{1}{1-y}+\dfrac{1}{y}\right)$$

用牛顿法进行求解：

$$\min\ (f(x,y)+q(x,y)) = 2x^2+5y^2+6xy-4x-4y+4+r\left(\dfrac{1}{x-y}+\dfrac{1}{-x-y+2}+\dfrac{1}{1-y}+\dfrac{1}{y}\right)$$

取 $r_1 = 1$ 时，

用 x_1 代替 x，用 x_2 代替 y，得

$$\min\ (f(x)+q(x)) = p(x) = 2x_1^2+5x_2^2+6x_1x_2-4x_1-4x_2+4+r\left(\dfrac{1}{x_1-x_2}+\dfrac{1}{-x_1-x_2+2}+\dfrac{1}{1-x_2}+\dfrac{1}{x_2}\right)$$

$$\nabla p(x^0) = \left(4x_1+6x_2-4-\dfrac{1}{(x_1-x_2)^2}+\dfrac{1}{(x_1+x_2-2)^2},\ 6x_1+10x_2-4+\dfrac{1}{(x_1-x_2)^2}+\dfrac{1}{(x_1+x_2-2)^2}+\dfrac{1}{(x_2-1)^2}-\dfrac{1}{x_2^2}\right)^T\bigg|_{\substack{x_1=1\\x_2=0.5}} = (3,15)^T$$

$$H(x^0) = \begin{bmatrix}\dfrac{\partial p^2}{\partial x_1^2} & \dfrac{\partial p^2}{\partial x_1\partial x_2}\\ \dfrac{\partial p^2}{\partial x_2\partial x_1} & \dfrac{\partial p^2}{\partial x_2^2}\end{bmatrix} = \begin{bmatrix}4+\dfrac{2}{(x_1-x_2)^3}-\dfrac{2}{(x_1+x_2-2)^3} & 6-\dfrac{2}{(x_1-x_2)^3}-\dfrac{2}{(x_1+x_2-2)^3}\\ 6-\dfrac{2}{(x_1-x_2)^3}-\dfrac{2}{(x_1+x_2-2)^3} & 10+\dfrac{2}{(x_1-x_2)^3}-\dfrac{2}{(x_1+x_2-2)^3}-\dfrac{2}{(x_2-1)^3}+\dfrac{2}{x_2^3}\end{bmatrix}$$

$$= \begin{bmatrix}36 & 6\\ 6 & 74\end{bmatrix}$$

$$H(x^0)^{-1} = \begin{bmatrix}0.027\ 397\ 259 & 0.002\ 283\ 105\ 0\\ 0.002\ 283\ 105\ 0 & 0.013\ 698\ 63\end{bmatrix}$$

$$x^1 = x^0 - H(x^0)^{-1}\times\nabla p(x^0) = \begin{bmatrix}1\\0.5\end{bmatrix} - \begin{bmatrix}0.027\ 397\ 259 & 0.002\ 283\ 105\ 0\\ 0.002\ 283\ 105\ 0 & 0.013\ 698\ 63\end{bmatrix}\begin{bmatrix}3\\15\end{bmatrix} = \begin{bmatrix}0.883\ 561\ 648\\0.287\ 671\ 235\end{bmatrix}$$

$\|\nabla p(x^1)\| = 1.6659 > \varepsilon = 0.1$，

$$r_k \sum_{i=1}^{m} \frac{1}{g_i(x)} = 1 \times \left(\frac{1}{x_1 - x_2} + \frac{1}{-x_1 - x_2 + 2} + \frac{1}{1 - x_2} + \frac{1}{x_2} \right) = \frac{1}{x_1 - x_2} + \frac{1}{-x_1 - x_2 + 2} + \frac{1}{1 - x_2} + \frac{1}{x_2}$$
$$= 7.76481 > \varepsilon = 0.1$$

不符合精度要求，需进一步迭代。

取 $r_1 = 0.1$ 时，

$$\min \ (f(x) + q(x)) = p(x) = 2x_1^2 + 5x_2^2 + 6x_1 x_2 - 4x_1 - 4x_2 + 4 + r\left(\frac{1}{x_1 - x_2} + \frac{1}{-x_1 - x_2 + 2} + \frac{1}{1 - x_2} + \frac{1}{x_2} \right)$$

即 $\min \ (f(x) + q(x)) = p(x) = 2x_1^2 + 5x_2^2 + 6x_1 x_2 - 4x_1 - 4x_2 + 4 + 0.1\left(\frac{1}{x_1 - x_2} + \frac{1}{-x - x_2 + 2} + \frac{1}{1 - x_2} + \frac{1}{x_2} \right)$

$$\nabla p(x^0) = \left(4x_1 + 6x_2 - 4 - \frac{0.1}{(x_1 - x_2)^2} + \frac{0.1}{(x_1 + x_2 - 2)^2}, \ 6x_1 + 10x_2 - 4 + \frac{0.1}{(x_1 - x_2)^2} + \frac{0.1}{(x_1 + x_2 - 2)^2} + \right.$$
$$\left. \frac{0.1}{(x_2 - 1)^2} - \frac{0.1}{x_2^2} \right)^T \bigg|_{\substack{x_1 = 1 \\ x_2 = 0.5}} = (3, 7.8)^T$$

$$H(x^0) = \begin{bmatrix} \dfrac{\partial p^2}{\partial x_1^2} & \dfrac{\partial p^2}{\partial x_1 \partial x_2} \\ \dfrac{\partial p^2}{\partial x_2 \partial x_1} & \dfrac{\partial p^2}{\partial x_2^2} \end{bmatrix} = \begin{bmatrix} 4 + \dfrac{0.2}{(x_1 - x_2)^3} - \dfrac{0.2}{(x_1 + x_2 - 2)^3} & 6 - \dfrac{0.2}{(x_1 - x_2)^3} - \dfrac{0.2}{(x_1 + x_2 - 2)^3} \\ 6 - \dfrac{0.2}{(x_1 - x_2)^3} - \dfrac{0.2}{(x_1 + x_2 - 2)^3} & 10 + \dfrac{0.2}{(x_1 - x_2)^3} - \dfrac{0.2}{(x_1 + x_2 - 2)^3} - \dfrac{0.2}{(x_2 - 1)^3} + \dfrac{0.2}{x_2^3} \end{bmatrix}$$

$$= \begin{bmatrix} 7.2 & 6 \\ 6 & 16.4 \end{bmatrix}$$

$$H(x^0)^{-1} = \begin{bmatrix} 0.199\,805\,066 & -0.073\,099\,415 \\ -0.073\,099\,415 & 0.087\,719\,298 \end{bmatrix},$$

$$x^1 = x^0 - H(x^0)^{-1} \times \nabla p(x^0) = \begin{bmatrix} 1 \\ 0.5 \end{bmatrix} - \begin{bmatrix} 0.199\,805\,066 & -0.073\,099\,415 \\ -0.073\,099\,415 & 0.087\,719\,298 \end{bmatrix} \begin{bmatrix} 3 \\ 7.8 \end{bmatrix} = \begin{bmatrix} 1.497\,076\,027 \\ 0.035\,087\,72 \end{bmatrix}$$

$$\nabla p(x^1) = \left(4x_1 + 6x_2 - 4 - \frac{0.1}{(x_1 - x_2)^2} - \frac{0.1}{(x_1 + x_2 - 2)^2}, \ 6x_1 + 10x_2 - 4 + \frac{0.1}{(x_1 - x_2)^2} + \frac{0.1}{(x_1 + x_2 - 2)^2} + \right.$$
$$\left. \frac{0.1}{(x_2 - 1)^2} - \frac{0.1}{x_2^2} \right)^T$$
$$= (2.608\,935\,462, \ -75.280\,593\,97)^T$$

$\|\nabla p(x^1)\| = 75.599\,720\,12 > \varepsilon = 0.1$，

$$r_k \sum_{i=1}^{m} \frac{1}{g_i(x)} = 0.1 \times \left(\frac{1}{x_1 - x_2} + \frac{1}{-x_1 - x_2 + 2} + \frac{1}{1 - x_2} + \frac{1}{x_2} \right) = 3.235\,786\,309 > \varepsilon = 0.1$$

不符合精度要求，需进一步迭代。

取 $r_1 = 0.01$ 时，

$$\min \ (f(x) + q(x)) = p(x) = 2x_1^2 + 5x_2^2 + 6x_1 x_2 - 4x_1 - 4x_2 + 4 + r\left(\frac{1}{x_1 - x_2} + \frac{1}{-x_1 - x_2 + 2} + \frac{1}{1 - x_2} + \frac{1}{x_2} \right)$$

即 $\min (f(x)+q(x))=p(x)=2x_1^2+5x_2^2+6x_1x_2-4x_1-4x_2+4+0.01\times\left(\dfrac{1}{x_1-x_2}+\dfrac{1}{-x_1-x_2+2}+\dfrac{1}{1-x_2}+\dfrac{1}{x_2}\right)$

$\nabla p(x^0)=\left(4x_1+6x_2-4-\dfrac{0.1}{(x_1-x_2)^2}+\dfrac{0.1}{(x_1+x_2-2)^2},\ 6x_1+10x_2-4+\dfrac{0.1}{(x_1-x_2)^2}+\dfrac{0.1}{(x_1+x_2-2)^2}+\right.$

$\left.\dfrac{0.1}{(x_2-1)^2}-\dfrac{0.1}{x_2^2}\right)^T\bigg|\begin{matrix}x_1=1\\ x_2=0.5\end{matrix}$

$=(3,7.8)^T$

$H(x^0)=\begin{bmatrix}\dfrac{\partial p^2}{\partial x_1^2} & \dfrac{\partial p^2}{\partial x_1\partial x_2}\\ \dfrac{\partial p^2}{\partial x_2\partial x_1} & \dfrac{\partial p^2}{\partial x_2^2}\end{bmatrix}=\begin{bmatrix}4+\dfrac{0.2}{(x_1-x_2)^3}-\dfrac{0.2}{(x_1+x_2-2)^3} & 6-\dfrac{0.2}{(x_1-x_2)^3}-\dfrac{0.2}{(x_1+x_2-2)^3}\\ 6-\dfrac{0.2}{(x_1-x_2)^3}-\dfrac{0.2}{(x_1+x_2-2)^3} & 10+\dfrac{0.2}{(x_1-x_2)^3}-\dfrac{0.2}{(x_1+x_2-2)^3}-\dfrac{0.2}{(x_2-1)^3}+\dfrac{0.2}{x_2^3}\end{bmatrix}$

$=\begin{bmatrix}7.2 & 6\\ 6 & 16.4\end{bmatrix}$

$H(x^0)^{-1}=\begin{bmatrix}0.199\,805\,066 & -0.073\,099\,415\\ -0.073\,099\,415 & 0.087\,719\,298\end{bmatrix}$

$x^1=x^0-H(x^0)^{-1}\times\nabla p(x^0)=\begin{bmatrix}1\\0.5\end{bmatrix}-\begin{bmatrix}0.199\,805\,066 & -0.073099415\\ -0.073\,099\,415 & 0.087719298\end{bmatrix}\begin{bmatrix}3\\7.8\end{bmatrix}=\begin{bmatrix}1.497\,076\,027\\ 0.035\,087\,72\end{bmatrix}$

$\nabla p(x^1)=\left(4x_1+6x_2-4-\dfrac{0.1}{(x_1-x_2)^2}+\dfrac{0.1}{(x_1+x_2-2)^2},\ 6x_1+10x_2-4+\dfrac{0.1}{(x_1-x_2)^2}+\dfrac{0.1}{(x_1+x_2-2)^2}+\dfrac{0.1}{(x_2-1)^2}-\dfrac{0.1}{x_2^2}\right)^T$

$=(2.608\,935\,462,\ -75.280\,593\,97)^T$

$\|\nabla p(x^1)\|=75.599\,720\,12>\varepsilon=0.1$,

$r_k\sum_{i=1}^m\dfrac{1}{g_i(x)}=0.1\times\left(\dfrac{1}{x_1-x_2}+\dfrac{1}{-x_1-x_2+2}+\dfrac{1}{1-x_2}+\dfrac{1}{x_2}\right)=3.235\,786\,309>\varepsilon=0.1$

综上，可取 $x^2=\begin{bmatrix}0.883\,561\,648\\ 0.287\,671\,235\end{bmatrix}$ 为最优解，即：

$\min\ (2x^2+5y^2+6xy-4x-4y+4)=2.819\,091\,7$

$\min\ \sqrt{2x^2+5y^2+6xy-4x-4y+4}=\sqrt{2.819\,091\,7}=1.679\,015\,098\approx1.679$

8 动态规划

1. 解 以分别向 A，B，C 三个企业分配资金为阶段，$k=1,2,3$。取 k 阶段初拥有资金数 x_k 为状态变量。记 u_k 为给企业 k 分配的资金数，则状态转移方程是

$$x_{k+1} = x_k - u_k$$

令 $f_k(x_k)$ 为 K 企业至第三个企业的最大总收益，则

$$f_k(x_k) = \max_{0 \leqslant u_k \leqslant x_k} \{g_k(u_k) + f_{k+1}(x_{k+1})\}$$

下面具体求解：

$k=3$，$x_3 = 0, 1, \cdots, 5$ 时

$$f_3(0) = 0, \quad u_3(0) = 0$$
$$f_3(1) = 1, \quad u_3(1) = 1$$
$$f_3(2) = 2, \quad u_3(2) = 2$$
$$f_3(3) = 3, \quad u_3(3) = 3$$
$$f_3(4) = 4, \quad u_3(4) = 4$$
$$f_3(5) = 5, \quad u_3(5) = 5$$

$k=2$，$x_2 = 0, 1, \cdots, 5$ 时

$$f_2(0) = 0, \quad u_2(0) = 0.$$

$$f_2(1) = \max \begin{cases} 0 + f_3(1) \\ 0 + f_3(0) \end{cases} = \max \begin{cases} 0+1 \\ 0+0 \end{cases} = 1, \quad u_2(1) = 0$$

$$f_2(2) = \max \begin{cases} 0 + f_3(2) \\ 0 + f_3(1) \\ 1 + f_3(0) \end{cases} = \max \begin{cases} 0+2 \\ 0+1 \\ 1+0 \end{cases} = 2, \quad u_2(2) = 0$$

$$f_2(3) = \max \begin{cases} 0 + f_3(3) \\ 0 + f_3(2) \\ 1 + f_3(1) \\ 2 + f_3(0) \end{cases} = \max \begin{cases} 0+3 \\ 0+2 \\ 1+1 \\ 2+0 \end{cases} = 3, \quad u_2(3) = 0$$

$$f_2(4) = \max \begin{cases} 0 + f_3(4) \\ 0 + f_3(3) \\ 1 + f_3(2) \\ 2 + f_3(1) \\ 4 + f_3(0) \end{cases} = \max \begin{cases} 0+4 \\ 0+3 \\ 1+2 \\ 2+1 \\ 4+0 \end{cases} = 4, \quad u_2(4) = 0 \text{ 或 } 4$$

$$f_2(5) = \max \begin{cases} 0 + f_3(5) \\ 0 + f_3(4) \\ 1 + f_3(3) \\ 2 + f_3(2) \\ 4 + f_3(1) \\ 7 + f_3(0) \end{cases} = \max \begin{cases} 0+5 \\ 0+4 \\ 1+3 \\ 2+2 \\ 4+1 \\ 7+0 \end{cases} = 7, \quad u_2(5) = 5$$

$k=1$，$x_1 = 5$ 时

$$f_1(5) = \max \begin{cases} 0+f_2(5) \\ 2+f_2(4) \\ 2+f_2(3) \\ 3+f_2(2) \\ 3+f_2(1) \\ 3+f_2(0) \end{cases} = \max \begin{cases} 0+7 \\ 2+4 \\ 2+3 \\ 3+2 \\ 3+1 \\ 3+0 \end{cases} = 7, \quad u_1(5) = 0$$

至此，解得本问题的最大总收益 7（百万）元，由 $u_1(5)=0$ 顺次可求得最优投资方案为：
$$u_1(5) = 0, \quad u_2(5) = 5, \quad u_3(0) = 0$$
即将 5 百万元资金全部投放到企业 B，届时可得收益总 7 百万元。

2. **解** 按月份划分阶段 $k = 0, 1, \cdots, 4$。取阶段初库存量 x_k 为状态变量，决策变量 u_k 为 k 阶段内的生产量。则状态转移方程为
$$x_{k+1} = x_k - d_k + u_k, \quad k = 0, 1, \cdots, 4$$
由于
$$d_{k+1} \leq x_{k+1} = x_k - d_k + u_k \leq H$$
所以，u_k 的取值范围为
$$d_k + d_{k+1} - x_k \leq u_k \leq H + d_k - x_k$$
$$0 \leq u_k$$

记 $f_k(x_k)$ 为 k 阶段至 4 阶段末生产的最少总费用。

则
$$\begin{cases} f_k(x_k) = \min_{u_k \in D_k} \{c_k u_k + f_k(x_k - d_k + u_k)\} \\ f_5(x_5) = 0, \quad k = 4, 3, \cdots, 0 \end{cases}$$

$k = 4$ 时，

因为要求 4 月末库存量为 2，即 $x_4 - d_4 + u_4 = 2$，所以，
$$u_4 = 2 + d_4 - x_4 = 4 - x_4$$
$$f_4(x_4) = 20 u_4 = 20(4 - x_4) = 80 - 20 x_4$$

$k = 3$ 时，
$$d_4 \leq x_4 = x_3 - d_3 + u_3 \leq H, \quad 又 u_4 = 4 - x_4 \geq 0，即 x_4 \leq 4$$
所以
$$5 - x_3 \leq u_3 \leq 7 - x_3$$
$$f_3(x_3) = \min_{5-x_3 \leq u_3 \leq 7-x_3} \{17 u_3 + f_4(x_3 - 3 + u_3)\} = \min_{5-x_3 \leq u_3 \leq 7-x_3} \{17 u_3 + 80 - 20(x_3 - 3 + u_3)\}$$
$$= \min_{5-x_3 \leq u_3 \leq 7-x_3} \{-3 u_3 + 140 - 20 x_3\} = -3(7 - x_3) + 140 - 20 x_3 = 119 - 17 x_3$$
$$u_3 = 7 - x_3$$

$k = 2$ 时，
$$d_3 \leq x_3 = x_2 - d_2 + u_2 \leq H, \quad 即 8 - x_2 \leq u_2 \leq 12 - x_2$$
$$f_2(x_2) = \min_{8-x_2 \leq u_2 \leq 12-x_2} \{13 u_2 + f_3(x_2 - 5 + u_2)\} = \min_{8-x_2 \leq u_2 \leq 12-x_2} \{13 u_2 + 119 - 17(x_2 - 5 + u_2)\}$$
$$= \min_{8-x_2 \leq u_2 \leq 12-x_2} \{-4 u_2 + 204 - 17 x_2\} = -4(12 - x_2) + 204 - 17 x_2 = 156 - 13 x_2$$
$$u_2 = 12 - x_2$$

$k = 1$ 时，
$$d_2 \leq x_2 = x_1 - d_1 + u_1 \leq H \quad 即 13 - x_1 \leq u_1 \leq 17 - x_1$$

$$f_1(x_1) = \min_{13-x_1 \leq u_1 \leq 17-x_1}\{18u_1 + f_2(x_1-8+u_1)\} = \min_{13-x_1 \leq u_1 \leq 17-x_1}\{18u_1 + 156 - 13(x_1-8+u_1)\}$$
$$= \min_{13-x_1 \leq u_1 \leq 17-x_1}\{5u_2 + 260 - 13x_1\} = 5(13-x_1) + 260 - 13x_1 = 325 - 18x_1$$

$u_1 = 13 - x_1$

$k=0$ 时,
$$d_1 \leq x_1 = x_0 - d_0 + u_0 \leq H \text{ 即 } 8 - x_0 \leq u_0 \leq 9 - x_0$$
$$f_0(x_0) = \min_{8-x_0 \leq u_0 \leq 9-x_0}\{11u_0 + f_1(x_0-0+u_0)\} = \min_{8-x_0 \leq u_0 \leq 9-x_0}\{11u_0 + 325 - 18(x_0+u_0)\}$$
$$= \min_{8-x_0 \leq u_0 \leq 9-x_0}\{-7u_0 + 325 - 18x_0\} = 262 - 11x_0 = 240$$

$u_0 = 9 - x_0 = 7$

至此,解得该问题的最小总费用为 240,再按计算顺序反推回去,可得最优生产计划如表 8.1 所示。

表 8.1

月	0	1	2	3	4
库存量	2	9	5	7	4
需求量	0	8	5	3	2
产量	7	4	7	0	0

3. 解 按元件种类分成三个阶段,$k=1,2,3$;设状态变量 x_k 表示从元件 D_k 至 D_3 允许使用的费用;记 u_k 为部件 D_k 所使用的并联元件个数;则 $x_{k+1} = x_k - c_k u_k$;用可靠性作为指标,则部件 D_k 的可靠性为 $1-(1-p_k)^{u_k}$。记 $f_k(x_k)$ 为部件 D_k 至 D_3 的最大可靠性,则

$$\begin{cases} f_k(x_k) = \max_{u_k}\{[1-(1-p_k)^{u_k}]f_{k+1}(x_{k+1})\} \\ f_4(x_4)=1, \quad k=3,2,1 \end{cases}$$

$k=3$, $x_3 = 30, 45, 60$ 时

$$f_3(30) = 0.5, \quad u_3(30)=1$$
$$f_3(45) = 1-(1-0.5)^2 = 0.75, \quad u_3(45)=2$$
$$f_3(60) = 1-(1-0.5)^3 = 0.875, \quad u_3(60)=3$$

$k=2$, $x_2 = 45, 75$ 时,
$$f_2(45) = 0.8 f_3(30) = 0.8 \times 0.5 = 0.4, \quad u_2(45)=1$$

$$f_2(75) = \max\begin{cases}[1-(1-0.8)^3]f_3(30)\\ [1-(1-0.8)^2]f_3(45)\\ 0.8 f_3(60)\end{cases} = \max\begin{cases}0.992 \times 0.5\\ 0.96 \times 0.5\\ 0.8 \times 0.875\end{cases} = \max\begin{cases}0.496\\ 0.72\\ 0.7\end{cases} = 0.72, \quad u_2(75)=2$$

$k=1$, $x_1 = 105$ 时,

$$f_1(105) = \max\begin{cases}[1-(1-0.9)^2]f_2(45)\\ 0.9 f_3(75)\end{cases} = \max\begin{cases}0.99 \times 0.4\\ 0.9 \times 0.72\end{cases} = \max\begin{cases}0.396\\ 0.648\end{cases} = 0.648 \quad u_1(105)=1$$

最优设计方案:$D_1=1$(个),$D_2=2$(个),$D_3=2$(个)。
最大可靠性为 0.648,总费用 100 元。

9 决策论

1. 解 根据问题绘制决策树，如图 9.1 所示。

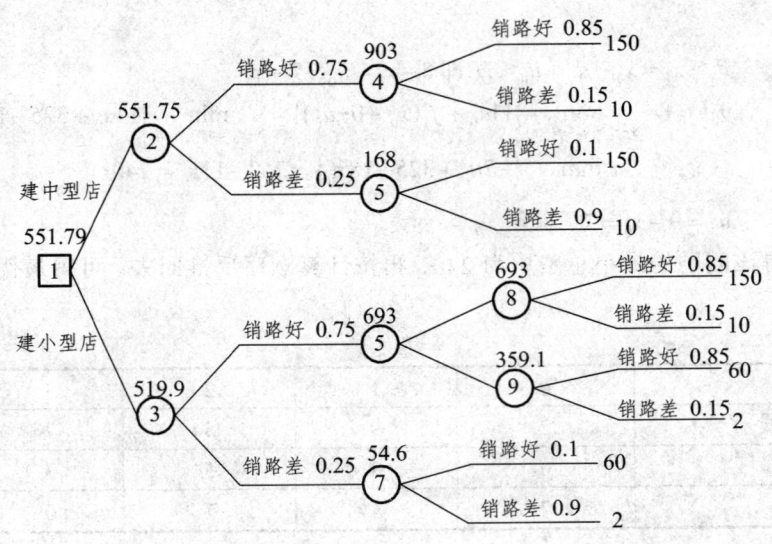

图 9.1

计算各节点及决策点处的期望损益值。从右向左依次计算每个节点处的期望损益值，并将计算结果填入图的相应各节点处。

节点⑧：（150×0.85+10×0.15）×7-210=693 ；节点⑨：（60×0.85+2×0.15）×7=359.1

对于决策点⑥来说，由于扩建后可得净收益 693 万元，而不扩建只能得净收益 359.1 万元，因此，应选择扩建方案，将不扩建方案枝剪掉。

所以有

节点⑥：693

节点④：（150×0.85+10×0.15）×7=903

节点⑤：（150×0.1+10×0.9）×7=168

节点⑦：（60×0.1+2×0.9）×7=54.6

节点②：（100×0.75+10×0.25）×3+903×0.75+168×0.25-400=551.75

节点③：（60×0.75+2×0.25）×3+54.6×0.25+693×0.75-150=519.9

比较两个方案可以看出，建中型店可获净收益 551.75 万元，先建小型店，若前 3 年效益好再扩建，可得净收益 519.9 万元。因此，应选择建中型店的方案为最佳方案。

2. 解 由题意，可以写出下列条件概率

$$P(B_1|\theta_1)=0.8 \quad P(B_2|\theta_1)=0.2$$
$$P(B_1|\theta_2)=0.2 \quad P(B_2|\theta_2)=0.8$$

又知先验概率为 $P(\theta_1)=0.7$，$P(\theta_2)=0.3$，故

联合概率为

$$P(\theta_1)P(B_1|\theta_1) = 0.7 \times 0.8 = 0.56$$
$$P(\theta_2)P(B_1|\theta_2) = 0.3 \times 0.2 = 0.06$$
$$P(\theta_1)P(B_2|\theta_1) = 0.7 \times 0.2 = 0.14$$
$$P(\theta_2)P(B_2|\theta_2) = 0.3 \times 0.8 = 0.24$$

边际概率为

$$P(B_1) = P(\theta_1)P(B_1|\theta_1) + P(\theta_2)P(B_1|\theta_2) = 0.62$$
$$P(B_2) = P(\theta_1)P(B_2|\theta_1) + P(\theta_2)P(B_2|\theta_2) = 0.38$$

后验概率为

$$P(\theta_1|B_1) = \frac{P(\theta_1)P(B_1|\theta_1)}{P(B_1)} = \frac{0.56}{0.62} = 0.9032$$
$$P(\theta_2|B_1) = \frac{P(\theta_2)P(B_1|\theta_2)}{P(B_1)} = \frac{0.06}{0.62} = 0.0968$$
$$P(\theta_1|B_2) = \frac{P(\theta_1)P(B_2|\theta_1)}{P(B_2)} = \frac{0.14}{0.38} = 0.3684$$
$$P(\theta_2|B_2) = \frac{P(\theta_2)P(B_2|\theta_2)}{P(B_2)} = \frac{0.24}{0.38} = 0.6316$$

在计算出边际概率和后验概率之后，按决策树法做出贝叶斯决策树，如图 9.2 所示。

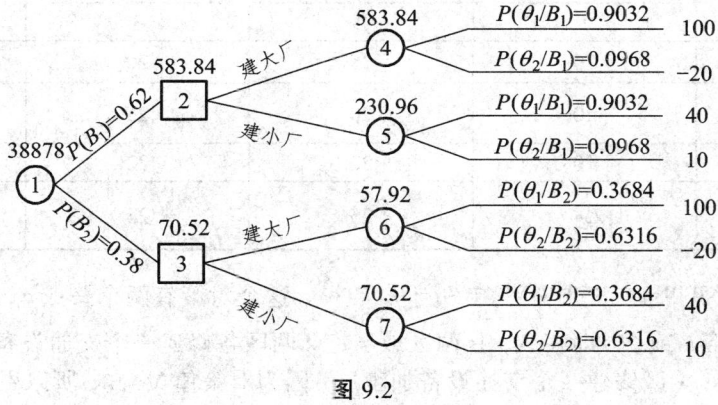

图 9.2

预报产品销路好时，两方案的期望益损值为

$$E(a_1) = 0.9032 \times 100 \times 10 + (-20) \times 10 \times 0.0968 - 300 = 583.84（万元）$$
$$E(a_2) = 0.9032 \times 40 \times 10 + 10 \times 10 \times 0.0968 - 140 = 230.96（万元）$$

因 $E(a_1) > E(a_2)$，故方案 a_1 较优。也就是说，如果预报产品销路好，则应采取建大厂方案。

预报产品销路差时，两方案的期望益损值为

$$E(a_1) = 0.3684 \times 100 \times 10 + (-20) \times 10 \times 0.6316 - 300 = -57.92（万元）$$
$$E(a_2) = 0.3684 \times 40 \times 10 + 10 \times 10 \times 0.6316 - 140 = 70.52（万元）$$

因 $E(a_2) > E(a_1)$，故方案 a_2 较优。也就是说，如果预报产品销路差，则应采取建小厂方案。

10 对策论

1. 解 （1）显然，公司甲不会考虑把两个交通设备加工厂建在同一个区的方案，因此，甲、乙两公司所能采取的策略各有下面三种，如表 10.1 所示。

表 10.1

公司甲				公司乙			
策略	A	B	C	策略	A	B	C
1	1	1	0	1	1	0	0
2	1	0	1	2	0	1	0
3	0	1	1	3	0	0	1

表中，数字 1 表示在该区建一个交通设备加工厂，数字 0 表示在该区不建交通设备加工厂。

设市场总份额为 100，如果市场是由甲、乙公司平分，则大家各得 50 份，现将在各种策略组合下甲公司所占的市场份额减去 50 所得的余数，定义为甲的损益值，它表示甲从乙处夺取的市场份额，甲的损益矩阵为如表 10.2 所示。

表 10.2

策略		乙			$\max\limits_{j} a_{ij}$
		1	2	3	
甲	1	20	25	20	⑳
	2	20	20	25	⑳
	3	10	22	22	10
$\max\limits_{i} a_{ij}$		⑳	25	25	

（2）由于 $\max\limits_{i}\min\limits_{j} a_{ij} = \min\limits_{j}\max\limits_{i} a_{ij} = a_{11} = a_{21} = 20$，这个对策有两个鞍点 a_{11} 和 a_{21}，公司甲的最优纯策略是策略 1 或 2，即在 A、B 两区或 A、C 两区各修建一个交通设备加工厂；公司 B 的最优纯策略是在 A 区修建一个交通设备加工厂。因为对策值 V=20，所以甲公司将占有 70% 的市场份额，乙公司将占有 30% 的市场份额。

2. 解 由 $\max\limits_{i}\min\limits_{j}\{a_{ij}\} = 0$，$\min\limits_{j}\max\limits_{i}\{a_{ij}\} = 2$，知 $V > 0$。

先求 B 的最优策略，设 B 的策略为 (y_1', y_2', y_3')，对策值为 V，令

$$y_1 = y_1'/V, y_2 = y_2'/V, y_3 = y_3'/V$$

则 B 问题的线性规划模型为

$$\max Z_0 = y_1 + y_2 + y_3$$

$$\text{s.t.} \begin{cases} 3y_1 + 2y_3 \leq 1 \\ 2y_2 \leq 1 \\ 2y_1 - y_2 + 4y_3 \leq 1 \\ y_1, y_2, y_3 \geq 0 \end{cases}$$

加入松弛变量 y_4, y_5, y_6，用单纯形法求得最优单纯形表 10.3。

表 10.3

C			1	1	1	1	0	0
C_B	Y_B	$B^{-1}b$	y_1	y_2	y_3	y_4	y_5	y_6
1	y_1	1/8	1	0	0	1/2	-1/8	1/4
1	y_2	1/2	0	1	0	0	1/2	0
1	y_3	5/16	0	0	1	-1/4	3/16	3/8
σ			0	0	0	-1/4	-9/16	-1/8

$$Z_0 = \frac{1}{V} = y_1 + y_2 + y_3 = \frac{1}{8} + \frac{1}{2} + \frac{5}{16} = \frac{15}{16}, \quad V = \frac{16}{15}$$

因此局中人 B 最优混合策略 $(y_1^*, y_2^*, y_3^*) = \frac{16}{15}\left(\frac{1}{8}, \frac{1}{2}, \frac{5}{16}\right) = \left(\frac{2}{15}, \frac{8}{15}, \frac{5}{15}\right)$。

因为局中人 A 最优混合策略与局中人 B 最优解互为对偶变量,所以从 B 的最优单纯形表中可得

局中人 A 最优混合策略 $(x_1^*, x_2^*, x_3^*) = V\left(\frac{1}{2}, \frac{9}{16}, \frac{1}{8}\right) = \left(\frac{4}{15}, \frac{9}{15}, \frac{2}{15}\right)$。

3. **解** 我们先建立对策模型,显然局中人为红、黄两队,每队各有三个策略,即

$$S_红 = \{\alpha_1, \alpha_2, \alpha_3\}, \quad S_黄 = \{\beta_1, \beta_2, \beta_3\}$$

其中 $\alpha_1, \alpha_2, \alpha_3$ 分别表示健将李不参加蝶泳、仰泳、蛙泳比赛;而 $\beta_1, \beta_2, \beta_3$ 则分别表示健将王不参加蝶泳、仰泳、蛙泳比赛。红队的支付矩阵 $A = \{a_{ij}\}_{3\times 3}$ 表示红队的净得分,即从红队得分中去掉黄队得分。下面分别计算 A 的各个元素。

先求 a_{11}。这时红、黄队分别出策略 α_1、β_1,即李、王都不参加蝶泳比赛。由各运动员的平时成绩表可知,各队比赛名次及得分如表 10.4 所示。

表 10.4

	红队			黄队		
	名次	得分	总分	名次	得分	总分
蝶泳	1.3	6		2	3	
仰泳	2	3	14	1.3	6	13
蛙泳	1	5		2.3	4	

红队净得分 $a_{11} = 14 - 13 = 1$。同理可求出其他诸 a_{ij}。于是得红队的支付矩阵

$$A = \begin{pmatrix} 1 & -1 & -3 \\ -1 & -3 & -3 \\ -3 & -3 & -1 \end{pmatrix}$$

所求模型为 3×3 矩阵对策。

解这个对策,得

$$x^* = \left(\frac{1}{2}, 0, \frac{1}{2}\right)$$
$$y^* = \left(0, \frac{1}{2}, \frac{1}{2}\right)$$
$$v = -2$$

因为这个结论是李、王不参加某项比赛的最优策略，反之我们就得到，红队的李健将应参加仰泳比赛，并各以 $\frac{1}{2}$ 的概率参加蝶泳和蛙泳比赛；黄队的王健将应参加蝶泳比赛，并各以 $\frac{1}{2}$ 的概率参加仰泳与蛙泳比赛，这时甲队的期望值落后 2 分。

11 变分法

1. 解 这里，$x_2(1)$ 自由，需要用到横截条件 $\lambda(t_f) = \dfrac{\partial \Phi}{\partial X(t_f)}$，因终端指标 $\Phi[X(t_f), t_f] = 0$，所以

$$\lambda_2(1) = \frac{\partial \Phi}{\partial x_2(1)} = 0 \tag{1}$$

作哈密顿函数

$$H = \frac{1}{2}u^2 + \lambda_1 x_2 + \lambda_2 u \tag{2}$$

求得

$$\dot{\lambda}_1 = -\frac{\partial H}{\partial x_1} = 0$$

$$\dot{\lambda}_2 = -\frac{\partial H}{\partial x_2} = -\lambda_1$$

$$\frac{\partial H}{\partial u} = 0$$

得 $u + \lambda_2 = 0$

即 $u^*(t) = -\lambda_2(t) \tag{3}$

将 $u^*(t)$ 代入状态方程，可得

$$\dot{x}_1 = x_2(t) \tag{4}$$

$$\dot{x}_2 = -\lambda_2(t) \tag{5}$$

$$\dot{\lambda}_1 = 0 \tag{6}$$

$$\dot{\lambda}_2 = -\lambda_1(t) \tag{7}$$

边界条件为

$$x_1(0) = 1, x_2(0) = 1$$

$$x_1(1) = 0, \lambda_2(1) = 0 \tag{8}$$

可见这是两点边值问题。对正则方程式（4）~式（7）进行拉普拉斯变换，可得

$$sX_1(s) - x_1(0) = X_2(s) \tag{9}$$

$$sX_2(s) - x_2(0) = -\lambda_2(s) \tag{10}$$

$$s\lambda_1(s) - \lambda_1(0) = 0 \tag{11}$$

$$s\lambda_2(s) - \lambda_2(0) = -\lambda_1(s) \tag{12}$$

由式（9）~式（12），可解得

$$s^4 X_1(s) = s^3 x_1(0) + s^2 x_2(0) - s\lambda_2(0) + \lambda_1(0)$$

代入初始条件 $x_1(0)=1$，$x_2(0)=1$，可得

$$X_1(s)=\frac{1}{s}+\frac{1}{s^2}-\frac{1}{s^3}\lambda_2(0)+\frac{1}{s^4}\lambda_1(0)$$

故
$$x_1(t)=1+t-\frac{1}{2}\lambda_2(0)t^2+\frac{1}{6}\lambda_1(0)t^3 \tag{13}$$

同理

$$\lambda_2(s)=\frac{1}{s}\lambda_2(0)-\frac{1}{s^2}\lambda_1(0)$$

$$\lambda_2(t)=\lambda_2(0)-\lambda_1(0)t \tag{14}$$

利用终端条件 $x_1(1)=0$，$\lambda_2(1)=0$，由式（13）、式（14）可得

$$2-\frac{1}{2}\lambda_2(0)+\frac{1}{6}\lambda_1(0)=0$$

$$\lambda_2(0)-\lambda_1(0)=0$$

由上式可解出

$$\lambda_1(0)=6, \lambda_2(0)=6$$

由式（13）可得最优状态轨迹

$$x_1^*(t)=1+t-3t^2+t^3$$

由式（14）可得最优协态

$$\lambda_2^*(t)=6(1-t)$$

由式（3）可得最优控制

$$u^*(t)=6(t-1)$$

同理，还可以求出

$$x_2^*(t)=1-6t+3t^2$$

2. **解** 因为要求 t_f 最小，故是 t_f 自由问题。由给定的终端状态，可得 3 个约束方程为

$$G_1=x_1(t_f)-U=0$$
$$G_2=x_2(t_f)=0$$
$$G_3=x_4(t_f)-h_f=0 \tag{15}$$

作哈密顿函数

$$H=F+\lambda^{\mathrm{T}}f=1+\lambda_1 a\cos\theta+\lambda_2 a\sin\theta+\lambda_3 x_1+\lambda_4 x_2$$

协态方程为

$$\dot{\lambda}_1 = -\frac{\partial H}{\partial x_1} = -\lambda_3$$

$$\dot{\lambda}_2 = -\frac{\partial H}{\partial x_2} = -\lambda_4$$

$$\dot{\lambda}_3 = -\frac{\partial H}{\partial x_3} = 0$$

$$\dot{\lambda}_4 = -\frac{\partial H}{\partial x_4} = 0 \tag{16}$$

横截条件为

$$\lambda(t_f) = \frac{\partial \Phi}{\partial X(t_f)} + \frac{\partial G^T}{\partial X(t_f)} v = \frac{\partial G^T}{\partial X(t_f)} v$$

即

$$\begin{bmatrix} \lambda_1(t_f) \\ \lambda_2(t_f) \\ \lambda_3(t_f) \\ \lambda_4(t_f) \end{bmatrix} = \frac{\partial [G_1, G_2, G_3]}{\partial X(t_f)} \begin{bmatrix} v_1 \\ v_2 \\ v_3 \end{bmatrix} = \begin{bmatrix} \frac{\partial G_1}{\partial x_1} v_1 + \frac{\partial G_2}{\partial x_1} v_2 + \frac{\partial G_3}{\partial x_1} v_3 \\ \frac{\partial G_1}{\partial x_2} v_1 + \frac{\partial G_2}{\partial x_2} v_2 + \frac{\partial G_3}{\partial x_2} v_3 \\ \frac{\partial G_1}{\partial x_3} v_1 + \frac{\partial G_2}{\partial x_3} v_2 + \frac{\partial G_3}{\partial x_3} v_3 \\ \frac{\partial G_1}{\partial x_4} v_1 + \frac{\partial G_2}{\partial x_4} v_2 + \frac{\partial G_3}{\partial x_4} v_3 \end{bmatrix}$$

上式右端矩阵中 $x_i (i=1,2,3,4)$ 的自变量已省略。

由式（15）求出上式中的偏导数，可得协态的终值为

$$\lambda_1(t_f) = v_1$$

$$\lambda_2(t_f) = v_2$$

$$\lambda_3(t_f) = 0$$

$$\lambda_4(t_f) = v_3 \tag{17}$$

积分协态方程，可得

$$\lambda_1 = -\lambda_3 t + c_1$$

$$\lambda_2 = -\lambda_4 t + c_2$$

$$\lambda_3 = 常数 = \lambda_3(t_f) = 0$$

$$\lambda_4 = 常数 = \lambda_4(t_f) = v_3$$

代入协态终值条件后，得 $c_1 = v_1$，$c_2 = v_2 - v_3 t_f$，故

$$\lambda_1 = v_1$$

$$\lambda_2 = v_2 + v_3(t_f - t)$$

$$\lambda_3 = 0$$

$$\lambda_4 = v_3 \tag{18}$$

由控制方程 $\dfrac{\partial H}{\partial U} = \dfrac{\partial H}{\partial \theta} = 0$，得

$$\lambda_1 a \sin\theta - \lambda_2 a \cos\theta = 0$$

即
$$\tan\theta = \dfrac{\lambda_2}{\lambda_1} = -v_1 - v_2(t_f - t) \tag{19}$$

为了确定最优控制 $\theta(t)$，还需要确定拉格朗日常数 v_1 和 v_2。将自变量 t 变成 θ，对系统的状态方程进行积分。由式（19）得

$$\dfrac{d\tan\theta}{d\theta} \cdot \dfrac{d\theta}{dt} = \sec^2\theta \dfrac{d\theta}{dt} = v_2, \dfrac{d\theta}{dt} = \dfrac{v_2}{\sec^2\theta}$$

将上面关系代入状态方程，得

$$\dfrac{dx_1}{d\theta} = a\cos\theta \dfrac{dt}{d\theta} = \dfrac{a}{v_2\cos\theta}$$

$$\dfrac{dx_2}{d\theta} = a\sin\theta \dfrac{dt}{d\theta} = \dfrac{a}{v_2} \cdot \dfrac{\sin\theta}{\cos^2\theta}$$

积分上面两式，得

$$x_1 = \dfrac{a}{v_2}\ln(\sec\theta + \tan\theta) + c_3$$

$$x_2 = \dfrac{a}{v_2}\sec\theta + c_3$$

由初始条件 $x_1(0) = 0$，$x_2(0) = 0$，$\theta(0) = \theta_0$，可求得

$$x_1 = \dfrac{a}{v_2}\ln\dfrac{\tan\theta + \sec\theta}{\tan\theta_0 + \sec\theta_0} \tag{20}$$

$$x_2 = \dfrac{a}{v_2}(\sec\theta - \sec\theta_0) \tag{21}$$

将 x_1 和 x_2 代入系统的状态方程和初始条件的后两式，积分并运算可得

$$x_3 = \dfrac{a}{v_2^2}\left(\sec\theta_0 - \sec\theta + \tan\theta \ln\dfrac{\tan\theta + \sec\theta}{\tan\theta_0 + \sec\theta_0}\right) \tag{22}$$

$$x_4 = \dfrac{a}{2v_2^2}\left[(\tan\theta_0 - \tan\theta)\sec\theta_0 - (\sec\theta_0 - \sec\theta)\tan\theta + \ln\dfrac{\tan\theta + \sec\theta}{\tan\theta_0 + \sec\theta_0}\right] \tag{23}$$

由终端条件 $x_2(t_f) = 0$ 和式（22），可得 $\sec\theta(t_f) = \sec\theta_0$，故

$$\theta_f \triangleq \theta(t_f) = 2\pi - \theta_0 \tag{24}$$

需要指出，另外一个解为 $\theta_f = \theta_0$，但此时由式（23）可得 $x_4(t_f) = 0$，与给定终端条件 $x_4(t_f) = h_f \neq 0$ 不符，故略去。

由式（19），得

$$\tan\theta = \tan\theta_0 + v_2 t$$

$$\tan\theta_f = \tan\theta_0 + v_2 t$$

$$v_2 t_f = -2\tan\theta_0$$

故 $\quad v_2 = -2\tan\theta / t_f \quad$ (25)

进而 $\quad \tan\theta = \left(1 - \dfrac{2t}{t_f}\right)\tan\theta_0 \quad$ (26)

将终端条件 $x(t_f) = U$ 和式（25）代入式（20），可得

$$\frac{at_f}{U} = \frac{\tan\theta_0}{\dfrac{1}{2}\ln\dfrac{\sec\theta_0 + \tan\theta_0}{\sec\theta_0 - \tan\theta_0}} = \frac{\tan\theta_0}{\ln\tan\left(\dfrac{\pi}{4} + \dfrac{1}{2}\theta_0\right)} \quad (27)$$

将终端条件 $x_4(t_f) = h_f$，式（25）和式（27）代入式（23），可得

$$\frac{4ah_f}{U^2} = \frac{\tan\theta_0 \sec\theta_0 - \dfrac{1}{2}\ln\dfrac{\sec\theta_0 + \tan\theta_0}{\sec\theta_0 - \tan\theta_0}}{\left[\dfrac{1}{2}\ln\dfrac{\sec\theta_0 + \tan\theta_0}{\sec\theta_0 - \tan\theta_0}\right]^2} \quad (28)$$

归纳：由式（28）可确定 θ_0，由式（27）确定最短时间 $t_f = t_f^*$，由式（26）即可求得最优推力方向角 $\theta(t)$。

参考文献

[1] 郭立夫. 运筹学[M]. 吉林：吉林大学出版社，2002.
[2]《运筹学》教材编写组. 运筹学 [M]. 3 版. 北京：清华大学出版社，2005.
[3] 胡运权. 运筹学习题集 [M]. 4 版. 北京：清华大学出版社，2010.
[4] 张伯生，张丽，高圣国，等. 运筹学[M]. 2 版. 北京：科学出版社，2012.
[5] 高自友，孙会君. 现代物流与交通运输系统——模型与方法[M]. 北京：人民交通出版社，2005.
[6] 王青，陈宇，张颖昕，等. 最优控制——理论、方法与应用[M]. 北京：高等教育出版社，2011.
[7] 王晓原. 微观交通流仿真建模理论及一体化仿真环境研究[D]. 长春：吉林大学，2002.
[8] 严颖，成世学，程侃. 运筹学随机模型[M]. 北京：中国人民大学出版社，1995.
[9] 胡运权. 运筹学基础及应用[M]. 5 版. 哈尔滨：哈尔滨工业大学出版社，2013.
[10] 亢耀先，翁龙年，张翼. 运筹学[M]. 北京：北京邮电大学出版社，1998.
[11] 钱颂迪. 运筹学 [M]. 3 版. 北京：清华大学出版社，2005.
[12] 郭耀煌. 运筹学原理与方法[M]. 成都：西南交通大学出版社，1994.
[13] 李宗元，徐向阳. 运筹学 ABC[M]. 北京：经济管理出版社，2000.
[14] HAMDY A TAHA. Operations research：An introduction[M]. 3rd Edition. London: The Macmillan Company，1980.
[15] 卓新建. 运筹学[M]. 北京：北京邮电大学出版社，2013.